面向新工科普通高等教育系列教材

河南省"十四五"普通高等教育规划教材

虚拟现实技术基础与应用
第 2 版

主　编　李　建　王　芳
副主编　何　栎　柯宏伟
参　编　张天伍　杨爱云

机械工业出版社

本书以应用型本科教育理念为出发点，根据高校"虚拟现实技术"课程教学的要求，结合当前该领域新技术而编写。全书共 8 章，详细介绍了虚拟现实的概念和发展现状、虚拟现实的关键技术、虚拟现实系统的硬件设备和相关软件、全景图拼接与全景漫游制作技术、利用 Unity 进行虚拟现实开发，以及增强现实的应用开发等。

本书可作为应用型本科及高职高专院校虚拟现实、数字媒体技术、计算机应用及相关专业的教材，也可作为对虚拟现实技术感兴趣的读者的入门教程。

本书配有授课电子课件、案例配套素材、课后习题答案和案例视频等，需要的教师可登录 www.cmpedu.com 免费注册，审核通过后下载，或联系编辑索取（微信：13146070618，电话：010-88379739）。

图书在版编目（CIP）数据

虚拟现实技术基础与应用 / 李建，王芳主编．—2 版．—北京：机械工业出版社，2022.5（2025.6 重印）
面向新工科普通高等教育系列教材
ISBN 978-7-111-70603-8

Ⅰ．①虚… Ⅱ．①李… ②王… Ⅲ．①虚拟现实-高等学校-教材 Ⅳ．①TP391.98

中国版本图书馆 CIP 数据核字（2022）第 066012 号

机械工业出版社（北京市百万庄大街 22 号　邮政编码 100037）
策划编辑：胡　静　　责任编辑：胡　静　郝建伟
责任校对：张艳霞　　责任印制：任维东

河北鹏盛贤印刷有限公司印刷

2025 年 6 月第 2 版・第 8 次印刷
184mm×260mm・19.25 印张・476 千字
标准书号：ISBN 978-7-111-70603-8
定价：79.00 元

电话服务　　　　　　　　　　　网络服务
客服电话：010-88361066　　　　机　工　官　网：www.cmpbook.com
　　　　　010-88379833　　　　机　工　官　博：weibo.com/cmp1952
　　　　　010-68326294　　　　金　书　网：www.golden-book.com
封底无防伪标均为盗版　　　　　机工教育服务网：www.cmpedu.com

前　言

百年大计，教育为本。习近平总书记在党的二十大报告中强调"教育、科技、人才是全面建设社会主义现代化国家的基础性、战略性支撑"，首次将教育、科技、人才一体安排部署，赋予教育新的战略地位、历史使命和发展格局。

虚拟现实技术（Virtual Reality，VR）是指采用计算机技术为核心的现代高科技手段生成一种虚拟环境，是一种多源信息融合的交互式三维动态视景和实体行为的系统仿真，使用户沉浸到该环境中，与虚拟世界中的物体进行交互，从而通过视觉、听觉和触觉等获得与真实世界相同的感受。

自20世纪50年代起，虚拟现实技术实现了从模糊的概念到产品落地的巨大转变，并运用到军事、工业、地理与规划、建筑可视化、教育文化等领域。虚拟现实设备随着技术的发展不断革新，头戴3D显示器是沉浸式VR设备的雏形，虽然任天堂、Olympus、Sony等公司也相继推出过头戴3D显示器产品，但因软硬件技术、内容不成熟未能形成市场规模。2013年以来，显示器分辨率、显卡GPU并行渲染和3D实时建模能力、网络速度等技术的快速提升带来了VR设备的轻量化、便捷化和精细化，大幅提升了VR设备的体验。Samsung、Google、Sony等国际消费电子巨头纷纷加入VR设备研发，推出大量沉浸式VR设备，并不断更新换代。2016年年初，高盛集团发布了《VR与AR：解读下一个通用计算平台》的行业报告，全世界迎来了虚拟现实发展的新浪潮，于是2016年被专家和媒体称为VR元年。2021年关于"元宇宙"（Metaverse）的报道扑面而来。在未来的"元宇宙"中，人们通过虚拟现实技术进行生活体验，进而塑造自己的虚拟身份、虚拟社群，并通过虚拟世界完成自己的精神生活；人们甚至还可以通过开发虚拟房产、虚拟艺术品、数字货币来构建一整套经济系统。

在硬件技术日益成熟的同时，VR内容设计和产出方面的技术人才却成为制约VR产业发展的重要瓶颈。随着VR人才需求的增加，国内很多教育机构和高校也积极布局VR教育，把VR开发及相关课程纷纷列入人才培养和教学计划之中。2018年9月，教育部正式宣布在高等职业院校增设"虚拟现实应用技术"专业；2019年，普通高等学校新增设了"虚拟现实技术"本科专业。

本书较系统地介绍了虚拟现实技术的概念、发展历程、未来趋势、硬件设备、软件技术、开发平台及应用领域等，并通过实战案例，系统地介绍了虚拟现实、增强现实应用开发的全过程。本书具有以下突出特点：理论联系实际，理论、应用和案例相结合；知识内容由浅入深，图文并茂，易于理解；注重实践应用，包括应用开发环境、典型应用案例等，使读者能在短时间内全面了解虚拟现实应用开发的相关知识和实用技术。

第2版汲取了国内多所院校的教学经验及反馈信息，使用目前广泛使用的软件版本进行案例设计与制作。本书主要内容如下：

第 1 章，介绍了虚拟现实技术的概念、特性、分类和发展历程，分析了 VR、AR、MR 及 XR 的概念、区别和联系。

第 2 章，介绍了虚拟现实的关键技术，包括立体显示技术、三维建模技术、三维虚拟声音技术和人机交互技术等。

第 3 章，介绍了虚拟现实系统的硬件设备，包括生成设备、输入设备和输出设备等。

第 4 章，介绍了虚拟现实开发的相关软件，包括 3ds Max、Maya、Cinema 4D 等三维建模软件，Unity、VRP、Unreal Engine 等虚拟现实开发平台，以及 C#、JavaScript、C++等相关开发语言。

第 5 章，介绍了三维全景的基本概念，三维全景图及 VR 全景漫游的制作方法等。

第 6 章，介绍了 Unity 虚拟现实开发平台的基本开发流程，包括 Unity 窗口界面组成、物理引擎和碰撞检测、各种资源（3D 模型、Terrain 地形、材质贴图、灯光、音频、摄像机等）、UGUI 界面开发、Mecanim 动画系统等。

第 7 章，介绍了 Unity 网络应用开发和数据库应用开发的相关技术，通过坦克大战网络版开发案例，详细介绍了综合性 VR 项目的设计思路、开发流程步骤和实现过程。

第 8 章，介绍了增强现实的特点和制作流程；基于 Vuforia SDK 的增强现实应用的开发环境搭建，创建 AR 实例、AR 视频、物体识别、虚拟按钮，打包发布 AR 项目，以及如何实现增强现实的交互设计等。

本书由李建、王芳主编，何栎、柯宏伟任副主编，张天伍、杨爱云参与编写。其中第 1、4 章由何栎编写，第 2 章由杨爱云编写，第 3 章由张天伍编写，第 5 章由李建编写，第 6、7 章由王芳编写，第 8 章由柯宏伟编写。李建对全书进行了审校和统稿。

本书是河南省教育科学"十三五"规划 2020 年度重点课题"教育信息化 2.0 背景下 VR/AR 技术在教学中的创新应用研究"（编号：〔2020〕-JKGHZD-06）的阶段性成果；暨 2020 年产学合作协同育人项目"新工科背景下人工智能、虚拟现实技术系列课程建设"（编号：202002143011）研究成果。本书在超星学习通建设了课程网站，网站地址为 https://mooc1.chaoxing.com/course/222018924.html，教师可以选择使用。在本书编写过程中，参阅了大量的书籍、文献资料和网络资源。机械工业出版社胡静编辑及部门负责同志对本书的编写提出了许多具体的建议，在此表示衷心的感谢。

由于作者水平所限，加之虚拟现实技术发展迅速、日新月异，书中难免存在不足之处，欢迎广大读者不吝指正、沟通交流，以促进我国虚拟现实产业和虚拟现实技术及内容开发的不断发展和进步。

编　者

目 录

前言
第1章 虚拟现实技术概述 1
　1.1 虚拟现实的概念 1
　　1.1.1 基本概念 1
　　1.1.2 虚拟现实技术的特性 4
　　1.1.3 虚拟现实系统的组成 6
　　1.1.4 AR、MR、XR技术 6
　1.2 虚拟现实技术的发展 8
　　1.2.1 虚拟现实技术发展历程 8
　　1.2.2 国内外的虚拟现实技术研究 11
　　1.2.3 虚拟现实技术的发展趋势 13
　1.3 虚拟现实技术的分类 14
　　1.3.1 沉浸式虚拟现实系统 14
　　1.3.2 增强式虚拟现实系统 15
　　1.3.3 桌面式虚拟现实系统 15
　　1.3.4 分布式虚拟现实系统 15
　1.4 VR技术典型应用——虚拟博物馆 16
　　1.4.1 虚拟博物馆及其发展现状 16
　　1.4.2 虚拟博物馆的特点 17
　　1.4.3 虚拟博物馆的应用技术 18
　　1.4.4 虚拟博物馆的发展趋势 19
　习题 20
第2章 虚拟现实的关键技术 21
　2.1 立体显示技术 21
　　2.1.1 立体视觉的形成原理 21
　　2.1.2 立体显示技术分类 23
　2.2 三维建模技术 26
　　2.2.1 几何建模 27
　　2.2.2 物理建模 30
　　2.2.3 运动建模 31
　2.3 三维虚拟声音技术 32

2.3.1　三维虚拟声音的特征 32
　　2.3.2　头部相关传递函数 33
　　2.3.3　语音识别与合成技术 33
2.4　人机交互技术 35
　　2.4.1　手势识别技术 35
　　2.4.2　面部表情识别技术 36
　　2.4.3　眼动跟踪技术 37
　　2.4.4　其他感觉器官的反馈技术 39
2.5　虚拟现实引擎 39
　　2.5.1　虚拟现实引擎概述 40
　　2.5.2　虚拟现实引擎架构 41
习题 42

第3章　虚拟现实系统的硬件设备 43

3.1　虚拟现实系统的生成设备 43
　　3.1.1　高性能个人计算机 43
　　3.1.2　高性能图形工作站 44
　　3.1.3　巨型机 45
　　3.1.4　分布式网络计算机 46
3.2　虚拟现实系统的输入设备 47
　　3.2.1　跟踪定位设备 47
　　3.2.2　人机交互设备 52
　　3.2.3　快速建模设备 53
3.3　虚拟现实系统的输出设备 54
　　3.3.1　视觉感知设备 55
　　3.3.2　听觉感知设备 66
　　3.3.3　触觉感知设备 68
　　3.3.4　肌肉/神经交互设备 72
　　3.3.5　语言交互设备 73
　　3.3.6　意念控制设备 73
　　3.3.7　三维打印机 74
习题 75

第4章　虚拟现实开发软件和语言 76

4.1　三维建模软件 76
　　4.1.1　3ds Max 76
　　4.1.2　Maya 77
　　4.1.3　Cinema 4D 79
4.2　虚拟现实开发平台 80

  4.2.1 Unity ··· 81
  4.2.2 VRP ··· 84
  4.2.3 Unreal Engine ··· 87
 4.3 虚拟现实开发语言 ·· 90
  4.3.1 JavaScript ·· 90
  4.3.2 C# ··· 96
  4.3.3 C++ ··· 97
 习题 ·· 97

第5章 三维全景技术 ·· 99
 5.1 三维全景概述 ·· 99
  5.1.1 三维全景的概念 ·· 99
  5.1.2 三维全景应用领域 ··· 100
  5.1.3 三维全景技术发展趋势 ·· 100
 5.2 三维全景制作的常见硬件 ·· 101
  5.2.1 三维全景拍摄硬件 ··· 101
  5.2.2 VR 全景视频设备 ·· 102
 5.3 VR 全景漫游的制作 ··· 108
  5.3.1 制作流程 ··· 108
  5.3.2 全景拼图软件 PTGui 的基本操作 ··································· 112
  5.3.3 使用 Pano2VR 生成 VR 全景 ······································· 120
  5.3.4 全景航拍的基本操作 ·· 126
  5.3.5 使用 720 云平台生成 VR 全景 ····································· 127
 习题 ··· 137

第6章 Unity 开发基础 ·· 138
 6.1 初识 Unity ··· 138
  6.1.1 Unity 发展历史 ·· 138
  6.1.2 Unity 安装 ··· 139
  6.1.3 Unity 简单案例 ·· 148
 6.2 Unity 窗口界面 ·· 153
  6.2.1 创建 Unity 项目 ··· 153
  6.2.2 Scene 与场景漫游 ··· 153
  6.2.3 Hierarchy 面板与场景搭建 ·· 155
  6.2.4 Project 与资源管理 ·· 156
  6.2.5 Inspector 与组件管理 ··· 157
 6.3 物理引擎和碰撞检测 ··· 158
  6.3.1 碰撞器 ··· 158
  6.3.2 物理引擎和刚体 ··· 159

	6.3.3 碰撞检测	160
6.4	Unity 资源	163
	6.4.1 Terrain 地形系统	163
	6.4.2 3D 模型对象	169
	6.4.3 材质贴图	169
	6.4.4 灯光	171
	6.4.5 摄像机	173
	6.4.6 音频	174
6.5	Unity 图形用户界面	177
	6.5.1 GUI	177
	6.5.2 UGUI	177
	6.5.3 常用输入类	179
6.6	Unity 动画系统	181
	6.6.1 旧版动画系统	182
	6.6.2 Mecanim 动画系统	184
6.7	Unity 中的 AI 设计	189
	6.7.1 游戏中的 AI	189
	6.7.2 AI 漫游	190
	6.7.3 导航寻路技术	196
习题		204

第 7 章 Unity 网络应用开发 ... 208

7.1	网络编程概述	208
	7.1.1 计算机间的通信	208
	7.1.2 Socket 通信概述	208
7.2	Socket 同步通信	212
	7.2.1 一对一 Socket 同步通信	212
	7.2.2 一对多 Socket 同步通信	218
7.3	Socket 异步通信	220
	7.3.1 异步通信基础	220
	7.3.2 多人聊天 Socket 异步通信	225
7.4	Unity 连接 MySQL 数据库	236
	7.4.1 环境准备	237
	7.4.2 注册登录实例	240
7.5	综合案例——坦克大战网络版游戏开发	247
	7.5.1 创建地形	247
	7.5.2 场景搭建	248
	7.5.3 获取能量和炮弹	249

		7.5.4 攻击敌方坦克	252
		7.5.5 声音特效	253
		7.5.6 敌方坦克漫游 AI	254
		7.5.7 服务端开发	259
		7.5.8 客户端开发	263
		7.5.9 发布测试	269
	习题		271

第 8 章 增强现实开发技术 273

8.1 增强现实的特点及制作流程 273
- 8.1.1 增强现实技术的特点 273
- 8.1.2 增强现实的实现原理 273
- 8.1.3 增强现实技术的应用领域 274
- 8.1.4 增强现实开发平台简介 276
- 8.1.5 增强现实开发的一般流程 276

8.2 基于 Vuforia SDK 的增强现实应用开发 277
- 8.2.1 准备 AR 开发环境 277
- 8.2.2 创建 Vuforia 案例 280
- 8.2.3 创建 AR 视频 284
- 8.2.4 创建 AR 物体识别 286
- 8.2.5 AR 打包发布 288

8.3 增强现实的交互设计 290
- 8.3.1 虚拟按钮 290
- 8.3.2 手势控制 293
- 8.3.3 模型脱卡功能实现 295

习题 296

参考文献 298

第1章 虚拟现实技术概述

> **学习目标**
> - 理解虚拟现实技术的概念
> - 了解虚拟现实技术的特性
> - 了解虚拟现实技术的发展历程
> - 了解虚拟现实技术的分类
> - 能够区分 VR、AR、MR 及 XR

虚拟现实技术是 20 世纪末逐渐兴起的一门综合性技术，涉及计算机图形学、多媒体技术、传感技术、人机交互、显示技术、人工智能等多个领域，交叉性非常强。虚拟现实技术在教育、医疗、娱乐、军事等众多领域有着非常广泛的应用前景。由于改变了传统的人与计算机之间被动、单一的交互模式，使用户和系统的交互变得主动化、多样化、自然化，因此虚拟现实技术被认为是 21 世纪发展较迅速，对人们的工作、生活有着重要影响的技术之一。

1.1 虚拟现实的概念

虚拟现实是从英文 Virtual Reality 一词翻译过来的，简称"VR"。虚拟现实由美国 VPL Research 公司创始人 Jaron Lanier 在 1989 年提出，Lanier 认为：Virtual Reality 是指由计算机产生的三维交互环境，用户参与到这些环境中，获得角色，从而得到体验。

1.1.1 基本概念

近年来，许多学者对 Virtual Reality 的概念进行了深入探讨，Nicholas Lavroff 在《虚拟现实游戏室》一书中将虚拟现实定义为：使你进入一个真实的人工环境里，而且对你的一举一动所做出的反应，与在真实世界中一模一样。

Ren Pimentel 和 Kevin Teixeira 在《虚拟现实：透过新式眼镜》一书中，将虚拟现实定义为：一种浸入式体验，参与者戴着被跟踪的头盔，看着立体图像，听着三维声音，在三维世界里自由地探索并与之交互。

L. Casey Larijani 在《虚拟现实初阶》一书中认为，虚拟现实潜在地提供了一种新的人机接口方式，通过用户在计算机创造的世界中扮演积极的参与者角色，虚拟现实正在试图消除人机之间的差别。

我国著名科学家钱学森教授认为虚拟现实技术中视觉的、听觉的、触觉的甚至嗅觉的信息，使接受者感到身临其境，但这种临境感不是真的亲临其境，只是感受而已，是虚构的。为了使人们便于理解和接受虚拟现实技术的概念，钱学森教授按照我国传统文化的语义，将虚拟现实称为"灵境"技术。

我国著名计算机科学家汪成为教授认为，虚拟现实技术是指在计算机软硬件及各种传感器（如高性能计算机、图形图像生产系统、特制服装、特制手套、特制眼镜等）的支持下生成的一个逼真的、三维的，具有一定视、听、触、嗅等感知能力的环境。使用户在这些软硬件设备的支持下，以简捷、自然的方法与这一由计算机所产生的"虚拟"世界中的对象进行交互作用。它是现代高性能计算机系统、人工智能、计算机图形学、人机接口、立体影像、立体声音响、测量控制、模拟仿真等技术综合集成的结果，目的是建立起一个更为和谐的人工环境，如图 1-1 所示。

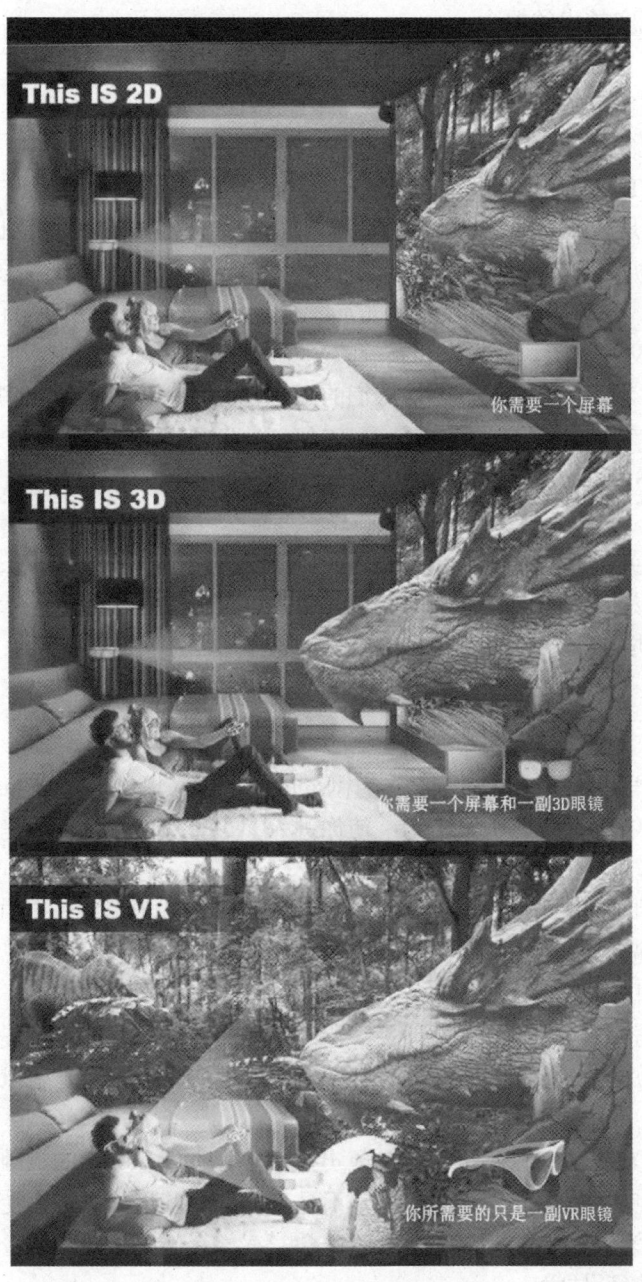

图 1-1　VR 场景示意图

我国虚拟现实领域的资深学者、工程院院士赵沁平教授认为，虚拟现实是以计算机技术为核心，结合相关的科学技术，生成与一定范围内真实环境在视、听、触感等方面高度近似的数字化环境。用户借助必要的装备与数字化环境中的对象进行交互作用、相互影响，可以产生亲临对应真实环境的感受和体验。

总之，目前学术界普遍认为，虚拟现实技术是指采用以计算机技术为核心的现代高新技术，生成逼真的视觉、听觉、触觉一体化的虚拟环境，参与者可以借助必要的装备，以自然的方式与虚拟环境中的物体进行交互，并相互影响，从而获得等同真实环境的感受和体验，如图1-2所示。

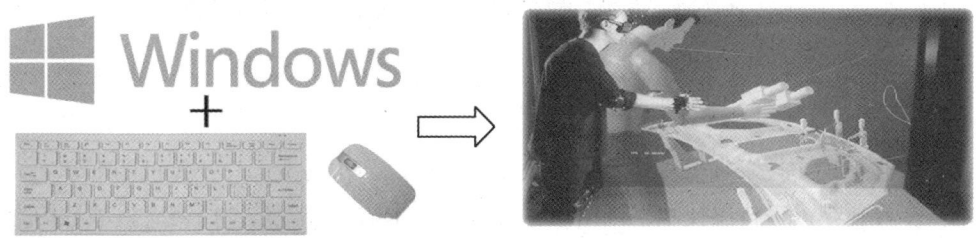

图1-2　交互方式的改变

虚拟现实系统中的虚拟环境，包括以下几种形式。

1）模拟真实世界中的环境。例如，地理环境、建筑场馆、文物古迹等。这种真实环境可能是已经存在的，也可能是已经设计好但还没有建成的，或者是曾经存在但现在已经发生变化、消失或者受到破坏的。

2）人类主观构造的环境。例如，影视制作中的科幻场景，电子游戏中三维虚拟世界。这些环境完全是虚构的，是用户也可以参与，并与之进行交互的非真实世界，如图1-3所示。

图1-3　影视制作中的科幻场景

3）模仿真实世界中人类不可见的环境。例如，分子的结构，空气中的温度、压力的分布等。这种环境是真实环境，是客观存在的，但是受到人类视觉、听觉的限制，不能感应到，如图1-4所示。

图1-4 模拟的分子结构

总之,虚拟现实技术是仿真技术的一个重要方向,是仿真技术与计算机图形学、人机接口技术、多媒体技术、传感技术、网络技术等多种技术的集合,是一门富有挑战性的交叉技术前沿学科和研究领域。

1.1.2 虚拟现实技术的特性

虚拟现实基于动态环境建模技术、立体显示和传感器技术、系统开发工具应用技术、实时三维图形生成技术、系统集成技术等多项核心技术,主要围绕虚拟环境表示的准确性、虚拟环境感知信息合成的真实性、人与虚拟环境交互的自然性,通过实时显示、图形生成、智能技术等问题的解决,使得用户能够身临其境地感知虚拟环境,从而达到探索、认识客观事物的目的。

1994年,美国科学家 G. Burdea 和 P. Coiffet 在《虚拟现实技术》一书中提出,虚拟现实具有以下3个重要特征,即沉浸感(Immersion)、交互性(Interaction)和构想性(Imagination),常被称为虚拟现实的3I特征。

1. 沉浸感(Immersion)

沉浸感是指用户感受到被虚拟世界所包围,好像完全置身于虚拟世界之中一样。虚拟现实技术最主要的技术特征是让用户觉得自己是计算机系统所创建的虚拟世界中的一部分,使用户由观察者变成参与者,沉浸其中并参与虚拟世界的活动。

与人们熟悉的二维空间不同的是,成熟的虚拟现实的视觉空间、视觉形象是三维的,音响效果也是精密仿真的三维效果。虚拟现实是根据现实世界的真实存在,由计算机模拟出来的。它客观上并不存在,但一切都是符合客观规律。它所实现的是使用户进入到三维世界中,运用多重感受完全参与到形成的"真实"世界中去。

虚拟现实系统根据人类的视觉、听觉的生理和心理特点,通过外部设备及计算机产生逼真的三维立体图像,并利用头盔式显示器或其他设备,把参与者的视觉、听觉和其他感觉封闭起来,提供一个新的、虚拟的、逼真的感觉空间。参与者戴上头盔显示器和数据手套等交互设备,便可将自己置身于虚拟环境中,成为虚拟环境中的一员。当使用者移动头部时,虚拟环境中的图像也实时地随着变化,做拿起物体的动作可使物体随着手的移动而运动。这种沉浸感是多方面的，不仅可以看到，而且可以听到、触到及嗅到虚拟世界中所发生的一切，并且给人的感觉相当真实，以至于能使人全方位地临场参与到这个虚幻的世界之中。

虚拟现实系统应该具备人在现实世界中具有的所有感知功能，但鉴于技术的局限性，在目前的虚拟现实系统的研究与应用中，较为成熟或相对成熟的主要是视觉沉浸、听觉沉浸、触觉沉浸技术；而有关味觉与嗅觉的感知技术正在研究中，尚不成熟。

2．交互性（Interaction）

交互性指用户对模拟环境内物体的可操作程度和从环境得到反馈的自然程度。交互性的产生，主要借助于虚拟现实系统中的特殊硬件设备，如数据手套、力反馈装置等，使用户能通过自然的方式，产生与在真实世界中一样的感觉。虚拟现实系统比较强调人与虚拟世界之间进行自然的交互，交互性的另一个方面主要表现为交互的实时性。

例如，虚拟模拟驾驶系统中，用户可以控制包括方向、挡位、制动、座位调整等各种信息，系统也会根据具体变化瞬时传达反馈信息。用户可以用手直接抓取模拟环境中虚拟的物体，这时手有握着东西的感觉，并可以感觉物体的重量，视野中被抓的物体也能立刻随着手的移动而移动。崎岖颠簸的道路，用户会感觉到身体的震颤和车的抖动；上下坡路，用户会感受到惯性的作用；漆黑的夜晚，用户会感觉到观察路况的不便等。

交互性能的好坏是衡量虚拟系统的一个重要指标。在虚拟现实系统中的人机交互是一种近乎自然的交互，使用者不仅可以利用计算机键盘、鼠标进行交互，而且能够通过特殊的头盔、数据手套等传感设备交互。参与者不是被动地感受，而是可以通过自己的动作改变感受的内容。计算机能够根据使用者的头、手、眼、语言及身体的运动，来调整系统呈现的图像及声音。参与者通过自身的感官、语言、身体运动或肢体动作等，对虚拟环境中的对象进行观察或操作。

3．构想性（Imagination）

构想性指虚拟的环境是人想象出来的，同时这种想象体现出设计者相应的思想，因而可以用来实现一定的目标。虚拟现实虽然是根据现实进行模拟，但所模拟的对象却是虚拟的，它以现实为基础，却可能创造出超越现实的情景。所以它可以充分发挥人的认知和探索能力，从定性和定量等综合集成的思维中得到感性和理性的认识，从而进行理念和形式的创新，以虚拟的形式真实地反映设计者的思想、传达用户的需求。

虚拟现实系统不仅仅是一个媒体或一个高级用户界面，同时它还是为解决工程、医学、军事等方面的问题而由开发者设计出来的应用软件。虚拟现实技术的应用，为人类认识世界提供了一种全新的方法和手段，可以使人类跨越时间与空间，去经历和体验世界上早已发生或尚未发生的事件；可以使人类突破生理上的限制，进入宏观或微观世界进行研究和探索；也可以模拟因条件限制等原因而难以实现的事情。

例如，在一个现代化的大规模景观规划设计中，需要对地形地貌、建筑结构、设施设置、植被处理、地区文化等进行细致、海量的调查和构思，绘制大量的图纸，并按照计划有步骤地进行施工。很多项目往往在施工完成后才发现设计不适应当地气候、地域文化、生活习惯等，但已无法进行相应改动而留下永久的遗憾。而虚拟现实技术以更灵活、更快捷、更经济的方式，在不动用一寸土地且成本降到极限的情况下，供用户进行设计改动，并呈现不同方案的多种效果,还可以使更多的设计人员、用户参与设计过程,确保方案的最优化。此外,在对未知世界和无法还原的事物进行探索和展示方面,虚拟现实技术有其无可比拟的优势。它以现实为基础创造出超越现实的情景,大到可以模拟宇宙太空,把人带入浩瀚无比的"宇宙空间",小到可以模拟原子世界里的动态演化,把人带入肉眼不可见的微观世界。

1.1.3 虚拟现实系统的组成

一套完善的虚拟现实系统,主要由以下几部分组成,如图1-5所示。

1. 三维的虚拟环境产生器及其显示部分

这是VR系统的基础部分,它可以由各种传感器的信号来分析操作者在虚拟环境中的位置及观察角度,再根据计算机内部建立的虚拟环境的模型,快速产生和显示图形。

2. 由各种传感器构成的信号采集部分

这是VR系统的感知部分,传感器包括力、温度、位置、速度以及声音传感器等。这些传感器可以感知操作者移动的距离和速度、动作的方向、动作力的大小以及操作者的声音。传感器产生的信号可以帮助计算机确定操作者的位置及方向,从而计算出操作者所观察到的景物,也可以使计算机确定操作者的动作性质及力度。

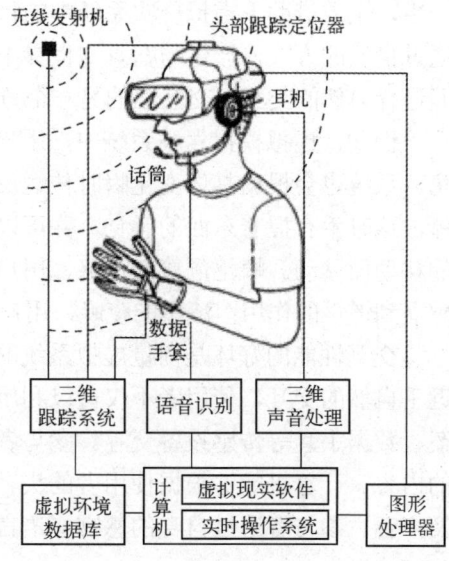

图1-5 虚拟现实系统的组成

3. 由各种外部设备构成的信息输出部分

这是VR系统使操作者产生感觉的部分,包括声音、触觉、动觉和风感,甚至还可以有嗅觉、味觉等。正是VR系统产生的这些丰富的感觉,才使操作者能真正地沉浸于虚拟环境中,犹如身临其境。

1.1.4 AR、MR、XR技术

随着计算机仿真、人工智能、物联网等技术的发展,一些与虚拟现实相互关联的技术应运而生。例如,增强现实(Augmented Reality,AR)、混合现实(Mixed Reality,MR)、扩展现实(Extended Reality,XR)技术,它们之间既有区别,又密切相关。

2016年,湖南卫视跨年演唱会采用AR技术和全息技术,让偶像演员马可搭档二次元虚拟歌手洛天依、乐正绫同台献艺,"虚实结合"成功打破了次元壁垒,不同的摄像机角度和灯光变幻让人物和场景实现快速绘制,达到令人惊叹的场景切换效果。江苏卫视的AR舞美效果更是惊艳四座,视野开阔的四面台及地面屏幕实时运动跟踪系统,让AR效果以更逼真的姿态呈现在观众眼前。歌手李健演唱时,"蓝鲸"从"海面"腾空而起,闪转腾挪之后,一头扎入"海"中,"水花"四溅,画面栩栩如生,现场气氛被推向高潮。这种一跃而起的"鲸鱼"效果最早出自Magic Leap之手,如图1-6所示。

图 1-6 一跃而起的鲸鱼

AR 是通过计算机技术，将虚拟的信息应用到真实世界，真实的环境和虚拟的物体实时地叠加到了同一个画面或空间，同时存在。简单来说，VR 看到的场景和人物全是假的，是把人的意识带入一个虚拟的世界。AR 看到的场景和人物一部分是真的、另一部分是假的，是把虚拟的信息带入到现实世界中，如图 1-7 所示。

图 1-7 AR 技术的场景

MR 既包括增强现实又包括增强虚拟，指的是合并现实和虚拟世界而产生的新的可视化环境。在新的可视化环境中，物理和虚拟数字对象共存，并实时互动。

VR、AR 与 MR 等技术，通过不同程度的数字信息与现实环境的融合，为用户带来了全新的体验模式。与 VR、AR、MR 相比，XR 更强调虚拟世界与现实世界的弥合，以及缩小人、信息和体验之间的距离壁垒。XR 技术具有情境感知、感觉代入、自然交互和编辑现实等特征。

XR 是指通过计算机技术和可穿戴设备产生的一个真实与虚拟结合、可人机交互的环境。XR 技术可以称为一种涵盖性术语，包含了 VR、AR、MR 及其他因技术进步而可能出现的新型沉浸式技术。

国内中山大学哲学系教授翟振明是较早提出扩展现实概念的学者，他认为从技术综合性和广度来讲，扩展现实是将互联网、物联网和混合现实技术结合起来的技术形式；从哲学角度讲，扩展现实将是创造人类未来"虚实融合"的新世界模式，尤其强调在拓展现实中人类的自由意志活动。其构想的未来扩展现实概念，与近年流行的数字孪生相接近。所谓数字孪生（Digital Twin）是一种集成多物理、多尺度、多学科属性，具有实时同步、忠实映射、高保真度的特性，能够实现物理世界与信息世界交互与融合的技术手段。

未来 XR 技术将会与人工智能技术、物联网技术高度融合，数字内容将会在其支持下，以更为直观、可感的形式出现在真实空间中。借助于 XR 技术，人们可以自由地游走于现实与虚拟之间，促成了虚拟实践与现实实践之间并存、交织、互动和发展，从而扩展了人类现实的生存空间；使人类实践活动实现了对现实社会空间的延伸和超越，为人们提供了重新进行自我塑造和多样性发展的空间和机会。

1.2 虚拟现实技术的发展

虚拟现实技术并不是近几年才出现的新鲜事物，它从概念到真正落地为产品的历史，几乎可以与计算机的历史相比肩。虚拟现实是一项跨学科的综合性技术，因此它的发展必然受到不同学科发展进程的影响。随着计算机技术、人机交互技术与设备、计算机网络与通信等技术的发展，虚拟现实的发展走过了半个多世纪，期间经历了多次发展热潮。

1.2.1 虚拟现实技术发展历程

1. 虚拟现实技术的探索阶段（20 世纪初期—20 世纪 70 年代）

人类对虚拟现实的探索是从各种仿真模拟器开始的。1929 年 Edward Link 发明了一种飞行模拟器，让乘坐者可以体验飞行的感觉，如图 1-8 所示。可以说，这是人类模拟仿真物理现实世界的初次尝试。

图 1-8　Edward Link 发明的飞行模拟器

1935 年，小说家 Stanley Weinbaum 在小说中描述了一款 VR 眼镜，以眼镜为基础，还提及视觉、嗅觉、触觉等全方位沉浸式体验的虚拟现实概念。该小说被认为是世界上率先提出虚拟现实概念的作品。

1962 年，电影摄影师 Morton Heilig 构造了一个多感知、仿真环境的虚拟现实系统，这套被称为 Sensorama Simulator 的系统也是历史上第一套 VR 系统，如图 1-9 所示。Sensorama Simulator 能够提供真实的 3D 体验，例如，用户在观看摩托车行驶的画面时，不仅能看到立体、彩色、变化的街道画面，还能听到立体声，感受到行车的颠簸和扑面而来的风，还能闻到相应的芳香。Sensorama Simulator 还曾经被美国空军引进，用来进行飞行训练。

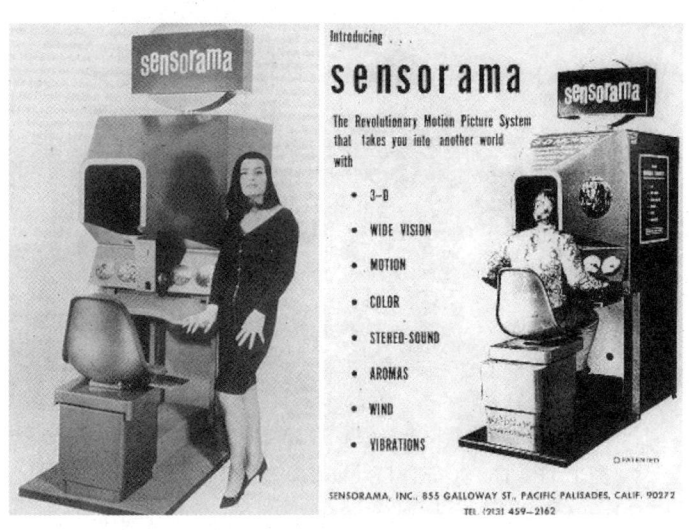

图 1-9　Sensorama Simulator 系统

实际上，早在 1960 年，Heilig 就提交了一款 VR 设备的专利申请文件，这款设备不像 Sensorama Simulator 那样体积庞大，是一款便携式的头戴设备，专利文件上的描述是"用于个人使用的立体电视设备"，如图 1-10 所示。尽管这款设计来自于 1960 年，但可以看出它与 Oculus Rift、Google Cardboard 之间有着很多相似之处。

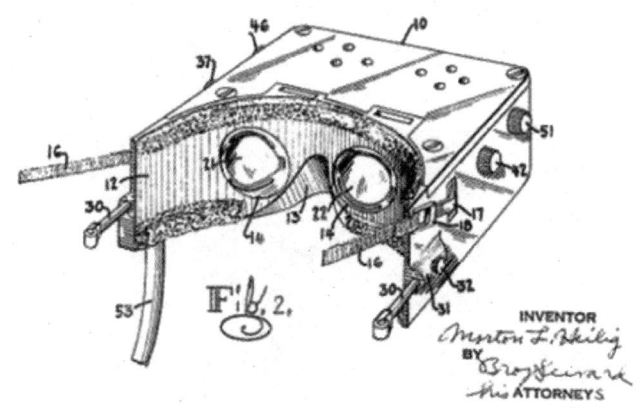

图 1-10　Heilig 头戴设备的设计图

1965 年，美国 ARPA 信息处理技术办公室主任 Ivan Sutherland 发表了一篇题为"The Ultimate Display"的论文。文章指出，应该将计算机显示屏幕作为"一个观察虚拟世界（Virtual World）的窗口"，计算机系统能够使该窗口中的景象、声音、事件和行为非常逼

9

真。Sutherland 的这篇文章给计算机界提出了一个具有挑战性的目标，人们把这篇论文称为是研究虚拟现实的开端。

在虚拟现实技术发展史上一个重要的里程碑是，1968 年 Ivan Sutherland 和学生 Bob Sproull 在麻省理工学院（MIT）的林肯实验室研制出第一个头盔显示器（Head-Mounted Display，HMD），也被称为 The Sword of Damocles（达摩克利斯之剑），如图 1-11 所示。因此，许多人认为 Ivan Sutherland 不仅是"图形学之父"，也是"虚拟现实之父"。

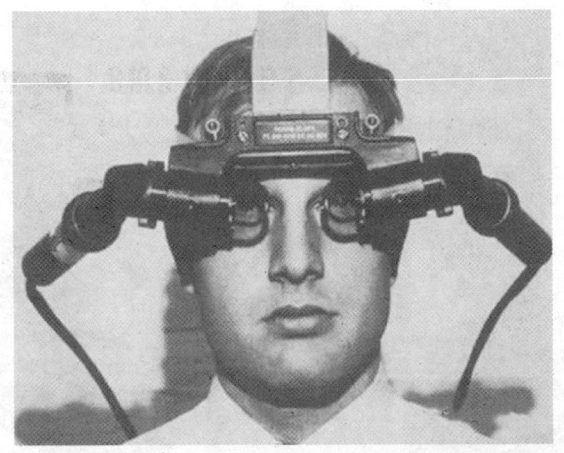

图 1-11　The Sword of Damocles（达摩克利斯之剑）

这个采用阴极射线管（CRT）作为显示器的 HMD 可以跟踪用户头部的运动，当用户移动位置或转动头部时，用户在虚拟世界中所在的"位置"和应看到的内容也会随之发生变化。人们可以通过这个"窗口"看到一个虚拟的、物理上不存在的、却与客观世界的物体十分相似的"物体"。

2. 虚拟现实技术概念的逐步形成阶段（20 世纪 80 年代初—20 世纪 80 年代末）

20 世纪 80 年代，Eric Howlett 发明了超广视角的立体镜呈现系统（缩写为 LEEP 系统），这套系统可以将静态图片变成 3D 图片，如图 1-12 所示。1987 年，另外一位著名的计算机科学家 Jaron Lanier，制造了一款价值 10 万美元的虚拟现实头盔，被称为第一款真正投放市场的 VR 商业产品。

图 1-12　LEEP 系统

该阶段，VR 进入快速发展期，VR 的主要研究内容及基本特征初步明朗，VR 在军事演练、航空航天、复杂设备研制等领域有了广泛的应用。

3. 虚拟现实技术全面发展阶段（20 世纪 90 年代初至今）

这一阶段的虚拟现实技术从研究转向了应用。进入 20 世纪 90 年代，迅速发展的计算机硬件技术与不断改进的计算机软件系统相匹配，使得基于大型数据集合的声音和图像的实时动画制作成为可能；人机交互系统的设计不断创新，新颖、实用的输入/输出设备不断地进入市场，这些都为虚拟现实系统的发展打下了良好的基础。

早在 20 世纪 90 年代，就已经有 3D 游戏上市，虚拟现实在当时也引发了极大的关注度。例如，游戏方面有 Virtuality 的虚拟现实游戏系统和任天堂的 Virtual Boy 游戏机，电影方面有《异度空间》（Lawnmower Man）、《时空悍将》（Virtuosity）和《捍卫机密》（Johnny Mnemonic），书籍方面有《雪崩》（Snow Crash）和《桃色机密》（Disclosure）。但是，当时的虚拟现实技术没有跟上媒体不切实际的想象。例如，3D 游戏画质较差、价格高、时间延迟、设备计算能力不足等。最终，这些产品以失败告终。由于消费者对这些技术产品并不满意，所以第一次虚拟现实热潮就此消退。

2014 年，Facebook 以 20 亿美元收购 Oculus 后，虚拟现实热潮再次袭来。VR 技术成熟度已经达到市场爆发的临界点，消费级产品将会诞生。2016 年以来，虚拟现实技术度过了概念炒作的阶段，迎来了大规模的商业化应用。VR 技术已经达到推出消费级产品的程度。VR 的技术指标体现在以下几个方面：GPU 芯片运算能力、屏幕清晰度、屏幕刷新频率、视场以及传感器，其中尤其关键的是屏幕清晰度以及屏幕刷新频率。VR 元器件综合技术水平的提升使得产品已经能够满足消费者的基本需求。

为促进 VR "产、学、研、用"等协同发展，我国 2015 年 12 月成立了中国虚拟现实与可视化产业技术创新战略联盟。自 2016 年起，江西南昌、山东青岛、福建福州等政府部门，均开始筹备 VR 产业基地。VR 研发热潮正在兴起，2016 年也被称为"VR 元年"。

1.2.2 国内外的虚拟现实技术研究

1. 国外虚拟现实技术研究

美国是虚拟现实技术的发源地，对于虚拟现实技术的研究最早是在 20 世纪 40 年代，用于美国军方对宇航员和飞行驾驶员的模拟训练。随着科技和社会的不断发展，虚拟现实技术也逐渐转为民用，集中在用户界面、感知、硬件和后台软件 4 个方面。20 世纪 80 年代，美国国防部和美国宇航局（NASA）开展了一系列对虚拟现实技术的研究，研究成果显著。现在 NASA 已经建立了航空、卫星维护 VR 训练系统和空间站 VR 训练系统，并且已经建立了可供全国使用的 VR 教育系统。

在欧洲，英国在虚拟现实技术辅助设备设计、分布并行处理和应用研究方面处于领先地位。德国将虚拟现实技术应用在改造传统产业方面，一是用于产品设计，避免新产品开发的风险；二是产品演示，吸引客户；三是用于培训，在新生产设备投入使用前，用虚拟工厂来提高工人的操作水平。瑞典的 DIVE 分布式虚拟交互环境是一个基于 UNIX 的、在不同节点上的多个进程可以在同一世界中工作的异质分布式系统。荷兰海牙 TNO 研究所的物理电子实验室（TNO-PEL）开发的训练和模拟系统，通过改进人机界面来改善现有模拟系统，以使用户完全介入模拟环境。

在亚洲，日本是虚拟现实技术应用居于领先地位的国家之一，主要致力于建立大规模VR知识库的研究，在虚拟现实的游戏方面也做了很多工作。东京技术学院精密和智能实验室开发了一个用于建立三维模型的人性化界面。NEC公司开发了一种虚拟现实系统，它能让操作者都使用"代用手"去处理三维CAD中的形体模型，该系统通过数据手套把对模型的处理与操作者手的运动联系起来。日本京都国际电气通信基础技术研究所（ATR）开发了一套能用图像处理技术来识别手势和面部表情的系统。东京大学的高级科学研究中心将他们的研究重点放在远程控制方面，最近的研究项目是主从系统；该系统可以使用户控制远程摄像系统和一个模拟人手的随动机械人手臂。东京大学原岛研究室开展了3项研究：人类面部表情特征的提取、三维结构的判定和三维形状的表示、动态图像的提取。富士通实验室有限公司研究虚拟生物与VR环境的相互作用；还研究虚拟现实中的手势识别，已经开发了一套神经网络姿势识别系统，该系统可以识别姿势，也可以识别表示词的信号语言。日本奈良尖端技术研究生院大学教授千原国宏领导的研究小组于2004年开发出一种嗅觉模拟器，只要把虚拟空间里的水果放到鼻尖上一闻，装置就会在鼻尖处释放出相应水果的香味，这是虚拟现实技术在嗅觉研究领域的一项突破。

2. 国内关于虚拟现实技术的研究

与其他国家相比，我国VR技术的研究起步较晚，但已引起政府有关部门和研究者们的高度重视，并根据我国的国情，开展VR技术的研究。国家"863计划"、国家自然科学基金委、国家高技术研究发展计划等都把VR列入研究项目。在紧跟国际新技术的同时，国内一些重点院校，也积极投入到VR的研究工作中。

北京航空航天大学计算机学院是国内最早进行VR研究的单位之一。北京航空航天大学虚拟现实技术与系统国家重点实验室在分布式虚拟环境网络上开发了直升机虚拟仿真器、坦克虚拟仿真器、虚拟战场环境观察器、计算机兵力生成器；连接装甲兵工程学院提供的坦克仿真器；基本完成了分布式虚拟环境网络下分布交互仿真使用的真实地形等。他们的总体设计目标是为我国军事模拟训练与演习提供一个多武器协同作战或对抗的战术演练系统。

浙江大学CAD&CG国家重点实验室开发出了一套桌面型虚拟建筑环境实时漫游系统，采用层面叠加绘制技术和预消隐技术，实现了立体视觉，同时还提供了方便的交互工具，使整个系统的实时性和画面的真实感都达到了较高的水平。另外，他们还研制出了在虚拟环境中一种新的快速漫游算法和一种递进网格的快速生成算法。

哈尔滨工业大学已经成功地虚拟出人类高级行为中特定人脸图像的合成、表情的合成和唇动的合成等技术问题，还研究人说话时的头势和手势动作、话音和语调的同步等。

清华大学对虚拟现实和临场感进行了研究，例如，在球面屏幕显示和图像随动、立体图闪烁和深度感实验等方面都具有不少独特的方法。他们还针对室内环境水平特征丰富的特点，提出借助图像变换，使立体视觉图像中对应的水平特征呈现形状一致性，以利于实现特征匹配，并获取物体三维结构的新颖算法。

西安交通大学信息工程研究所对虚拟现实中的关键技术——立体显示技术进行了研究。他们在借鉴人类视觉特性的基础上提出了一种基于JPEG标准压缩编码的方案，并获得了较高的压缩比、信噪比以及解压速度，已通过实验结果证明了这种方案的优越性。

北京科技大学虚拟现实实验室成功开发出了纯交互式的汽车模拟驾驶培训系统。由于开发出的三维图形非常逼真，虚拟环境与真实的驾驶环境几乎没有什么差别，因此投入使用后效果良好。

近年来，故宫博物院文化资产数字化应用研究所推出了《紫禁城·天子的宫殿》系列大型虚拟现实作品，现已完成《紫禁城·天子的宫殿》《三大殿》《养心殿》《倦勤斋》《灵沼轩》《角楼》《御花园》7部作品，并通过故宫数字化应用研究所的演播厅、奥运塔的故宫数字演播厅等场所公开播放。《紫禁城·天子的宫殿》作品充分发挥了计算机技术的优势，把物质文化遗产和非物质文化遗产的展示很好地结合起来。参观者通过手柄操作，在太和殿的正殿内自由漫步，身临其境般地仔细欣赏太和殿的奢华内檐装修、金龙和玺彩画。《紫禁城·天子的宫殿》作品达到了学术性、教育性、趣味性和观赏性的高度统一。

2021年6月24日，百度智能云在"云智技术论坛"上首次发布了百度VR 2.0全景架构，以智能审核、智能编辑、虚拟化身等技术为支撑，拥有VR创作和VR交互两大平台，连接包括教育、营销、政企、工业等领域在内的商业化场景。

从整体上看，我国虚拟现实技术仍处于初步阶段，才刚刚看到虚拟现实的潜力。虚拟现实技术系统要达到实用化、普遍化，还需要从软件和硬件两方面着手，发展道路还较长。尽管这样，虚拟现实技术作为一种全新的人机交互技术，提供了人与计算机的一种直接、自然的接触关系，最终必将得到广泛的应用，甚至走进千家万户。

1.2.3 虚拟现实技术的发展趋势

虚拟现实技术虽然在21世纪得到了快速的发展，但仍处于初创时期，远未达到成熟阶段。虽然尚不能清楚地设想出新世纪里虚拟现实出现并普及的新形式，但可通过应用媒介形态变化原则和延伸媒介领域的主要传播特性，对未来的发展方向做一些展望。

1. 动态环境建模技术

虚拟环境的建立是虚拟现实技术的核心内容。动态环境建模技术的目的是获取实际环境的三维数据，并根据应用的需要，利用获取的三维数据建立相应的虚拟环境模型。三维数据的获取可以采用CAD技术（有规则的环境），而更多的环境则需要采用非接触式的视觉建模技术，两者的有机结合可以有效地提高数据获取的效率。

2. 实时三维图形生成和显示技术

在生成三维图形方面，目前的技术已经比较成熟，关键是怎样才能够做到实时生成，在不对图形的复杂程度和质量造成影响的前提下，如何让刷新频率得到有效的提高是今后研究的重要内容。另外，虚拟现实技术还依赖于传感器技术和立体显示技术的发展，现有的虚拟设备还不能够让系统的需要得到充分的满足，需要开发全新的三维图形生成和显示技术。

3. 新型交互设备的研制

虚拟现实技术实现人能够自由地与虚拟世界对象进行交互，犹如身临其境，借助的输入/输出设备主要有头盔显示器、数据手套、数据衣服、三维位置传感器和三维声音产生器等。因此，新型、便宜、鲁棒性优良的数据手套和数据服将成为未来研究的重要方向。

4. 大型网络分布式虚拟现实的研究与应用

网络虚拟现实是指多个用户在一个基于网络的计算机集合中，利用新型的人机交互设备介入计算机中，产生多维的、适用于用户的虚拟情景环境。分布式虚拟环境系统除了要让复杂虚拟环境计算的需求得到满足之外，还需要让协同工作以及分布式仿真等应用对共享虚拟环境的自然需要得到满足。分布式虚拟现实可以看成是一种基于网络的虚拟现实系统，可以让多个用户同时参与，让不同地方的用户进入到同一个虚拟现实环境中。

随着众多分布式虚拟环境（Distributed Virtual Environment，DVE）开发工具及其系统的出现，DVE 本身的应用也渗透到各行各业，包括医疗、工程、训练与教学以及协同设计。仿真训练和教学训练是 DVE 的又一个重要的应用领域，包括虚拟战场、辅助教学等。另外，研究人员还用 DVE 系统来支持协同设计工作。近年来，随着 Internet 应用的普及，一些面向 Internet 的 DVE 应用使得位于世界各地的多个用户可以协同工作。将分散的虚拟现实系统或仿真器通过网络联结起来，采用协调一致的结构、标准、协议和数据库，形成一个在时间和空间上互相耦合的虚拟合成环境，参与者可自由地进行交互。特别是在航空航天中的应用价值极为明显，因为国际空间站的参与国分布在世界的不同区域，分布式 VR 训练环境不需要在各国重建仿真系统，这样不仅减少了研制和设备费用，而且减少了人员出差的费用以及异地生活的不适。

总之，虚拟现实技术将与人们的生活更多地结合起来，从日常游戏娱乐到教育、医疗、房产等多个领域，虚拟现实都将全面普及。行业的不断发展，其应用范围也将愈加广阔。虚拟现实技术将应用于更多的行业领域，改变人类生活。

1.3 虚拟现实技术的分类

根据用户参与虚拟现实形式的不同以及沉浸程度的不同，可以把各种类型的虚拟现实系统划分为四类：沉浸式虚拟现实系统、增强式虚拟现实系统、桌面式虚拟现实系统、分布式虚拟现实系统。

1.3.1 沉浸式虚拟现实系统

沉浸式虚拟现实系统采用头盔显示，以数据手套和头部跟踪器为交互装置，把参与者或用户的视觉、听觉和其他感觉封闭起来，使参与者暂时与真实环境相隔离，而真正成为虚拟现实系统内部的一个参与者，并利用各种交互设备操作和驾驭虚拟环境，给参与者一种充分投入的感觉。沉浸式虚拟现实能让人有身临其境的真实感觉，因此常常用于各种培训演示及高级游戏等领域。但是由于沉浸式虚拟现实需要用到头盔、数据手套、跟踪器等高技术设备，因此它的价格比较昂贵，所需要的软件、硬件体系结构也比桌面级虚拟现实系统更加灵活。

沉浸式虚拟现实系统具有如下特点。

1) 具有高度的实时性。用户改变头部位置时，跟踪器实时监测，送入计算机处理，快速生成相应的场景。为使场景能平滑地连续显示，系统必须具备较小延迟，包括传感器延迟和计算延迟。

2) 高度沉浸感。该系统必须使用户和真实世界完全隔离，依据输入和输出设备，使用户完全沉浸在虚拟环境中。

3) 具有强大的软硬件支持功能。

4）并行处理能力。用户的每一个行为都和多个设备综合有关。如手指指向一个方向，会同时激活 3 个设备：头部跟踪器、数据手套及语音识别器，同时产生 3 个事件。

5）良好的系统整合性。在虚拟环境中，硬件设备互相兼容，与软件协调一致地工作，相互作用，构成一个虚拟现实系统。

1.3.2　增强式虚拟现实系统

增强式虚拟现实系统不仅是利用虚拟现实技术来模拟现实世界、仿真现实世界，而且要利用它来增强参与者对真实环境的感受，也就是增强在现实中无法或不方便获得的感受。增强现实是在虚拟现实与真实世界之间的沟壑上架起一座桥梁。因此，增强现实的应用潜力是相当巨大的。例如，可以利用叠加在周围环境上的图形信息和文字信息，以指导操作者对设备进行操作、维护或修理，而不需要操作者去查阅手册，甚至不需要操作者具有工作经验；既可以利用增强式虚拟现实系统的虚实结合技术进行辅助教学，同时增进学生的理性认识和感性认识，又可以使用增强式虚拟现实系统进行高度专业化的训练等。

增强式虚拟现实系统的主要特点如下。
1）真实世界与虚拟世界融为一体。
2）具有实时人机交互功能。
3）真实世界和虚拟世界是在三维空间中整合的。

1.3.3　桌面式虚拟现实系统

桌面式虚拟现实系统是利用个人计算机和低级工作站实现仿真，计算机的屏幕作为参与者或用户观察虚拟环境的一个窗口，各种外部设备一般用来驾驭该虚拟环境，并且用于操纵在虚拟场景中的各种物体。由于桌面式虚拟现实系统可以通过桌上台式机实现，所以成本较低，功能也比较单一，主要应用于计算机辅助设计（CAD）、计算机辅助制造（CAM）、建筑设计、桌面游戏等领域。

桌面式虚拟现实系统虽然缺乏类似头盔显示器那样的沉浸效果，但它已经具备虚拟现实技术的要求，并兼有成本低、易于实现等特点，因此目前应用较为广泛。

1.3.4　分布式虚拟现实系统

分布式虚拟现实系统是指在网络环境下，充分利用分布于各地的资源，协同开发各种虚拟现实。分布式虚拟现实是沉浸式虚拟现实的发展，它把分布于不同地方的沉浸式虚拟现实系统通过网络连接起来，共同实现某种用途；使不同的参与者联结在一起，同时参与一个虚拟空间，共同体验虚拟经历，使用户协同工作达到一个更高的境界。

分布式虚拟现实系统具有以下特征。
1）共享的虚拟工作空间。
2）伪实体的行为真实感。
3）支持实时交互，共享时钟。
4）多用户相互通信。

5）资源共享并允许网络上的用户对环境中的对象进行操作和观察。

1.4　VR 技术典型应用——虚拟博物馆

由于能够再现真实的环境，并且人们可以沉浸其中参与交互，使得虚拟现实技术已经在许多方面得到了广泛应用。随着各种技术的深度融合、相互促进，虚拟现实技术在教育、军事、工业、艺术与娱乐、医疗、城市仿真、科学计算可视化等的应用都有极大的发展。其中，虚拟博物馆是虚拟现实技术的应用之一。

1.4.1　虚拟博物馆及其发展现状

1. 虚拟博物馆概念

虚拟博物馆是运用数字技术、网络技术，将现实存在的实体博物馆的职能以数字化方式完整地展现出来的博物馆，如图 1-13 所示。虚拟博物馆是博物馆数字化发展过程中的阶段性产物，有了虚拟现实技术的加入后，沉浸性和互动性获得了前所未有的增强，虚拟博物馆应运而生。

图 1-13　虚拟博物馆

虚拟博物馆本质上就是采用虚拟现实技术的博物馆。起初虚拟博物馆只是通过虚拟现实技术将博物馆的实体物件形象地展现在计算机屏幕上，随着硬件环境的提升，逐渐实现将整个博物馆的环境连同文物一起呈现在虚拟世界之中，于是真正意义上的虚拟博物馆成形了。在虚拟博物馆中，参观者可以通过鼠标、键盘、手柄、虚拟眼镜等设备欣赏博物馆展出的内容。

众所周知，我国绝大部分博物馆都面临着展出手段单一、资金不足的困境。全国各类博物馆中的文物达 1200 万件，但受到各种因素的限制，能够展出的仅有一小部分，这导致展品的更换率非常低，观众实际能够观看的种类、内容有限。对于一些老化破损严重的文物，情况更加危急，即使人工修复后仍难长期展览。面对这样的情况，虚拟现实技术可以在比较切合自身优点的前提下解决这些问题，从而进一步促进博物馆行业的发展。

2．虚拟博物馆国外发展现状

由于国外博物馆的起步整体比我国早很多，在博物馆的数字化建设和虚拟现实化建设上也相应早一些。位于美国费城的富兰克林科学博物馆利用了虚拟现实技术，使人们沉浸在科学和技术的体验当中。在 VR 体验区内，该展馆中有轮换出现的各种科学内容，供游客在房间大小的空间中进行沉浸式体验，如亲身登上火星或月球。富兰克林科学博物馆还拥有自己的移动 VR APP 应用，其中一个项目就是在大海底部拍摄 360°全景视频，同时还有一些标志性展品的全景图片，如《巨大的心》《你的大脑》和《太空命令》等。

纽约大学学生 Ziv Schneider 创作的虚拟博物馆《被盗艺术品博物馆》（The Museum of Stolen Art）也是很有意义的探索。这个博物馆的特别之处在于，其展示的都是被盗的艺术品，这些艺术品大部分在现实中已经无法被看到了。虚拟博物馆的设计仿照了现实，在白色墙壁上，挂着不同的艺术作品，配以修饰边框。Ziv Schneider 计划进行三次艺术展，其中一次用来展示一些被盗的著名油画，另外两次则是专注于伊拉克与阿富汗的艺术品。2003 年，在美国攻占巴格达期间，伊拉克国家博物馆遭到劫掠，损失的艺术品大概有 14000 件。Ziv Schneider 想要通过展出这些艺术品来提醒人们，真实的艺术品是非常脆弱的。

3．虚拟博物馆国内发展现状

近年来，虚拟博物馆在我国的应用也得到了很大的发展。故宫博物院、首都博物馆、上海博物馆、南京博物院、敦煌市博物馆等文博单位都积极地利用信息技术进行作品的辅助展示，故宫博物院和南京博物院的网络虚拟博物馆已经上线并获得了广泛的关注和好评。

"虚拟紫禁城"是中国第一个在互联网上展现重要历史文化景点的虚拟世界。"虚拟紫禁城"用高分辨率、精细的 3D 建模技术虚拟出宫殿建筑、文物和人物，并设计了 6 条观众游览路线。"虚拟紫禁城"囊括了目前故宫所有对外开放的区域。为了营造尽可能真实可信的体验，技术人员通过与中国历史文化专家合作和对实际演员的真实动作进行动态捕捉，再现了一些皇家生活场景。

在"虚拟紫禁城"中，游客可以像现实生活中游览故宫那样，走过每一条游览线路，比现实中更方便、更吸引人的是，在虚拟世界中，游客可以走进在现实中不能进入的宫殿，如太和殿等。游客在进入虚拟世界时，可选择一个自己喜欢的身份，如官员、宫女、嫔妃、武士、太监等。参观时既可跟随一个导游，也可自己随意闲逛，或是自己做导游带领其他在线的游客一起参观。虚拟世界还设计了一些场景，例如，皇帝批阅奏章、用膳，太监们逗蛐蛐，武士们练射箭等，游客可以旁观，也可参与其中，与人物比试一番。此外，游客还能够与其他游客及一系列预设的人物进行交谈互动。这种自主性、互动性，是该项目与之前的一些"虚拟游览"或数字化游览最根本的区别。

这个被称为"超越时空的紫禁城"的虚拟世界，借助现代技术，立体地、精细地再现了故宫博物院这座满载文化宝藏的宝库，是技术与文化的完美结合。

1.4.2 虚拟博物馆的特点

相对于传统博物馆而言，虚拟博物馆的特点主要是虚拟现实特性在与传统博物馆的信息和服务相结合后产生的特点，可以分为以下 4 点。

1. 跨界性

跨界性立足于互联网信息技术快速传播的特点。虚拟博物馆的出现，尤其是基于互联网的虚拟博物馆出现后，博物馆的内容传播打破了时间和空间上的限制，使得人们可以随时随地通过互联网参观世界各地的博物馆，进而促进了文化的交流。这种跨界性也蕴含着横跨不同主题博物馆的意义，由于时空上的自由度很高，不同主题的博物馆可以突破原有的类型，从而更宏观地规划和布展，提升展览的效果。

同时，跨界性还包含另一意义。历史文物、景观和建筑等由于现实世界中环境的影响会逐渐磨损、老旧，最终被毁坏。但是将文物和建筑数字化保存后，其保存时间将会更长，并且虚拟文物的维护也比实体文物的维护更加便捷、安全。

2. 生动性

生动性其实是从虚拟现实的特性继承而来的。广义的生动性是虚拟现实技术三维图形或全景影像的生动性，加上整合后的影片、声音等信息，使得用户可以获得全面的文物信息，更生动形象地观察和理解文物所承载的厚重文化。生动性的优势在对文物的观察上非常明显，通常情况下，大部分观众很难以自由的角度近距离观察文物的细节；但是在文物扫描技术和虚拟现实技术诞生以后，人们可以非常随意地观察名贵文物在虚拟博物馆中的高清复制品，如同在自己手中观赏把玩一样。这就形成了虚拟现实博物馆中的狭义生动性，这种体验在实体博物馆是不易获得的。

3. 自主性

自主性与生动性一样由虚拟现实特性继承而来。虚拟现实技术以计算机技术为基础，而计算机从诞生之初就拥有比较高的自主性，用户可以根据自己的需要运用手段编写程序、发布命令。虚拟现实技术搭建的虚拟世界中，人作为主要的行为主体同样可拥有非常大的自主选择权。例如，观众可以自由选择博物馆中任意区域跳跃性观赏，或直接通过导航界面选择自己需要的内容进行观赏。对于文物背后的历史故事，可选择短片或文章的方式；对于乐器类文物，可选择音频的方式；对于绘画类文物，可选择图片的方式等。

4. 交流性

虚拟博物馆的交流性相较于传统博物馆有进一步的增强。传统博物馆也存在观众和馆方的交流，这种交流以信件的方式单向进行。虚拟博物馆通过互联网也实现了观众向馆方的信息传递，同时，也添加了观众之间的信息交流。这种交流非常丰富，体现了极强的跨界性。这不仅可以为馆方提供非常便捷准确的信息反馈，同时也活跃了观众的思维，增强了观众之间的信息交流，展现了以人为本的理念。

1.4.3 虚拟博物馆的应用技术

现有的虚拟博物馆主要采用了 3 种实现途径：全息影像技术，主要用于馆内虚拟展示；虚拟现实技术，可用于馆内或网络；照片缝合技术，主要用于网络上传播的虚拟博物馆。

1. 全息影像技术

全息影像技术是将多角度的二维摄像通过一组组干涉光的方式进行叠加，最终实现光信息的立体呈现。全息摄像由于拍摄角度多，所需的图像信息多，在形成初期只能展现静态的物体，但是展现出的效果已经非常逼真，因此国外已有博物馆早早地采用了这种方式进行文物展示。随着计算机处理能力及拍摄设备精度的提升，尤其是摄像机拍摄精度的提升，动态视频也可以进行全息式播放。这为博物馆的数字信息化展示增加了一条重要途径，还在一定程度上弥补了一些文物因为稀缺性导致的参展不足，并可以更加生动地展示文物，让参观者感受更加强烈的历史气息。

2．虚拟现实技术

虚拟现实技术可以利用计算机生成一个三维空间，并在其中模拟搭建一个虚拟的世界，然后呈现在计算机屏幕上。配合一些声音、触觉的效果后，虚拟现实技术可以为观众带来沉浸式的绝佳体验，让观众置身其中自由地体验虚拟世界中的所有事物。例如，法国的罗浮宫运用虚拟现实技术重建了毁于 1661 年的阿波罗画廊，并复原了中世纪的罗浮宫地堡和下水道系统，这些都是观众们现在无法进入或参观到的珍贵历史素材。伦敦博物馆也通过虚拟现实技术高度还原了著名的 1666 年伦敦大火，让参观者亲身经历了大半个伦敦的燃烧和十万人的灾难，从而获得亲身参与历史重大事件的震撼感受。

3．照片缝合技术

照片缝合技术是将固定位置上下、前后、左右 6 个视角的照片缝合成一张全视野的图片，从而形成全景图的技术。这种技术产生的图像在导入计算机后进行一些简单的处理就能为观众带来较好的体验，由于是照片，在和场景的交互自由度上相对于虚拟现实技术稍逊一筹，但在对环境的还原度上是非常出色的。而且由于照片的文件相对较小，运用这种技术展示的虚拟博物馆文件体量非常小，适合通过互联网进行实时地传输，所以大部分网络平台上的虚拟博物馆都是运用这种技术。例如，故宫博物院虚拟线上博物馆就是运用这种技术，在配合全面的导游语音和精美的文物图片后，完美地展示了宏伟的故宫建筑群，让参观者可以足不出户畅游故宫。

1.4.4 虚拟博物馆的发展趋势

前面谈到了很多现有虚拟博物馆的技术、作用和特点，对虚拟博物馆也有了一个宏观的认识。现在根据一些博物馆的基本情况以及虚拟现实技术的发展趋势，大胆地对虚拟博物馆的未来进行以下 3 个方向的展望。

1）硬件和技术方向，主要针对虚拟现实技术所依赖的计算机技术的发展。更加优化的计算机图形渲染方式，更加强大的图形和数据计算能力，无疑对提升虚拟博物馆的视觉效果起着最直接的作用。另外，在移动网络普及的环境下，网络传输的速度和稳定性对虚拟博物馆的用户体验也越发重要，在此基础上还要优化和压缩虚拟博物馆的程序结构，否则，虚拟博物馆将会受到极大的限制从而丧失其重要立足点。当然新型的体感设备也会对虚拟博物馆的发展起到加速和推进的作用。

2）在利用网络进行虚拟博物馆发布和传播的同时，网络传播中的信息结构模型也改变了传统博物馆信息单向传递的特点，使观众可以更加自主地观看博物馆中的展览，以及发布对这些内容的反馈信息。这对于博物馆有着比较重要的意义，便于博物馆发现和调整展示内容，从而减少展览中不必要的时间成本，提升博物馆的传播效率。

3）大部分虚拟博物馆本质上仍然是实体博物馆在数字平台上的代言人，展示的信息仍然来源于博物馆本身的历史素材。只存在于计算机网络平台上的博物馆还没有出现，这和行业发展的历史先后顺序有关。各个行业都在积极拥抱数字技术和信息技术，但这些技术本身也在快速地发展、演化。在未来，这些技术发展历程中的一些关键信息和成果会成为信息时代中的"历史文物"，从而进入一种脱离实体的真正意义上的虚拟博物馆。那时人们也许已经脱离了传统的输入设备，以一种更加智能、亲和的人机交互方式参观虚拟博物馆，而当下的技术成果也已经进入了这些博物馆。

总之，虚拟博物馆作为传统博物馆的延伸和拓展，充分运用了现代计算机技术和网络技术，成为虚拟现实技术比较重要的一种应用。相信在未来，方兴未艾的虚拟博物馆会不断发展，为文物的展示和历史的再现提供更加丰富多彩的手段，成为文化传播的利器。

习题

一、名词解释
VR　　AR　　MR　　XR

二、填空题
1. 虚拟现实技术的特性有＿＿＿＿、＿＿＿＿和＿＿＿＿。
2. 典型的虚拟现实系统主要由＿＿＿＿、＿＿＿＿和＿＿＿＿等组成。
3. 根据用户参与虚拟现实的形式以及沉浸程度的不同，可以把各种类型的虚拟现实系统划分为 4 类：＿＿＿＿、＿＿＿＿、＿＿＿＿和＿＿＿＿。

三、简答题
1. 简述虚拟现实技术的发展历程。
2. 简述虚拟现实技术的原理及本质。
3. 简述不同虚拟现实系统的特点及应用情况。

四、论述题
1. 谈谈你对虚拟现实技术现状及未来发展的看法。
2. 你认为当前虚拟现实技术发展的主要障碍和问题是什么？

第 2 章 虚拟现实的关键技术

🎯 学习目标
- 理解虚拟现实关键技术的原理
- 了解虚拟现实的三维建模技术
- 了解虚拟现实的立体高清显示技术
- 了解虚拟现实的人机交互技术
- 了解虚拟现实的三维虚拟声音技术

虚拟现实技术主要包括模拟环境、感知、自然技能和传感设备等。模拟环境是由计算机生成的、实时动态的三维立体逼真图像。感知是指理想的虚拟现实应该具有一切人所具有的感知。除计算机图形技术所生成的视觉感知外，还有听觉、触觉、力、运动等感知，甚至还包括嗅觉和味觉等，也称为多感知。自然技能是指人的头部转动、眼睛动作、手势或其他人体行为动作，这些自然技能相对应的数据由计算机来处理，同时计算机还对用户的输入做出实时响应，并分别反馈到用户的五官。传感设备是指三维交互设备。

另外，虚拟现实技术又是多种技术的综合，关键技术主要包括：立体显示技术、三维建模技术、三维虚拟声音技术、人机交互技术等。

2.1 立体显示技术

立体显示技术是虚拟现实的关键技术之一，它使用户在虚拟世界里具有更强的沉浸感。立体显示技术的引入可以使各种模拟器的仿真更加逼真。

立体显示可以把图像的纵深、层次、位置全部展现，参与者可以更直观、更自然地了解图像的现实分布状况，从而更全面地了解图像或显示内容的信息。从技术方面看，需要通过光学技术构建逼真的三维环境和立体的虚拟物体对象，这就要根据人类双眼的视觉生理特点来设计，使得人们将在虚拟现实环境中看到的场景与日常生活中的场景比较时，在质量、清晰度和范围方面应该是无法区分的，从而产生身临其境的沉浸感。目前，立体显示技术主要以佩戴立体眼镜等辅助工具来观看立体影像。随着人们对观影要求的不断提高，由非裸眼式向裸眼式的技术升级成为发展的重点和趋势。目前，比较有代表性的技术有：分色技术、分光技术、分时技术、光栅技术和全息显示技术。

2.1.1 立体视觉的形成原理

立体视觉是人眼在观察事物时所具有的立体感。人眼对获取的景象有相当的深度感知能力（Depth Perception），而这些感知能力又源自人眼可以提取出景象中的深度要素（Depth Cue）。之所以具备这些能力，主要依靠人眼的以下几种机能。

- 双目视差（Binocular Parallax）。
- 运动视差（Motion Parallax）。
- 眼睛的适应性调节（Accommodation）。
- 视差图像在人脑的融合（Convergence）。

除了以上几种机能外，人的经验和心理作用也对景象的深度感知能力有影响，如图像的颜色差异、对比度差异、景物阴影甚至是所观看显示器的尺寸和观察者所处的环境等，但这些要素相对上述机能来讲，在建立立体感上影响是比较小的。

当人们的双眼同时注视某物体时，双眼视线交叉于某个物体对象上，称为注视点，从注视点反射回视网膜上的光点是对应的，但由于人两只眼睛相距 4～6cm，观察物体时，两只眼睛从不同的位置和角度注视物体，所得的画面有一点细微的差异，如图 2-1 所示。这种视差在传入大脑视觉中枢，然后合成一个物体完整的图像时，不但使人能看清该物体对象，而且能分辨出该物体对象与周围物体间的距离、深度、凸凹等，这样所获取的图像就是一种具有立体感的图像，这种视觉也就是人的双眼立体视觉。

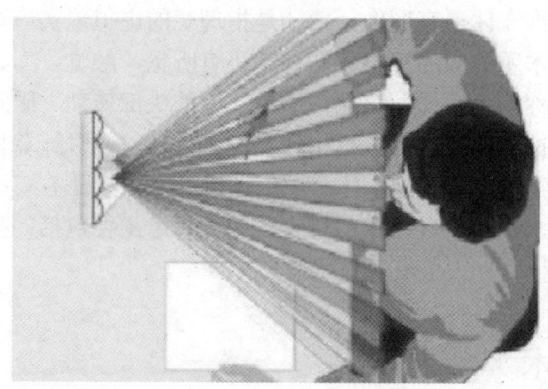

图 2-1 双眼立体视觉原理

实际上，人们在观察事物时，不仅双眼看物会产生立体感，单眼看物也会产生三维效果。如果一个物体有一定的景深效果，单眼观察时会自动进行调节，即物体的远近差异引起眼睛内晶状体焦距及瞳孔直径的调节；如果物体是运动的，单眼会产生移动视差，因物体位置前后的不同而产生移动从而形成差异。

由此可知，一幅画面要产生立体感，应至少要具备以下 3 点。

1．画面有透视效果

透视效果是观看三维世界时的基本规律，是画面产生立体感的基本要求。如果绘制一个立方体却不遵照立方体的透视规律，那么绘制出来的作品就一定不会产生立方体所应有的立体感。如果画面中只有一个孤零零的正方形，就绝对不会有立体感，但若运用线条透视的原理，那即使一个正方体也会有透视效果。

2．画面有正确的明暗虚实变化

真实世界中根据光源的亮度、颜色、位置和数量的不同，物体会有相应的亮部、暗部、投影和光泽等，同时近处的物体在色彩的饱和度、亮度、对比度等方面都相对较高，远处的则较低。如果画面中没有这些效果或违反了这些规律，都不会产生好的立体感。

3. 具有双眼的空间定位效果

人眼在观看物体时，两只眼睛分别从两个角度来观看，看到的两幅画面自然有细微的差别，如图 2-2 所示。大脑将两幅画面混合成一幅完整的画面，并根据它们的差别线索感知被视物的距离。这就是双眼的空间定位，是人眼感知距离的最主要手段。

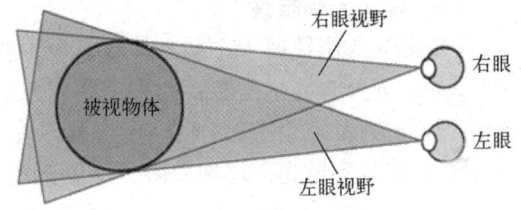

图 2-2 双眼空间定位

如果重放画面时不能再现这种空间定位的感觉，那么即使具备前两点也无法产生好的立体感，以上 3 点只有同时满足才能产生比较完美的立体效果。普通显示器可以实现前两点却无法实现第三点，而立体显示技术也就是能够再现空间定位感的显示技术。

2.1.2 立体显示技术分类

两只眼睛的视差是时间立体视觉的基础。为了实现立体显示效果，首先需要对同一场景分别产生相应于左右眼的不同图像，让它们之间具有一定的视差；然后，借助相关技术，使左右双眼只能看到与之相应的图像。这样，用户才能感受到立体效果。

从时间特点上来讲，目前的立体显示技术可以分为同时显示技术和分时显示技术两类。同时显示是指在屏幕上同时显示出对应于左右双眼的两幅图像；分时显示是指以一定的频率交替显示两幅图像。

从设备特点上来讲，立体显示技术可以分为立体眼镜、立体头盔、裸眼立体三类。其中，立体眼镜又可细分为主动立体眼镜和被动立体眼镜两类。主动立体眼镜是指有源眼镜，它通过"快门"来控制镜片的透光性；被动立体眼镜是指无源眼镜，它通过滤波技术来控制镜片的透光性。下面具体说明各种立体显示技术。

1. 彩色眼镜

彩色眼镜属于被动立体眼镜，主要用于同时显示技术中。彩色眼镜的基本原理是，将左右眼图像用红绿两种补色在同一屏幕上同时显示出来，用户佩戴相应的补色眼镜（一个镜片为红色，另一个镜片为绿色）进行观察，如图 2-3 所示。这样每个滤色镜片吸收来自相反图像的光线，从而使双眼只看到同色的图像。这种方法会造成用户的色觉不平衡，产生视觉疲劳。

2. 偏振光眼镜

偏振光眼镜同样属于被动立体眼镜，主要用于同时显示技术中。偏振光眼镜的基本原理是，将左右眼图像用偏振方向垂直的光线在同一屏幕上同时显示出来，用户佩戴相应的偏振光眼镜（两个镜片的偏振方向垂直）进行观察，如图 2-4 所示。这样每个镜片阻挡相反图像的光波，从而使双眼只能看到相应的图像。

图 2-3 彩色眼镜

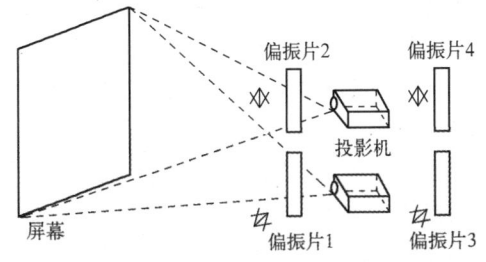

图 2-4 偏振光眼镜立体显示示意图

3. 液晶光阀眼镜

液晶光阀眼镜属于主动立体眼镜，主要用于分时显示技术中。液晶光阀眼镜的基本原理是，显示屏分时显示左右眼的视差图，并通过同步信号发射器及同步信号接收器控制观看者所佩戴的液晶光阀眼镜。当显示屏显示左（右）眼视差图像时，左（右）眼镜片透光而右（左）眼镜片不透光，这样双眼只能看到相应的图像，如图 2-5 所示。液晶光阀眼镜的主要特点是：要求显示器的帧频为普通显示器的两倍，一般需要达到120Hz。

4. 立体头盔显示

立体头盔显示是在观看者双眼前各放置一个显示屏，观看者的左右眼只能看到相应显示屏上的视差图像。立体头盔显示器可以进一步分为同时显示和分时显示两种，前者的价格更加昂贵。立体头盔显示存在单用户性、显示屏分辨率低、头盔沉重、容易给眼睛带来不适感等缺点，如图 2-6 所示。

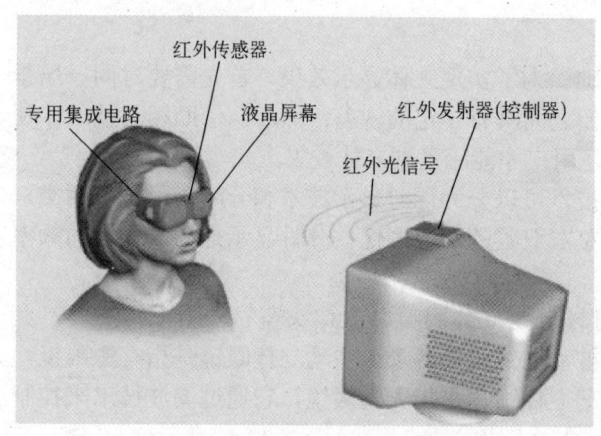

图 2-5 液晶光阀眼镜立体显示示意图

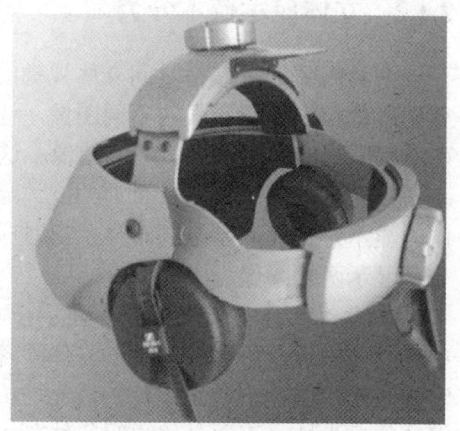

图 2-6 立体头盔显示

5. 裸眼立体显示

裸眼立体显示不需要用户搭配任何装置，直接观看显示设备就可感受到立体效果。裸眼立体显示可分为 3 类：光栅式自由立体显示、体显示、全息投影显示。

（1）光栅式自由立体显示

光栅式自由立体显示的显示设备主要是由平板显示屏和光栅组合而成。左右眼视差图图像按一定规律排列并显示在平板显示屏上，然后利用光栅的分光作用将左右眼视差图像的光线向不同方向传播。当观看者位于合适的观看区域时，其左右眼分别观看到相应的视差图像，从而获得立体视觉效果。常见的光栅类型包括狭缝光栅和柱透镜光栅两类。

狭缝光栅包括前置式狭缝光栅和后置式狭缝光栅两种，其原理如图 2-7 所示。前置式狭缝光栅置于平板显示屏与观看者之间，观看者左右眼透过狭缝光栅的透光部分只能看到对应的左右眼视差图像，由此产生立体视觉。后置式狭缝光栅置于平板显示屏与背光源之间，用来将背光源调制成狭缝光源。当观看者位于合适的观看区域时，从左（右）眼处只能看到显示屏上的左（右）眼狭缝被光源照亮。所以，观看者左右眼只能看到对应的视差图像，由此产生立体视觉。

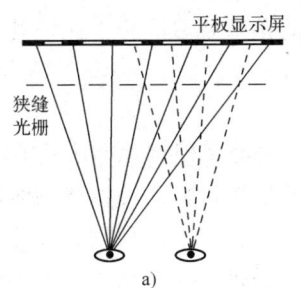 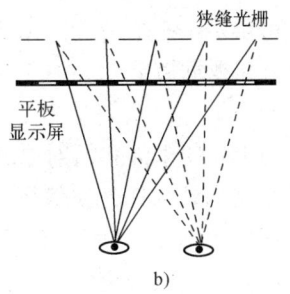

图 2-7 狭缝光栅自由立体显示原理
a) 前置式狭缝光栅 b) 后置式狭缝光栅

柱透镜光栅自由立体显示原理如图 2-8 所示，它利用柱透镜阵列的折射作用，将左右眼视差图像分别提供给观看者的左右眼，从而产生立体视觉效果。

可见，光栅式自由立体显示技术的本质是，使用光栅等滤光器替代立体眼镜。但是，上述两种光栅都有一定缺陷。狭缝光栅对光线具有遮挡作用，所以会导致立体图像的亮度损失严重；柱透镜光栅则基本不会造成亮度损失。由于在平板显示器上同时显示两幅视差图像，所以上述两种光栅都会导致立体图像的分辨率降低。

（2）体显示

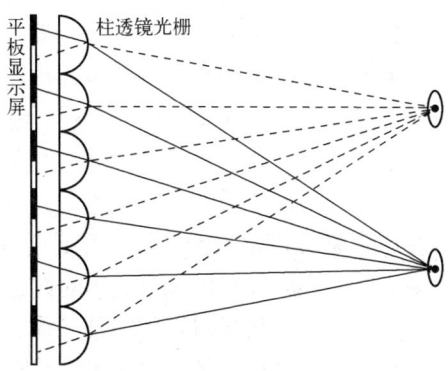

图 2-8 柱透镜光栅自由立体显示原理

体显示的基本原理是：通过特殊显示设备将三维物体的各个侧面图像同时显示出来。图 2-9 所示为一种基于扫描的体显示方法。这种方法以半圆形显示屏作为投影面，在其高速旋转时，就形成了一个半球形的成像区域。在半圆形显示屏旋转过程中，投影机会把同一物体的多幅不同侧面的二维图像闪投在显示屏上。这样，由于人眼的视觉暂留原理，就会观看到一个似乎飘浮在空中的三维物体。

图 2-10 所示为一种基于点阵的体显示方法，图中所示立方体是添加了发光物质的透明荧光体，是由一系列点阵组成的。如果水平和垂直方向的两束不同波长的光线同时聚焦到同一个荧光点上，那么该点就会发出可见光。显示立体图像时，首先需要把三维物体分解为一系列点阵，然后由两束光波依次扫描立方体中的各个光点，使得与三维物体相对应的荧光点发光，而其他荧光点不发光。这样，观看者就可以看到立体模型了。

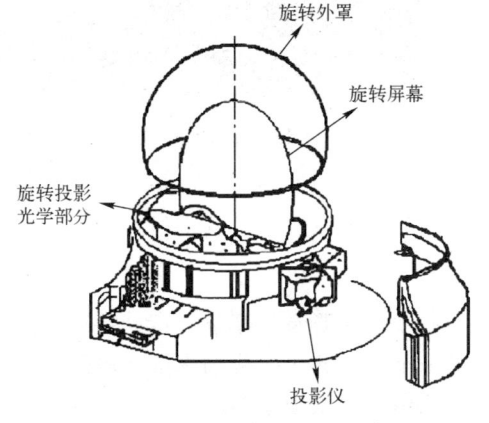 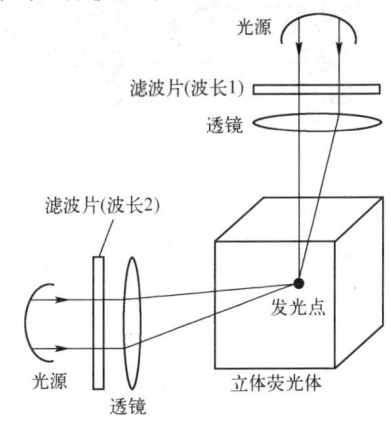

图 2-9 基于扫描的体显示方法　　　　图 2-10 基于点阵的体显示方法

上述体显示方法可供多个观看者同时从不同角度观看同一立体场景，且兼顾了人眼的调节和汇聚特性，不会引起视觉疲劳。

（3）全息投影显示

全息投影技术是利用光的干涉和衍射原理记录并再现真实物体三维图像的技术。

首先是利用干涉原理记录物体光波信息，即拍摄过程。被拍摄物体在激光辐射下形成漫射式的物光束；另一部分激光作为参考光束射到全底片上，和物光束叠加产生干涉，把物体光波上各点的相位和振幅转换成在空间上变化的强度，从而利用干涉条纹间的反差和间隔将物体光波的全部信息记录下来。

然后利用衍射原理再现物体光波信息，即成像过程，当胶片冲洗完成后，它就记录了原始物体上每一点的衍射光栅。如果将参考光束重新照射胶片，那么原始物体上每一点的衍射光栅都可以衍射部分参考光线，重建出原始点的散射光线。当原始物体上所有点的衍射光栅所形成的衍射光线叠加在一起后，就可以重建出整个物体的立体影像了。

近年来，随着计算机技术的发展和高分辨率电荷耦合成像器件（Charge Couple Device，CCD）的出现，数字全息技术得到迅速发展。与传统全息不同的是，数字全息用 CCD 代替普通全息材料记录全息图，用计算机模拟取代光学衍射来实现物体再现，实现了全息图记录、存储、处理和再现全过程的数字化，具有广阔的前景。

全息投影技术再现的三维图像立体感强，具有真实的视觉效应。观看者可以在其前后左右观看，是真正意义上的立体显示。图 2-11 所示为 HOLOCUBE 公司开发的一款全桌面全息显示器。2011 年 1 月 1 日湖南卫视的跨年晚会，使用了全息投影技术，宛如邓丽君登台演唱，如图 2-12 所示。

图 2-11　HOLOCUBE 公司的全息显示器

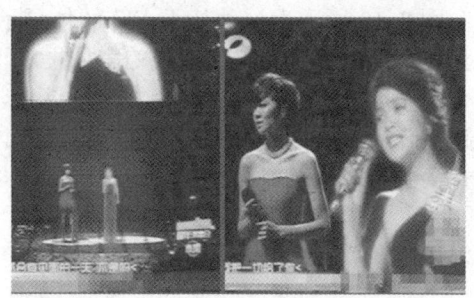
图 2-12　全息投影技术的应用

2.2　三维建模技术

虚拟现实是一种逼真地模拟人在自然环境中的视觉、听觉、嗅觉、运动等行为的一种全新的人机交互技术，其最终目标是使用户置身于一个由计算机生成的虚拟环境中。建模是对现实对象或环境的逼真仿真，虚拟对象或环境的建模是虚拟现实系统建立的基础，也是虚拟现实技术中的关键技术之一。评价虚拟建模的技术指标包括以下几项。

1. 精确度

精确度是衡量模型显示物体精确度的指标，也是表现场景真实性的重要元素之一。

2. 操纵效率

在实际运用过程中，模型的显示、运动模型的行为、在有多个运动物体的虚拟环境中总的冲突检测等都是频度很高的操作，必须高效地实现。

3. 易用性

创建有效的模型是一个十分复杂的工作，建模者必须尽可能精确地表现物体的几何和行为模型，建模技术应尽可能容易地构造和开发一个好的模型。

4. 实时显示

在虚拟环境中，模型的显示必须在某个极限帧率以上，这往往要求实现快速显示。

三维建模技术主要包括：几何建模、物理建模、运动建模。

2.2.1 几何建模

虚拟对象基本上都是由几何图形构成的。采用几何建模方法对物体对象进行虚拟，主要是物体几何信息的表示和处理，描述虚拟对象的几何模型，如多边形、三角形、定点以及它们的外表（纹理、表面反射系数、颜色）等，即用一定的数学方法对三维对象的几何模型进行描述。物体的形状由构成物体的各个多边形、三角形及定点来确定；物体的外观则由表面纹理、材质、颜色、光照系数等决定。

1. 形状建模

要表现三维物体，最基本的是绘制出三维物体的轮廓，利用点和线来构造整个三维物体的外边界，即仅使用边界来表示三维物体。三维图形物体中，运用边界表示的最普遍方式是使用一组包围物体内部的表面多边形来存储物体的描述，多面体的多边形表示精确地定义了物体的表面特征。但对其他物体，则可以通过把表面嵌入到物体中来生成一个多边形网格逼近，曲面上采用多边形网格逼近可以通过将曲面分成更小的多边形加以改善。由于线框轮廓能快速显示以概要地说明表面结构，因此，这种表示在设计和实体模型应用中普遍采用。通过沿多边形表面进行明暗处理来消除或减少多边形边界，以实现绘制更加真实。

形状建模的通用方法如下。

（1）人工几何建模方法

1）对象的形状可以利用现有的图形库来建模。常用的图形库有图形核心系统（Graphical Kernel System，GKS）、程序员级分层结构交互图形系统（Programmer's Hierarchical Interactive Graphic System，PHIGS）、开放式图形库等。利用这些图形库建模具有编程容易、效率较高等优点。

2）利用建模软件进行建模，如 AutoCAD、3ds Max、Maya 等，这些软件具有可视化、交互性强等特点，可以方便地创建虚拟对象的几何模型。

（2）自动几何建模方法

自动化的建模方法很多，最典型的是利用三维扫描设备对实际物体进行三维建模。三维扫描仪又称为三维数字化仪，是一种将真实世界的立体彩色图形转换为计算机能直接处理的数字信号的装置。它在 VR 技术、影视特技制作、高级游戏、文物保护等方面有着广泛的应用。事实上，在 VR 系统中，靠人工构造大量的三维彩色模型费时费力，且真实感差。利用三维扫描技术可为 VR 系统提供大量的与现实世界完全一致的三维彩色模型数据。

2．外观建模

对象的外表是一种物体区别于其他物体的质地特征，VR 系统虚拟对象外表的真实感主要取决于它的表面反射和纹理。一般来讲，只要时间足够宽裕，用增加物体多边形的方法可以绘制出十分逼真的图形表面。但是 VR 系统是典型的限时计算与显示系统，对实时性要求很高，因此，省时的纹理映射（Texture Mapping）技术在 VR 系统几何建模中得到了广泛的应用。用纹理映射技术处理对象的外表，一是增加了细节层次以及景物的真实感，二是提供了更好的三维空间线索，三是减少了视镜多边形的数目，因而提高了帧刷新率，增强了复杂场景的实时动态显示效果。

（1）纹理映射

所谓纹理映射，就是把给定的纹理图像映射到物体表面上，并不是特定的几何模型，使用纹理映射可以避免对场景的每个细节都使用多边形来表示，进而大大减少环境模型的多边形数目，提高图形的显示速度。

纹理映射的过程如图 2-13 所示。

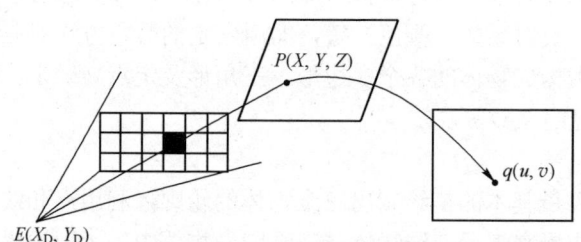

图 2-13　纹理映射过程示意图

图中 $E(X_D, Y_D)$ 代表眼点，$P(X,Y,Z)$ 代表物体上的点，$q(u,v)$ 代表纹理上的像素点。由图可知，纹理映射实际上是屏幕空间、物体空间和纹理空间的一系列变换过程。虚拟对象的纹理可通过拍摄对应物体的照片，然后将照片扫描进计算机的方法得到，也可通过图像绘制软件建立。

从物体表面的质地特征来看，纹理映射分为颜色纹理映射和凸凹纹理映射。颜色纹理映射是通过颜色色彩或明暗度的变化来表现物体的表面细节；凸凹纹理映射则是通过对物体表面各采样点法向量的扰动来表现物体几何形状凸凹不平的粗糙质感。

从具体算法来看，纹理映射可分为标准纹理映射和逆向纹理映射。标准纹理映射是对纹理表面均匀扫描，并直接映射到屏幕空间。逆向纹理映射是对屏幕上的每一个像素，通过逆映射寻找到物体空间上的对应点，再在纹理空间找到相应的像素点，取得纹理值，经滤波后显示该像素。

纹理映射技术应用很广，尤其是用来描述具有真实感的物体。例如，绘制一面砖墙，就可以用一幅真实的砖墙图像或照片作为纹理贴到一个矩形上，砖墙就很逼真；飞行仿真中常把一大片植被的图像映射到一些多边形上用以表示地面；用大理石、木材、布匹等自然物质的图像作为纹理映射到多边形上表示相应的物体。

（2）光照

当光照射到物体表面时，可能被吸收、反射或者折射。被物体吸收的部分转化为热，而那些被反射和折射的光则传送到视觉系统，使人们能看见物体，如图 2-14 所示，图中白色小球是一个点光源，光线在立方体和球体两个对象上发生反射，产生明暗效果。为了模拟这一物理现象，使用数学公式来近似计算物体表面按照什么样的规律、什么样的比例来反射或者折射光线。这种公式称作明暗效应模型。

图 2-14 光照示意图

假设物体不透明，那么物体表面呈现的颜色仅仅由其反射光决定。通常，反射光由 3 个分量表示，分别是环境反射光、漫反射光和镜面反射光。

1）环境反射光。环境反射光在任何方向上的分布都相同，用于模拟从环境周围物体散射到物体表面再反射出来的光。环境反射光可以表示为

$$I = K_a I_a$$

式中，I 为所要求的物体表面的光亮度（即需要显示的颜色）；K_a 为环境反射常数，与物体表面的性质有关；I_a 为入射环境光的光强，与环境的明暗有关。

2）漫反射光。漫反射光的空间分布也是均匀的，但是反射光的光强与入射光的入射角的余弦成正比，通常表示为

$$I = K_d I_i \cos\theta$$

式中，I 为表面反射光的光亮度；K_d 为漫反射常数，与物体表面的性质有关；I_i 为光源垂直入射时反射光的光亮度；θ 为光源入射角，如图 2-15 所示。

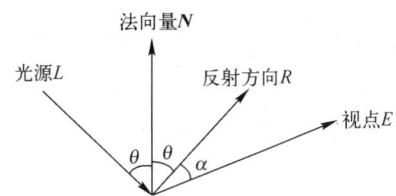

图 2-15 入射方向、反射方向及视点方向示意图

3）镜面反射光。镜面反射光为朝一定方向的反射光，遵循光的反射定律。反射光和入射光对称地位于表面法向量的两侧。对于纯镜面，入射光严格地遵守光的反射定律单向反射出去。然而真正的纯镜面是不存在的，一般光滑表面，实际上是由许多朝向不同的微小平面组成的，其镜面反射光存在于镜面反射方向的周围。常使用余弦函数的某次幂来模拟一般光滑表面反射光的空间分布，光照处理算法表示为

$$I = K_s I_i \cos^n \alpha$$

式中，I 为镜面反射光的光亮度；K_s 表示入射光线镜面反射的百分比；I_i 为镜面反射方向上的镜面反射光的光亮度；α 为镜面反射方向和视点方向的夹角；n 为镜面反射光的会聚指数，或称为"高光"指数，它是一个正实数，其值取决于表面材料的属性，一般为从一到数百不等。对于较光滑的表面，其镜面反射光的会聚程度较高，此时可将 n 值取得大一些，而对于光滑度较低的表面，其镜面反射光呈发散状态，此时可将 n 值取得小一点。

在计算机图形学中，光滑的曲面常用多边形逼近表示，因为处理平面比处理曲面容易得多。但是，这样就会失去原来曲面的光滑度，呈现多边形。这种现象是因为不同平面的法向量不同，形成不同平面之间不连续的光强跳跃。

2.2.2 物理建模

在虚拟现实系统中，虚拟对象必须像真的一样，这需要体现对象的物理特性，包括重力、惯性、表面硬度、柔软度和变形模式等，这些特征与几何建模相融合，形成更具有真实感的虚拟环境。例如，用户用虚拟手握住一个球，如果建立了该球的物理模型，用户就能够真实地感觉到该球的重量、软硬程度等。

物理建模是虚拟现实中较高层次的建模，它需要物理学和计算机图形学的配合，涉及力学反馈问题，重要的是重量建模、表面变形和软硬度的物理属性的体现。分形技术和粒子系统就是典型的物理建模方法。

1. 分形技术

自然界存在的典型景物如高山、沙漠、海滨、白云，这些都是大自然多姿多彩的美丽景色，也是传统数学难以描述的怪异曲线、曲面。在虚拟现实系统的虚拟世界中，必然会出现这些怪异的曲线、曲面，因为传统的数学对其难以描述，所以要借助新的数学工具。分形理论认为，分形曲线、曲面具有精细结构，表现为处处连续，但往往是处处不可导，其局部与整体存在惊人的自相似性。因此，分形技术是指可以描述具有自相似特征的数据集。自相似特征的典型例子是树。若不考虑树叶的区别，在靠近树梢时，树的细梢看起来也像一棵大树。由相关的一组树梢构成的一根树枝，从一定距离观察时也像一棵大树。这种结构上的自相似称为统计意义上的自相似。

自相似结构可用于复杂的不规则外形物体的建模。分形技术首先用于水流和山体的地理特征建模。例如，可以利用三角形来生成一个随机高程的地理模型，取三角形三边的中点并按顺序连接起来，将三角形分割成 4 个三角形，同时，给每个中点随机地赋一个高程值，然后递归上述过程，就可以产生相当真实的山体了。

分形技术的优点是通过简单的操作就可以完成复杂的不规则物体的建模，缺点是计算量太大。因此，在虚拟现实中一般仅仅用于静态远景的建模。

2. 粒子系统

所谓的粒子系统，就是将人们看到的物体运动和自然现象，用一系列运动的粒子来描述，再将这些粒子运动的轨迹映射到显示屏上，在显示屏上看到的就是物体运动和自然现象的模拟效果了。

粒子系统是一种典型的物理建模系统。其基本思想是：采用大量的、具有一定生命和属性的微小粒子图元作为基本元素来描述不规则的模糊物体。在粒子系统中，每一个粒子图元均具有形状、大小、颜色、透明度、运动速度和运动方向、生命周期等属性，所有这些属性都是时间 t 的函数。随着时间的流逝，每个粒子都要经历"产生""活动"和"消亡" 3 个阶段。

利用粒子系统生成画面的基本步骤如下。

1）产生新的粒子。
2）赋予每一新粒子一定的属性。
3）删去那些已经超过生存期的粒子。
4）根据粒子的动态属性对粒子进行移动和变幻。
5）显示由有生命的粒子组成的图像。

粒子系统采用随机过程控制粒子的产生数量，确定新产生粒子的一些初始随机属性，如初始运动方向、初始大小、初始颜色、初始透明度、初始形状以及生存期等，并在粒子的运动和生长过程中随机地改变这些属性。粒子系统的随机性使模拟不规则模糊物体变得十分简便。

粒子系统应用的关键在于如何描述粒子的运动轨迹，也就是构造粒子的运动函数。函数选择的恰当与否，决定效果的逼真程度。其次，坐标系的选定（即视角）对粒子系统也有一定的影响。视角不同，看到的效果自然也不一样。

在虚拟现实中，粒子系统常用于描述火焰、水流、雨雪、旋风、喷泉、战场硝烟、飞机尾焰、爆炸烟雾等现象。

2.2.3 运动建模

几何建模只反映了虚拟对象的静态特性，而 VR 系统中还要表现虚拟对象在虚拟世界中的动态特性。VR 系统中虚拟对象的位置变化、旋转、碰撞、手抓握、表面变形等属性就属于运动建模问题。

1. 对象位置

对象位置通常涉及对象的移动、伸缩和旋转，因此，需要用各种坐标系来反映三维场景中对象之间的相互位置关系。例如，假设一辆汽车围绕树行驶，从汽车内看该树，该树的视景就与汽车的运动模型非常相关，生成该树视景的计算机就应不断地对该树进行移动、旋转和缩放。

2. 碰撞检测

在虚拟世界中，必须对用户和虚拟对象的移动加以限制，否则就会出现两个对象自由穿透的奇异情景。因此，碰撞检测技术也是 VR 系统中不可缺少的关键技术之一。有了碰撞检测，在虚拟环境中进行漫游时，才可避免诸如观察者穿墙而过、3D 游戏中被距离很远的子弹击倒等现实中不会出现情况的发生。

碰撞检测技术不仅要检测是否有碰撞的发生、碰撞发生的位置，还要计算出碰撞发生后的反应。碰撞检测需要具有较高的实时性和精确性，如必须在很短的时间（如 30～50ms）内完成，其技术难度很高。目前较成熟的碰撞检测算法有层次包围盒法和空间分解法等。

(1) 层次包围盒法

利用体积略大而形状简单的包围盒把复杂的几何对象包裹起来，在进行碰撞检测时，首先进行包围盒之间的相交测试，若包围盒不相交，则排除碰撞的可能性；若相交，则接着进行几何对象之间精确的碰撞检测。显然，包围盒法可快速排除不相交的对象，减少大量不必要的相交测试，从而提高碰撞检测的效率。常用的包围盒箱不仅仅是矩形，还可以是圆球、圆柱等。边界箱的选择和需要碰撞检测的虚拟对象有关，尽量做到算法简单、检测精度较高。层次包围盒法应用较为广泛，适用于复杂环境中的碰撞检测。

(2) 空间分解法

空间分解法是将整个虚拟空间分解为体积相等的小单元格，所有对象都被分配在一个或多个单元格中，系统只对占据同一单元格或相邻单元格的对象进行相交测试。这样，对象间的碰撞检测问题就被转化为包含该对象的单元格之间的碰撞检测。当对象较少且均匀分布于空间时，这种方法效率较高；当对象较多且距离很近时，由于需要进行单元格更深的递归分割，这样需要更多的空间存储单元格，并需要进行更多的单元格相交测试，从而降低了效率。因此，空间分解法适用于稀疏环境中分布比较均匀的几何对象间的碰撞检测。

2.3 三维虚拟声音技术

在虚拟现实系统中，听觉信息是仅次于视觉信息的第二传感通道，听觉通道给人的听觉系统提供的是声音显示，也是创建虚拟世界的一个重要组成部分。而虚拟环境中的三维虚拟声音与人们熟悉的立体声音有所不同。立体声虽然有左右声道之分，但就整体效果而言，立体声来自听者面前的某个平面，而三维虚拟声音则是来自围绕听者双耳的一个球形中的任何地方，即声音出现在头的上方、后方或者前方。因此，在虚拟环境中，能使用户准确判断出声源的准确位置，符合人们在真实世界中听觉方式的声音统称为三维虚拟声音。

2.3.1 三维虚拟声音的特征

三维虚拟声音具有全向三维定位、三维实时跟踪和三维虚拟声音的沉浸感与交互性三大特性。

1) 全向三维定位（Omnidirectional 3D Steering）是指在虚拟环境中对声源位置的实时跟踪。例如，当虚拟物体发生位移时，声源位置也应发生变化，这样用户才会觉得声源的相对位置没有发生变化。只有当声源变化和视觉变化同步时，用户才能产生正确的听觉和视觉的叠加效果。

2) 三维实时跟踪（3D Real-Time Localization）是指在三维虚拟环境中实时跟踪虚拟声源的位置变化或虚拟影像变化的能力。当用户转动头部时，这个虚拟声源的位置也应随之改动，使用户感到声源的位置并未发生变化。而当虚拟环境发生物体移动位置时，其声源位置也应有所改变。因为只有声音效果与实时变化的视觉相一致，才可能产生视觉与听觉的叠加和同步效应。

例如，在虚拟房间中有一台正在播放节目的电视，如果用户站在距离电视较远的地方，则听到的声音也将较弱，但只要他逐渐走近电视，就会听到越来越大的声音；当用户面对电视时，会感到声源来自正前方，而如果此时向左转动头部或走到电视左侧的话，他就会立刻感到声源已处于自己的右侧。这就是虚拟声音的全向三维定位特性和三维实时跟踪特性。可以说，一套性能良好的三维声音系统能使所有虚拟声音的体验与人们在现实生活中取得的体验相同。

3）三维虚拟声音的沉浸感是指在三维场景中加入三维虚拟声音后，用户在听觉与视觉交互的同时能够产生身临其境的感觉，使人沉浸在虚拟世界中，有助于增强临场效果。三维声音的交互性是指随用户的运动而产生的临场反应和实时响应的能力。

2.3.2 头部相关传递函数

在虚拟环境中构建较完整的三维声音系统是一个极其复杂的过程。为了建立三维虚拟声音，一般可以先从一个最简单的单耳声源开始，然后让该单耳声源通过一个专门的回旋硬件，生成分离的左右信号，这样一个戴耳机的实验者就能准确地确定声源在空间的位置了。实际上，在听觉定位过程中，要经过头、躯干和外耳构成的复杂外形对声波产生的散射、吸收等作用之后，才能传递到鼓膜。当相同入射声波的方向不同时，到达鼓膜的声音频率成分就不同，这种变化依赖于入射声波的方向以及人头部、外耳、躯干的形状与声学特性。经研究人员的实验证明，首先通过测量外界声音与鼓膜上声音的频率差异，获得了声音在耳部附近发生的频谱变形，随后利用这些数据对声波与人耳的交互方式进行编码，得出相关的一组传递函数，并确定出两耳的信号传播延迟特点，以此对声音进行定位。通常在 VR 系统中，当无回声的信号由这组传递函数处理后，再通过与声源缠绕在一起的滤波器驱动一组耳机，就可以在传统的耳机上形成有真实感的三维声音了。由于这组传递函数与头部有关，故被称为头部相关传递函数。由此可以看出，头部相关传递函数可视为声音在人体周围位置包含人体特征的函数。当获得的头部相关传递函数能够准确描述某个人的听觉定位过程时，利用它就能够模拟、再现真实的声音场景。

由于每个人头、耳的大小和形状各不相同，头部相关传递函数也会因人而异。但目前已有研究开始寻找对各种类型都通用且能提供良好效果的头部相关传递函数。

2.3.3 语音识别与合成技术

在 VR 系统中，语音应用技术主要是指基于语音进行处理的技术，包括语音识别技术和语音合成技术，它是信息处理领域的一项前沿技术。

1. 语音识别技术

语音识别技术是指计算机系统能够根据输入的语音识别出其代表的具体意义，进而完成相应的功能。一般的方法是事先让用户朗读一定数量文字、符号的文档，通过录音装置输入到计算机，这就准备好了用户的声音样本。然后，当用户通过语音识别系统操作计算机时，用户的声音通过转换装置进入计算机内部，语音识别技术便将用户输入的声音与事先存储好的声音样本进行对比。系统根据对比结果，输入一个它认为最"像"的声音样本序号，这样就可以知道用户刚才念的声音是什么意义，进而执行此命令。因此，通过语音识别技术，计算机可以"听"懂人类的语言。

一个完整的语音识别系统可大致分为以下 3 个部分。

1）语音特征提取。其目的是从语音波形中提取出随时间变化的语音特征序列。

2）声学模型与模式匹配（识别算法）。声学模型通常将获取的语音特征通过学习算法产生。在识别时将输入的语音特征同声学模型（模式）进行匹配与比较，得到最佳的识别结果。

3）语言模型与语言处理。语言模型包括由识别语音命令构成的语法网络或由统计方法构成的语言模型，语言处理可以进行语法、语义分析。对小词表语音识别系统，往往不需要语言处理部分。

一般来说，语音识别的方法有 3 种：基于声道模型和语音知识的方法、模式匹配的方法以及利用人工神经网络的方法。

1）基于声道模型和语音知识的方法起步较早，在语音识别技术提出的初期，就有了这方面的研究，但由于其模型及语音知识过于复杂，现阶段没有达到实用的阶段。

2）模式匹配的方法发展比较成熟，目前已达到了实用的阶段。在模式匹配方法中，要经过特征提取、模式训练、模式分类和判断 4 个步骤。常用的技术有动态时间归正、隐马尔可夫理论和矢量量化技术 3 种。

3）利用人工神经网络的方法是 20 世纪 80 年代末期提出的一种新的语音识别方法。人工神经网络本质上是一个自适应非线性动力学系统，模拟了人类神经活动的原理，具有自适应性、并行性、鲁棒性、容错性和学习特性，其强大的分类能力和输入/输出映射能力在语音识别中很有吸引力。但由于存在训练、识别时间太长的缺点，目前仍处于实验探索阶段。

2. 语音合成技术

语音合成技术是将计算机自己产生的或外部输入的文字信息按语音处理规则转换成语音信号输出，使计算机能流利地读出文字信息，而人们通过"听"就可以明白信息的内容。也就是说，使计算机具有了"说"的能力，能够将信息"读"给人类听。这种将文字转换成语音的技术称之为文语转换技术（Text to Speech，TTS），也称为语音合成技术。

一个典型的语音合成系统可以分为文本分析、韵律建模和语音合成三大模块；主要功能是根据韵律建模的结果，从原始语音库中取出相应的语言基元，然后利用特定的语音合成技术对语音基元进行韵律特性的调整和修改，最终合成符合要求的语音。

按照合成方法分类，常用的语音合成方法分为参数合成法、基音同步叠加法和基于数据库的语音合成法。参数合成法是通过调整合成器参数实现语音合成的。基音同步叠加法是通过对时域波形拼接实现语音合成的。基于数据库的语音合成法是预先录制语音单元并保存在数据库中，再从数据库中选择并拼接各种语音内容来实现语音合成的。

1）按照技术方式分类，分为波形编辑合成、参数分析合成以及规则合成 3 种。

波形编辑合成是将语句、短语、词或章节作为合成单元，这些单元被分别录音后进行压缩编码，组成一个语音库。重放时，取出相应单元的波形数据，串接或编辑在一起，经解码还原出语音。这种合成方式也称为录音编辑合成。

2）参数分析合成是以音节、半音节或音素为合成单元，按照语音理论，对所有合成单元的语音进行分析，提取有关语音参数，这些参数经编码后组成一个合成语音库；输出时，根据待合成的语音信息，从语音库中取出相应的合成参数，经编辑和连接，顺序送入语音合成器；在合成器中，通过对合成参数的控制，将语音波形重新还原出来。

3）规则合成存储的是较小的语音单位，如音素、双音素、半音节或音节的声学参数，以及由音素组成的音节，再由音节组成词或句子的各种规则；当输入字母符号时，合成系统利用规则自动地将它们转换成连续的语音波形。

2.4 人机交互技术

虚拟现实系统强调交互的自然性，即在计算机系统提供的虚拟环境中，人应该可以使用眼睛、耳朵、皮肤、手势和语音等各种感觉方式直接与之发生交互，这就是虚拟环境下的人机自然交互技术。目前与其他技术相比，这种人机自然交互技术还不太成熟。

在最近几年的研究中，为了提高人在虚拟环境中的自然交互程度，研究人员一方面在不断改进现有的交互硬件，同时加强了对相关软件的研究；另一方面则是将其他相关领域的技术成果引入到虚拟现实系统中，从而扩展全新的人机交互方式。在虚拟现实领域中较为常用的交互技术主要有手势识别、面部表情识别、眼动跟踪以及语音识别等。

2.4.1 手势识别技术

手势是一种较为简单、方便的交互方式。如果将虚拟世界中常用的指令定义为一系列的手势集合，那么虚拟现实系统只需跟踪用户的位置以及手指的夹角就有可能判断出用户的输入指令。利用这些手势，参与者就可以完成如导航、拾取物体、释放物体等操作了。目前，手势识别系统根据输入设备的不同，主要分为基于数据手套的手势识别系统和基于视觉（图像）的手势识别系统两种，如图2-16所示。

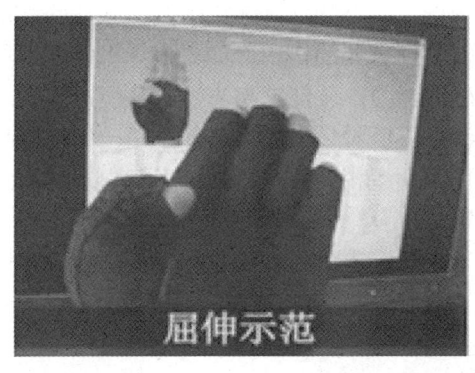
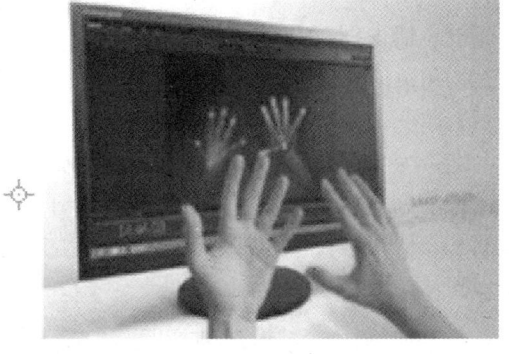

图2-16 基于数据手套的手势识别系统和基于视觉（图像）的手势识别系统

1）基于数据手套的手势识别系统是利用数据手套、空间位置跟踪和定位设备来捕捉手势的空间运动轨迹和时序信息。它能够对较为复杂的手部动作进行检测，包括手的位置、方向和手指弯曲度等，并可根据这些信息对手势进行分类，因而较为实用。这种方法的优点是系统识别率高，缺点是用户需要穿戴复杂的数据手套和空间位置跟踪定位设备，相对限制了人手的自由运动，并且数据手套、空间位置跟踪和定位设备等输入设备的价格比较昂贵。

2）基于视觉（图像）的手势识别系统是通过摄像机连续拍摄手部的运动图像，然后采用图像处理技术提取出图像中的手部轮廓，进而分析出手势形态。该方法的优点是输入设备比较便宜，使用时不干扰用户，但识别率比较低、实时性差，特别是很难用于大词汇量的复杂手势识别。

在虚拟系统的应用中，由于人类的手势多种多样，而且不同用户在做相同手势时其手指的移动也存在一定差别，这就需要对手势命令进行准确的定义。图 2-17 显示了一套明确手势的定义规范。在手势规范的基础上，手势识别技术一般采用模板匹配方法将用户手势与模板库中的手势指令进行匹配，通过测量两者的相似度来识别手势指令。

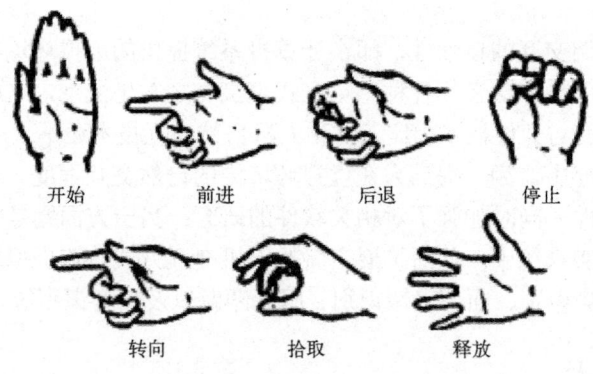

图 2-17　手势定义规范举例

手势交互的最大优势在于，用户可以自始至终采用同一种输入设备（通常是数据手套）与虚拟世界进行交互。这样，用户就可以将注意力集中于虚拟世界，从而降低对输入设备的额外关注。

2.4.2　面部表情识别技术

面部表情识别在人与人交流过程中传递信息时发挥重要的作用。如果计算机或虚拟场景中的人物角色能够像人类那样具有理解和表达情感的能力，并能够自主适应环境，那么就能从根本上改变人与计算机之间的关系。然而，让计算机能看懂人的表情却不是一件很容易的事情，迄今为止，计算机的表情识别能力还与人们的期望相差较远。面部表情识别技术包括人脸图像的分割、主要特征（如眼睛、鼻子等）定位以及识别，如图 2-18 所示。目前，计算机面部表情识别技术通常包括人脸图像的检测与定位、表情特征提取、模板匹配、表情识别等步骤，如图 2-19 所示。

图 2-18　面部表情识别技术

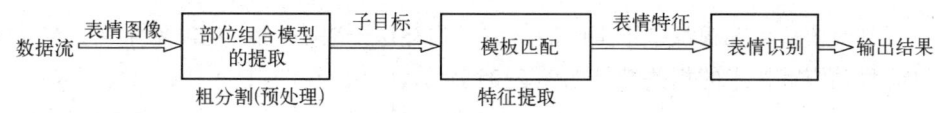

图 2-19　面部表情识别系统流程图

人脸图像的检测与定位就是在输入图像中找到人脸的确切位置,它是人脸表情识别的第一步。人脸检测的基本思想是建立人脸模型,比较输入图像中所有可能的待检测区域与人脸模型的匹配程度,从而得到可能存在人脸的区域。根据对人脸信息利用方式的不同,可以将人脸检测方法分为两大类:基于特征的人脸检测方法和基于图像的人脸检测方法。第一类方法直接利用人脸信息,如人脸肤色、人脸的几何结构等,这类方法大多采用模式识别的经典理论,应用较多。第二类方法并不直接利用人脸信息,而是将人脸检测问题看作一般模式识别问题,待检测图像被直接作为系统输入,中间不需特征提取和分析,直接利用训练算法将学习样本分为人脸类和非人脸类,检测人脸时只要比较这两类与可能的人脸区域,即可判断检测区域是否为人脸。

表情特征提取是指从人脸图像或图像序列中提取能够表征表情本质的信息,例如,五官的相对位置、嘴角形态、眼角形态等。表情特征选择的依据包括:尽可能多地携带人脸面部表情特征,即信息量丰富;尽可能容易提取;信息相对稳定,受光照变化等外界的影响小。

表情分类识别是指分析表情特征,将其分类到某个相应的类别。在这一步开始之前,系统需要为每一个要识别的目标表情建立一个模板。在识别过程中,将待测表情与各种表情模板进行匹配;匹配度越高,则待测表情与该种表情越相似。图 2-20 显示了一种简单的人脸表情分类模板,该模板的组织为二叉树结构。在表情识别过程中系统从根节点开始,逐级将待测表情和二叉树中的节点进行匹配,知道叶子节点,从而判断出目标表情。

在表情分类步骤中,除了模板匹配方法,人们还提出了基于神经网络的方法、基于概率模型的方法等。

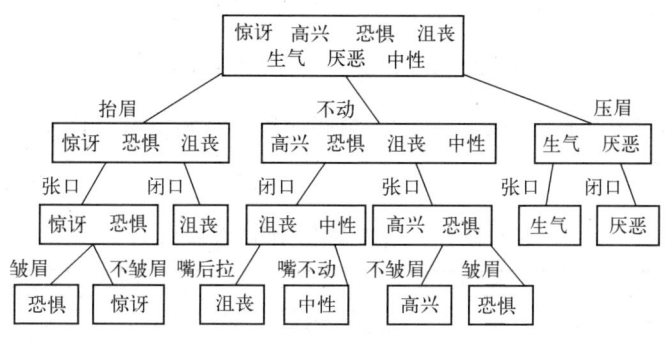

图 2-20　人类表情分类模板

2.4.3　眼动跟踪技术

在虚拟世界中,生成视觉的感知主要依赖于对人头部的跟踪,即当用户的头部发生运动时,生成虚拟环境中的场景将会随之改变,从而实现实时的视觉显示。但在现实世界中,人们可能经常在不转动头部的情况下,仅仅通过移动视线来观察一定范围内的环境或物体。在这一点上，单纯依靠头部跟踪是不全面的。为了弥补这一缺陷，在 VR 系统中引入眼动跟踪技术。目前眼动跟踪技术的相关产品如图 2-21 所示。

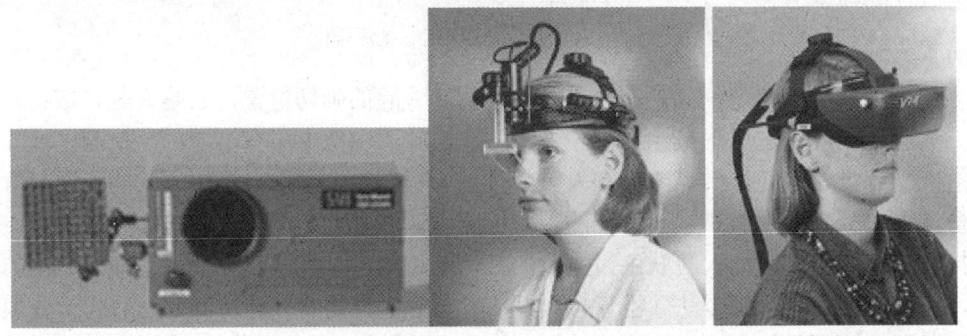

图 2-21　眼动跟踪技术相关产品

眼动跟踪技术的基本工作原理如图 2-22 所示，它利用图像处理技术，使用能锁定眼睛的特殊摄像机，通过摄入从人的眼角膜和瞳孔反射的红外线连续地记录视线变化，从而达到记录、分析视线追踪过程的目的。

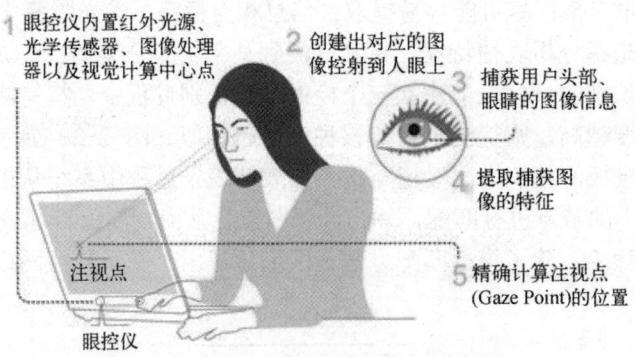

图 2-22　眼动跟踪技术的基本工作原理

常见的眼动跟踪方法有眼电图、虹膜—巩膜边缘、角膜反射、瞳孔—角膜反射、接触镜等，如表 2-1 所示。

表 2-1　常见的眼动跟踪方法

眼动跟踪方法	技术特点
眼电图（EOG）	高带宽，精度低，对人干扰大
虹膜—巩膜边缘	高带宽，垂直精度低，对人干扰大，误差大
角膜反射	高带宽，误差大
瞳孔—角膜反射	低带宽，精度高，对人无干扰，误差小
接触镜	高带宽，精度最高，对人干扰大，不舒适

眼动跟踪技术可以弥补头部跟踪技术的不足之处，同时又可以简化传统交互过程中的步骤，使交互更为直接。因而，目前多被用于军事、阅读及帮助残疾人进行交互等领域。

目前眼动跟踪技术主要存在以下问题。

(1) 数据提取问题

目前眼动跟踪系统的典型采样速率为 50~500Hz，为采样点提供水平和垂直坐标。随着实验时间的延长，很快就产生了大量的数据，对大量采集的数据进行快速存储和分析是一个困难的问题。

(2) 数据解释问题

目前，眼动跟踪数据的分析主要基于认知理论和模型的自上而下分析法和自下而上的数据观察法。由于眼动存在固有的抖动和眨动，导致从眼动数据中提取准确的信息较为困难。

(3) 精度和自由度问题

与以软件为基础的眼动跟踪技术相比，以硬件为基础的眼动跟踪技术的精度可以达到很高（0.1°），但所应用的设备却限制了人的自由，使用起来很不方便。相反，以软件为基础的眼动跟踪技术，对用户的限制大大降低，如用户的头部可以移动，但其精度相对来说低得多，只有 2°左右，要想得到精确的注视焦点比较困难。

(4) 米达斯接触（Midas Touch）问题

所谓米达斯接触问题是指由于用户视线运动的随意性而造成计算机对用户意图识别的困难。用户可能希望随便看什么而不必非"意味着"什么，更不希望每次转移视线都可能引发一个动作。因此，眼动跟踪技术的挑战之一就是避免米达斯接触问题。

(5) 算法问题

由于眼动跟踪技术还没有完全成熟和眼动本身的特点（如存在固有的抖动、眨眼等）造成数据中断，会存在许多干扰信号，因此人们把注视焦点与屏幕元素相关联时存在困难；另外，视觉通道只有和其他通道（如听觉等）配合才能发挥更大的作用，提出合理的通道整合模型和算法也是一个巨大的挑战。

2.4.4　其他感觉器官的反馈技术

目前，虚拟现实系统的反馈形式主要集中在视觉和听觉方面，对其他感觉器官的反馈技术还不够成熟。

在触觉方面，由于人的触觉相当敏感，一般精度的装置尚无法满足要求，所以对触觉的研究还不成熟。例如接触感，现在的系统已能够给身体提供很好的提示，但却不够真实；对于温度感，虽然可以利用微型电热泵在局部区域产生冷热感，但这类系统还很昂贵。

在力反馈与力反馈设备方面，由于力反馈设备能够根据细腻实体的定义和用户行为的特殊性进行合理的运动限定，最终实现真实的用户感知，而不需要用户进行判断。因此，通过力反馈设备可以较完整地体现人们与环境真实的对话。通常力反馈设备的工作流程是：测量用户手指、手或手臂的运动并模拟其施力细节；计算手等对物体的作用力和物体对手等的反作用力；将反作用力施加到用户手指、手腕、手臂等肢体上。

在味觉、嗅觉和体感等感觉器官方面，人们至今仍然对它们知之甚少，有关产品相对较少，对这些方面的研究都还处于探索阶段。

2.5　虚拟现实引擎

虚拟现实系统是一个复杂的综合系统，其核心部分应该是虚拟现实引擎，引擎控制管理整个系统中的数据、外围设备等资源。虚拟现实系统针对不同的应用选择不同的引擎或者说是虚拟现实的操作系统 VROS（Virtual Reality Operation System）。只有在虚拟现实引擎的组织下，才能形成 VR 系统。

2.5.1 虚拟现实引擎概述

虚拟现实引擎的实质就是以底层编程语言为基础的一种通用开发平台，包括各种交互硬件接口、图形数据的管理和绘制模块、功能设计模块、消息响应机制、网络接口等功能。基于这种平台，程序人员只需专注于虚拟现实系统的功能设计和开发，无须考虑程序底层的细节。

从虚拟现实引擎的作用观察，其作为虚拟现实系统的核心，处于最重要的中心位置，组织和协调各个部分的运作。

目前，已经有很多虚拟现实引擎软件，它们的实现机制、功能特点、应用领域各不相同。但是从整体上来讲，一个完善的虚拟现实引擎应该具有以下特点。

1. 可视化管理界面

可视化管理界面不是在制作虚拟现实项目时所使用的工作界面，而是制作完以后提供给最终用户的界面。程序人员可以通过"所见即所得"的方式对虚拟场景进行设计和调整。例如，在数字城市中通过可视化客户端添加建筑物，并同时更新数据库系统的位置、面积、高度等数据。

2. 二次开发能力

没有二次开发能力的引擎系统，其应用有极大的局限性。所谓"二次开发"是指引擎系统必须能够提供管理系统中所有资源的程序接口，就是常说的 API。通过这些程序接口，开发人员可以进行特定功能的开发。因为虚拟现实引擎一般是通用型的，而虚拟现实的应用系统都是面向特定需求的，所以，虚拟现实引擎的功能并不能满足所有应用的需要。这就要求它提供一定的程序接口，允许开发人员能够针对特定的需求设计和添加功能模块。

3. 数据兼容性

这里所说的兼容性是指程序管理本系统以外数据的能力。这一点对于虚拟现实引擎来说很重要，因为虚拟现实引擎最终处理的是真实数据，而真实数据在人类活动过程中已经积累了很多并以各式各样的方式和数据格式存在了，因此虚拟现实引擎就要至少处理比较主流的数据格式。例如，在数字城市建设过程中，一个中型城市的建筑物、街道、河流、商业区等，若用手工去做可能做出来的永远都是城市的一角。但是在测绘领域，这些数据可能已经非常完善了，这就要通过引擎的数据处理模块把这些数据进行某种算法处理，供本系统使用。而这些数据根据当初测绘、采集等方式、工具的不同而格式不同，因此，要认真对待数据兼容性。

4. 更快的数据处理功能

VR 引擎首先读取依赖于任务的用户输入，然后访问依赖于任务的数据库以及计算相应的帧。由于不可能预测所有的用户动作，也不可能在内存存储所有的相应帧，同时有研究表明：在 12 帧/秒的帧速率以下，画面刷新速率会使用户产生较大的不舒服感，为了进行平滑仿真，需要 24～30 帧/秒的速率。因而虚拟世界只有 33ms 的生命周期（从生成到删除），这一过程导致需要由 VR 引擎处理更大的计算量。

对于 VR 交互性来说，最重要的是整个仿真延迟（用户工作与 VR 引擎反馈之间的时间）。整个延迟包括传感器处理延迟、传送延迟、计算与显示一帧的时间。如果整个延迟时间超过 100ms，仿真质量便会急剧下降，使用户产生不舒服感。低延迟和快速刷新频率要求 VR 引擎有快速的 CPU 和强有力的图形加速能力。

当然，一个完善的虚拟现实引擎还需要诸如图形运算能力、外围设备的接口控制能力等。在选择虚拟现实引擎系统时，要根据应用方向，综合考虑其开放性、数据处理能力和后续开发的延续性。

2.5.2 虚拟现实引擎架构

虚拟现实引擎从其设计角度看，其层次结构可以分为 4 个部分：基本封装、虚拟现实引擎封装、可视化开发工具和软件辅助库。下面仅介绍前面两部分。

基本封装层对图形渲染及 I/O 管理进行封装，为上层引擎开发屏蔽了下层算法的多样性问题，便于提供实时网络虚拟现实的优化，以便集中力量针对一些底层核心技术进行研究。封装技术在不断更新的基础上实现技术共享和发展，但为上层提供的始终是统一的标准。另一个对引擎进行封装的是基于网络、高层应用的封装，分为对场景管理的引擎、物理模型引擎、虚拟现实人工智能引擎、网络引擎和虚拟现实特效引擎的封装。同时该封装直接面对虚拟现实开发者，提供一个完整的虚拟现实引擎中间件，此外，在虚拟现实引擎层上还将构建一个可视化的开发工具，该开发工具中嵌套了道具编辑器、角色编辑器、特效编辑器等，可以完成地形生成，还融合了物理元素、虚拟现实关卡和出入口信息等。

在使用虚拟现实引擎进行开发时，可以通过两种方式使用引擎提供的功能：直接在引擎层上通过调用引擎封装好的人工智能来创建自己的虚拟现实；通过场景编辑器来创建虚拟现实的基本框架。

虚拟现实引擎从功能上可以分为以下子系统。

（1）图形子系统

图形子系统将图像在屏幕上显示出来，通常用 OpenGL、Direct3D 来实现。

（2）输入子系统

输入子系统负责处理所有的输入，并把它们统一起来，允许控制的抽象化。

（3）资源子系统

资源子系统负责加载和输出各种资源文件。

（4）时间子系统

虚拟现实的动画功能都与时间有关，因此在时间子系统中必须实现对时间的管理和控制。

（5）配置子系统

配置子系统负责读取配置文件、命令行参数或者其他被用到的设置方式。其他子系统在初始化和运行的过程中会向它查询有关配置，使引擎效能可配置化或简化运作模式。

（6）支持子系统

支持子系统的内容将在其他引擎运行时被调用，它包括全部的数学程序代码、内存管理和容器等。

(7) 场景子系统

场景子系统中包含了该虚拟现实系统的虚拟环境的全部信息，因此场景图既包括了底层的数据，也包括了高层的信息。为了便于管理，场景子系统把信息组织成节点，分层次结构进行操作管理。

习题

一、填空题

1. 立体显示技术是虚拟现实系统的一种极为重要的支撑技术，现已有多种方法与手段实现，主要有_____、_____、_____、_____、_____。
2. 正是由于人类两眼的_____，使人的大脑能将两眼所得到的细微差别的图像进行融合，从而在大脑中产生有空间感的立体物体视觉。
3. 三维建模可分为_____、_____、_____。
4. 三维虚拟声音的主要特征：_____、_____、_____。
5. _____、_____是碰撞检测算法中广泛使用的方法。

二、简答题

1. 简述虚拟现实系统中主要有哪些关键技术。
2. 简述虚拟现实系统中的立体显示技术。
3. 简述虚拟现实中的三维建模技术。
4. 三维虚拟声音应该具有哪些特征？
5. 与虚拟现实相关的建模软件有哪些？
6. 在虚拟现实领域中较为常用的交互技术主要有哪些？
7. 评价虚拟现实建模的技术指标包括哪些？
8. 什么是虚拟现实引擎？虚拟现实引擎的实质是什么？

第3章 虚拟现实系统的硬件设备

学习目标
- 掌握虚拟现实系统的硬件组成
- 掌握虚拟现实系统输入设备的类型
- 了解常用的输入设备的特点
- 掌握虚拟现实系统输出设备的类型
- 了解常用的输出设备的特点

虚拟现实系统的硬件设备是系统实现的基础，要保证用户通过自然动作与虚拟世界进行真正地交互，传统的鼠标、键盘和显示器等设备已经不能满足要求，必须使用特殊的硬件设备才能让用户沉浸于虚拟环境中。虚拟现实系统的硬件设备主要分为生成设备、输入设备和输出设备。

3.1 虚拟现实系统的生成设备

虚拟现实的生成设备是用来创建虚拟环境、实时响应用户操作的计算机。计算机是虚拟现实系统的核心，它决定了虚拟现实系统性能的优劣。虚拟现实系统要求计算机必须配置高速的 CPU 且具有强大的图形处理能力。根据 CPU 的处理速度和图形处理能力的不同，虚拟现实系统的生成设备可分为高性能个人计算机、高性能图形工作站、巨型机和分布式网络计算机。

3.1.1 高性能个人计算机

随着计算机技术的飞速发展，个人计算机的 CPU 和图形加速卡的处理速度也在不断地提高，高性能个人计算机的整体性能已经达到虚拟现实开发与应用的要求。一般个人计算机配置满足虚拟现实设备主流品牌 Oculus 和 HTC 对相关产品的基本配置要求即可，如表 3-1 所示。

表 3-1 虚拟现实设备对计算机的基本配置要求

品牌	HTC VIVE	Oculus Rift
处理器	Intel® Core™ i5-4590 及 AMD Ryzen 1500 或更高版本	Intel i5-4590 同等或以上
显卡	NVIDIA® GeForce® GTX 1060 及 AMD Radeon RX 480 或更高版本 *全分辨率模式需要 GeForce® RTX 20 Series (Turing) 及 AMD Radeon™ 5000 (Navi) 或更高版本	NVIDIA GTX 970 / AMD R9 290 同等或以上
内存	8GB RAM 或以上	8GB 或以上的 RAM
输出	DisplayPort 1.2 或更高版本 * "全分辨率"模式需要带 DSC 的 DisplayPort 1.4 或更高版本	兼容 HDMI1.3 的视频输出
输入	1 个 USB 3.0**或更高版本的端口	3 个 USB 3.0 接口加上 1 个 USB 2.0 接口
操作系统	Windows® 10	Windows 7 SP1 64 位或以上

3.1.2 高性能图形工作站

与个人计算机相比，工作站应具备强大的数据处理和图像处理能力，有直观的、便于人机交换信息的用户接口，可以与计算机网络相连，在更大的范围内互通信息、共享资源。而图形工作站是专业从事图形、图像（静态、动态）与视频工作的高档专用计算机的总称，如图 3-1 所示。其实，大部分工作站都可以胜任图形工作站的要求，图形工作站已被广泛地应用于专业平面设计、建筑及装潢设计、视频编辑、影视动画、视频监控/检测、虚拟现实、军事仿真等领域。

评价一台图形工作站图形性能的指标有如下 4 个。

（1）specfp95

specfp95 是系统浮点数运算能力的指标，一般说来，specfp 值越高，系统的 3D 图形能力越强。

（2）xmark93

xmark93 是系统运行 x-Windows 性能的度量。

（3）plb

图 3-1 图形工作站

plb（picture level benchmark）分为 plbwire93 和 plbsurf93，是由 specinogpc 分会制定的标准。plbwire93 表示几个常用 3D 线框操作的几何平均值，而 plbsurf93 表示几个常用的 3D 面操作的几何平均值。

（4）OpenGL

OpenGL（Open Graphics Library）是图形硬件的标准软件接口，允许编程人员创建交互式 3D 应用。OpenGL 常用的性能指标有 cdrs 和 dx。其中，cdrs 包含 7 种不同的测试，是关于 3D 建模和再现的度量，它是以 PTC（Parametric Technology Corporation）公司的 CAID 应用为基准的。dx 则基于 IBM 公司的通用软件包 Visualization Data Explorer，用于科学数据可视化和分析的能力测定，它包含 10 种不同的测试，通过加权平均来得到最后的值。

影响图形工作站的主要因素有图形加速卡、CPU、内存、系统 I/O 和操作系统。

（1）图形加速卡

图形加速卡是决定一台图形工作站性能的主要因素。目前主要是丽台系列和 ATI 系列专用图形显卡。通常，图形卡的功能分为图形加速和帧缓冲两部分，形成从数据输入到输出至 DAC 的管道。管道的前部运算可以由系统的主 CPU 完成，为了提高性能，也可由专门的硬件完成；后部的帧缓冲通过 RAM 来实现，容量从几兆字节到几十兆字节。

（2）CPU

CPU 也是决定图形工作站性能的主要因素。全新的英特尔 NEHALEM 架构，解放了主板北桥芯片，内存控制器直接通过 QPI 通道集成在 CPU 上，彻底解决了前端总线带宽瓶颈，与桌面机相比其性能提升巨大。在南桥芯片上也有了很大的改进，显卡插槽换成了超带宽 PCI-E X16 第二代插槽。

（3）内存

内存的速度和容量是决定系统图形处理性能的重要因素，常见的 3D 图形应用通常都要占据大量的内存，这也成了制约工作站向中高端市场发展的一个因素。目前，工作站和服务器上已经使用了 REG 内存，REG 内存既有 ECC（错误检查纠正）功能又有缓存，数据存取和纠错能力保证了工作站的性能和稳定性。

（4）系统 I/O

最终决定一个图形工作站性能高低的并非上述这些孤立的要素，它们之间的数据传递和协同工作至关重要。系统 I/O 作为各要素（CPU、内存、图形卡）间数据传递的通道。把图形加速卡插在专门的高速插槽上，而非一般的 PCI 插槽上，是解决系统性能瓶颈的重要手段。

（5）操作系统

操作系统也是一个不容忽视的因素，操作系统对于图形操作的优化以及 3D 图形应用对于操作系统的优化，都是影响最终性能的重要因素。作为世界标准的 OpenGL 提供 2D 和 3D 图形函数，包括建模、变换、着色、光照、平滑阴影以及高级特点（如纹理映射、nurbs、x 混合等）。使用 64 位的 OpenGL 库，并利用操作系统的 64 位寻址能力，可以大幅度提高 OpenGL 应用的性能。支持 4G 及以上内存和双屏以上显示的 Win7 64 位系统，可以最大限度地发挥图形工作站的性能。

3.1.3 巨型机

巨型机又称为超级计算机，是能够执行一般个人计算机无法处理的大量资料与高速运算的计算机。其基本组成组件与个人计算机无太大区别，但规格与性能则强大许多，是一种超大型电子计算机；具有很强的计算和处理数据的能力，主要特点表现为高速度和大容量，配有多种外部和外围设备及丰富的、功能强的软件系统。现有的超级计算机运算速度大都可以达到每秒一太（Trillion，万亿）次以上。随着虚拟现实技术的飞速发展，相关的数据量也逐渐变得异常庞大，因此需要使用超级计算机来处理。

作为高科技发展的要素，超级计算机早已成为世界各国经济和国防的竞争利器。经过我国科技工作者几十年不懈的努力，我国的高性能计算机研制水平显著提高，成为继美国、日本之后的第三大高性能计算机研制生产国。

由国家并行计算机工程技术研究中心研制、使用中国自主芯片制造的"神威太湖之光（Sunway Taihu Light）"，它的浮点运算速度达到每秒 9.3 亿亿次，是中国国防科技大学研制的"天河二号"超级计算机浮点运算速度的两倍，在 2020 年世界超级计算机 TOP500 排名中位居第四名。神威超级计算机如图 3-2 所示。

图 3-2 神威超级计算机

3.1.4 分布式网络计算机

分布式网络计算机则是把任务分布到由 LAN 或 Internet 连接的多个工作站上，可以利用现有的计算机远程访问，多个用户参与工作，容易扩充。每个用户通过位于不同物理位置的联网计算机的交互设备与其他用户进行自然的人-机和人-人交互，每个用户通过网络可充分共享和高效访问虚拟环境的局部或全局数据信息，如图 3-3 所示。

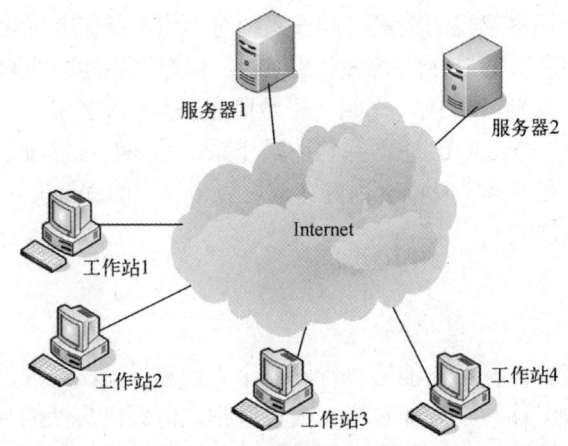

图 3-3 分布式网络计算机

分布式虚拟现实是一个综合应用计算机网络、分布式计算机、计算机仿真、数据库、计算机图形学、虚拟现实等多学科专业技术，用来研究多用户基于网络进行分布式交互、信息共享和仿真计算虚拟环境的技术领域。

在 20 世纪 80 年代初期，通过计算机网络、分布式计算与仿真以及虚拟现实的技术发展驱动，由军事作战模拟和网络游戏的应用需求牵引，分布式虚拟现实开始出现和迅速发展。

1997 年美国国防部开始资助支持多兵种联合演练的大规模分布式虚拟战场环境 JSIMS（Joint Simulation System）项目，目的是为各兵种的训练和教学提供包括各种任务、各阶段的逼真联合训练支持，如图 3-4 所示。

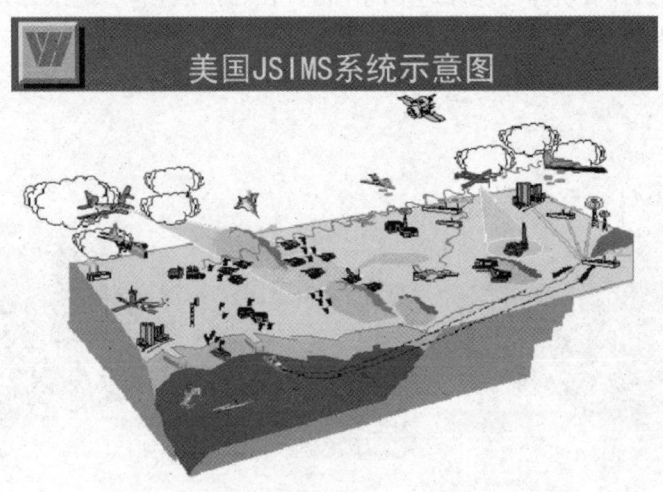

图 3-4 美国 JSIMS 系统

3.2 虚拟现实系统的输入设备

输入设备用来输入用户发出的动作，使用户可以驾驭一个虚拟场景，在与虚拟场景进行交互时，利用大量的传感器来管理用户的行为，并将场景中的物体状态反馈给用户。为了实现人与计算机之间的交互，需要使用特殊的接口把用户命令输入给计算机，同时把模拟过程中的反馈信息提供给用户。根据不同的功能和目的，目前有很多种虚拟现实接口，用来实现不同感觉通道的交互。

3.2.1 跟踪定位设备

跟踪定位设备是虚拟现实系统中用来实现人机交互的重要设备之一。它的作用就是及时准确地获取人的动态位置和方向信息，并将位置和方向信息发送到实现虚拟现实的计算机控制系统中。典型的工作方式是：由固定发射器发射信号，该信号将被附在用户头部或身上的传感器截获，传感器接收到这些信号后进行解码并送入计算部件进行处理，然后确定发射器与接收器之间的相对位置及方位，数据被传送给三维图形环境处理系统，最后被该系统所识别，并发出相应的执行命令。

跟踪定位技术通常使用六自由度来描述对象在三维空间中的位置和方向。三维就是人们规定的互相垂直的三个方向，即坐标轴的三个轴，X 轴、Y 轴和 Z 轴。X 轴表示左右空间，Y 轴表示上下空间，Z 轴表示前后空间。利用三维坐标，可以确定世界上任意一点的位置。物体在三维空间运动时，具有 6 个自由度。其中，3 个用于平移运动，3 个用于旋转运动。平移就是物体进行上下、左右运动。旋转就是物体能够围绕任何一个坐标轴旋转。六自由度坐标系如图 3-5 所示。采用的跟踪定位技术主要有电磁波跟踪技术、超声波跟踪技术、光学跟踪技术、机械跟踪技术等。

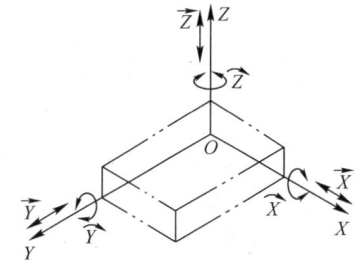

图 3-5 六自由度坐标系

1. 相关性能参数

在虚拟现实系统中，对用户的实时跟踪和接受用户动作指令主要依靠各种跟踪定位设备。通常跟踪定位设备的性能参数具有以下几个方面。

（1）精度和分辨率

精度和分辨率决定一种跟踪技术反馈其跟踪目标位置的能力。精度是指实际位置与测量位置之间的偏差，是系统所报告的目标位置的准确性或者误差范围。分辨率是指使用某种技术能检测的最小位置变化，小于这个距离和角度的变化将不能被系统检测到。

（2）响应时间

响应时间是对一种跟踪技术在时间上的要求，具有 4 个指标：采样率、数据率、更新率和延迟。

1）采样率是传感器测量目标位置的频率，目前大多数系统的采样率都比较高，这样可以防止丢失数据。

2）数据率是每秒钟所计算出的位置个数。在大多数系统中，高数据率是和高采样率、低延迟以及高抗干扰能力关联在一起的，所以高数据率是发展的趋势。

3）更新率是跟踪系统向主机报告位置数据的时间间隔。更新率决定系统的显示更新时间，因为只有接收到新的位置数据，虚拟现实系统才能决定显示的图像以及后续的工作。高更新率对虚拟现实十分重要，较低更新率的虚拟现实系统缺乏真实感。

4）延迟表示从一个动作发生到主机收到反映这一动作的跟踪数据为止的时间间隔。虽然低延迟依赖于高数据率和高更新率，但两者都不是低延迟的决定因素。

（3）鲁棒性

鲁棒性是指一个系统在相对恶劣的条件下避免出错的能力。跟踪系统处在一个充满各种噪声和外部干扰的客观现实世界，所以跟踪系统必须具有一定的鲁棒性。外部干扰一般可以分为两种：一种称为阻挡，即一些物体挡在目标物和探测器中间所造成的跟踪困难；另一种称为畸变，即由于一些物体的存在而使得探测器所探测的目标定位发生改变。

（4）整合性

整合性是指系统的实际位置和检测位置的一致性。一个整合性能好的系统可以始终保持两者的一致性。它与精度和分辨率有所区别，精度和分辨率是指某一次测量中的正确性和跟踪能力，而整合性则注重在整个工作空间内一直保持位置对应正确。尽管高分辨率和高精度有助于获得好的整合性，但多次的累积误差则可能会影响系统的整合能力，使系统报告的位置逐渐远离正确的位置。

（5）多边作用

多边作用是指多个被跟踪物体共存情况下产生的相互影响。例如，一个被跟踪物体的运动也许会挡住另一个物体上的感受器，从而造成后者的跟踪误差。

（6）合群性

合群性反映虚拟现实跟踪技术对多用户系统的支持能力，主要包括两方面的内容：大范围的操作空间和多目标的跟踪能力。实际的跟踪定位系统不可能提供无限的跟踪范围，它只能在一定区域内跟踪和测量，这个区域被称为操作范围或工作区域。当然，操作范围越大，越有利于多用户的操作。大范围的工作区域是合群性的要素之一。多用户的系统必须有多目标跟踪能力，这种能力取决于一个系统的组成结构和对多边作用的抵抗能力。多边作用越小的系统，其合群性越好。系统结构有多种形式，既可以是将发射器安装在被跟踪物体上面（由外向里结构），也可以将感受器安装在被跟踪物体（由里向外结构）上。系统中可以有一个发射器，也可以有多个发射器。总之能独立地对多个目标进行定位的系统将具有较好的合群性。

（7）其他一些性能指标

跟踪系统的其他一些性能指标也是值得重视的，例如，重量和大小。由于虚拟现实跟踪系统要求用户戴在头上，套在手上，因此小巧而轻便的系统能够使用户更舒适地在虚拟环境中工作。

2．电磁波跟踪器

电磁波跟踪器是一种常见的非接触式的空间跟踪定位器，由一个控制部件、几个发射器和几个接收器组成。其工作原理就是发射器产生一个低频的空间稳定分布的电磁场，跟踪对象身上佩戴着若干个接收器在电磁场中运动，接收器切割磁感线完成模拟信号到电信号的转换，再将其传送给处理器，处理器则根据接收到的信号计算出每个接收器所处的空间方位。电磁波跟踪器的工作原理如图3-6所示。

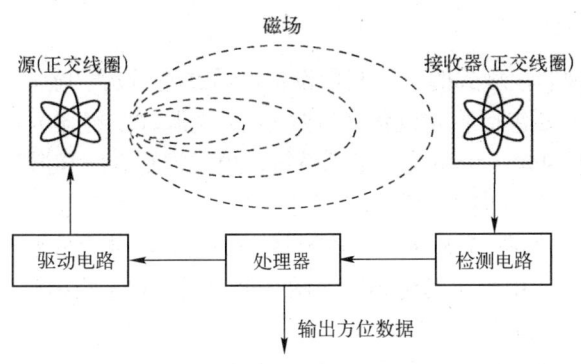

图 3-6 电磁波跟踪器的工作原理

电磁波跟踪器的优点是其敏感性不依赖于跟踪方位,不受视线阻挡的限制,体积小、价格便宜、鲁棒性好,因此对于手部的跟踪采用电磁波跟踪器较多。电磁波跟踪器的缺点是延迟较长,容易受金属物体或其他磁场的影响,导致信号发生畸变,跟踪精度降低,所以只适用于小范围的跟踪工作。

3. 超声波跟踪器

超声波跟踪器是一种非接触式的位置测量设备,其工作原理是由发射器发出高频超声波脉冲(频率 20kHz 以上),由接收器计算收到信号的时间差、相位差或声压差等,即可确定跟踪对象的距离和方位。

超声波跟踪器由发射器、接收器和控制单元构成,如图 3-7 所示。它的发射器由三个扬声器组成,安装在一个固定的三脚架上。接收器由三个传声器构成,一般安装在一个小三脚架上(三脚架可以放置在头盔显示器的上面),传声器也可以安装在三维鼠标、立体眼镜和其他输入设备上。超声跟踪器的测量是基于三角测量,周期性地激活每个扬声器,计算它到 3 个传声器的距离。接下来控制器对传声器进行采样,并根据校准常数将采样值转换成位置和方向,然后发送给计算机,用于渲染图形场景。

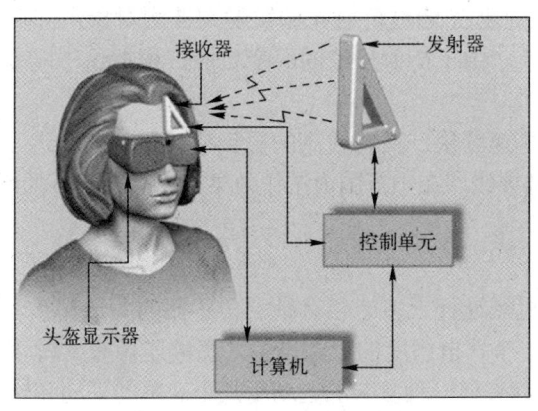

图 3-7 超声波跟踪器工作原理

超声波跟踪器的优点是不受环境磁场及铁磁物体的影响,不产生电磁辐射,价格便宜。缺点是更新率慢,超声波信号在空气中的传播衰减快,影响跟踪器工作的范围,发射器和接收器之间要求无阻挡,另外背景噪声和其他超声源也会干扰跟踪器的信号。

4. 光学跟踪器

光学跟踪器是一种非接触式的位置测量设备，通过使用光学感知来确定对象的实时位置和方向。光学跟踪器主要包括感光设备（接收器）、光源（发射器）以及用于信号处理的控制器。光学跟踪器主要包含 3 个系统：标志系统、模式识别系统和激光测距系统。

1）标志系统分为"从外向里看"和"从里向外看"两种方式。

"从外向里看"方式如图 3-8 所示。在被跟踪的运动物体上安装一个或几个发射器（如图 3-8 中的 LED 灯标），由固定的传感器（图 3-8 中的 CCD 照相机）从外面观测发射器的运动，从而得出被跟踪物体的位置与方向。

"从里向外看"方式如图 3-9 所示。在被跟踪的对象上安装传感器，发射器是固定位置的，装在运动物体上的传感器从里面向外观测固定的发射器，来得出自身的运动情况。

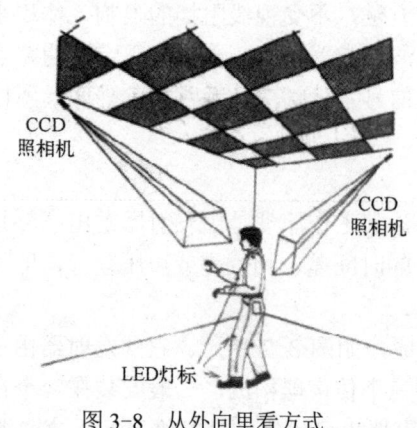

图 3-8　从外向里看方式

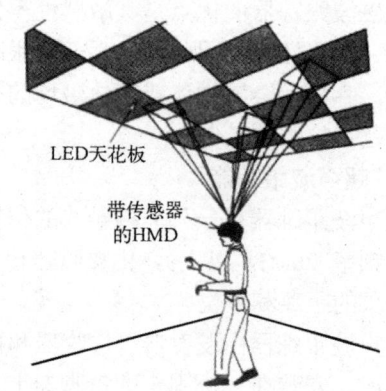

图 3-9　从里向外看方式

2）模式识别系统是把发光器件（如发光二极管 LED）按照某一阵列排列，并将其固定在被跟踪对象身上，由摄像机记录运动阵列模式的变化，通过与已知的样本模式进行比较，从而确定物体的位置。

3）激光测距系统是把激光通过衍射光栅发射到被测对象，然后接收经物体表面反射的二维衍射图的传感器记录。由于衍射理论的畸变效应，根据这一畸变与距离的关系即可测量出距离。

光学跟踪器的优点是速度快、具有较高的更新率和较低的延迟，非常适合实时性要求高的场合。缺点是不能阻挡视线，在小范围内工作效果好，随着距离的增大，性能会逐渐变差。

5. 其他类型跟踪器

（1）机械跟踪器

机械跟踪器是通过机械连杆上多个带有精密传感器的关节与被测物体相接触的方法来检测其位置的变化。对于一个六自由度的跟踪设备，机械连杆有 6 个独立的连接部件，分别对应 6 个自由度，从而可将任何一种复杂的运动用几个简单的平动和转动组合表示，如图 3-10 所示。

机械跟踪器分为两类：一类是"安装在身上"的跟踪器，此类跟踪器轻便、可移动；另一类是"安装在地面"的跟踪器，此类跟踪器比较笨重、不灵活、活动范围有限。机械跟踪器价格便宜、精确度高、响应时间短，不受声音、光和电磁波等外界的干扰。其缺点是比较笨重，不够灵活，由于机械连接的限制，工作空间受到影响。

(2) 惯性跟踪器

惯性跟踪器是通过运动系统内部的推算，不涉及外部环境就可以得到位置信息，如图 3-11 所示。主要由定向陀螺和加速计组成，用定向陀螺来测量角速度，将 3 个陀螺仪安装在互相正交的轴上，可以测量出偏航角、俯仰角和滚动角速度，随着时间的综合得出 3 个正交轴的方位角。加速计用来测量 3 个方向上平移速度的变化，即 X、Y、Z 方向的加速度。加速计的输出需要积分两次，得到位置。角速度需要积分一次，得到方位角。

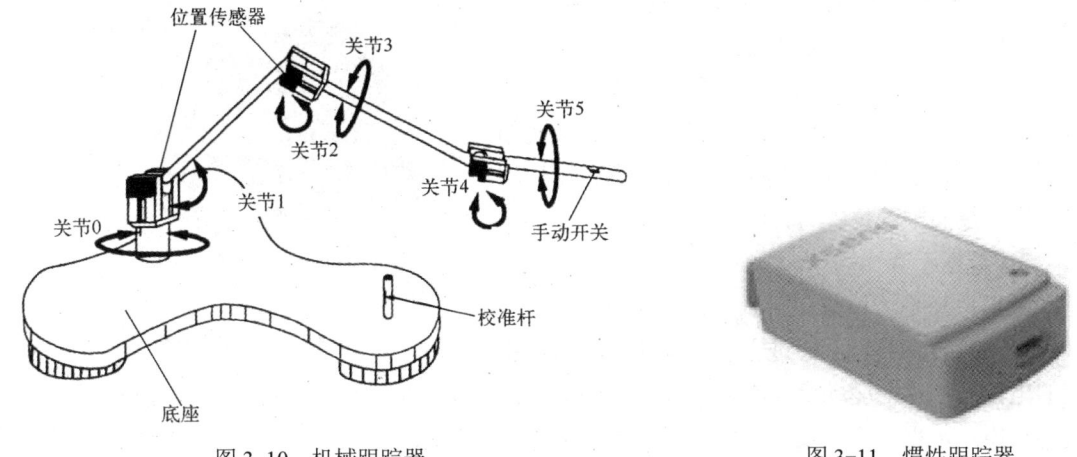

图 3-10 机械跟踪器　　　　　　　　　图 3-11 惯性跟踪器

惯性跟踪器的优点是不存在发射源，不怕遮挡，没有外界的干扰，有无限大的工作区间；缺点是快速累积误差，由于积分的原因，陀螺仪的偏差会造成跟踪器的误差随时间呈平方关系增加。适用于虚拟现实与仿真、体育竞技训练、人体运动分析测量、3D 虚拟互动体感交互感知等领域。

(3) GPS 跟踪器

GPS 跟踪器是目前应用最广泛的一种跟踪器，如图 3-12 所示。它是内置了 GPS 模块和移动通信模块的终端，用于将 GPS 模块获得的定位数据通过移动通信模块传至 Internet 上的一台服务器上，从而实现在计算机上查询终端位置。

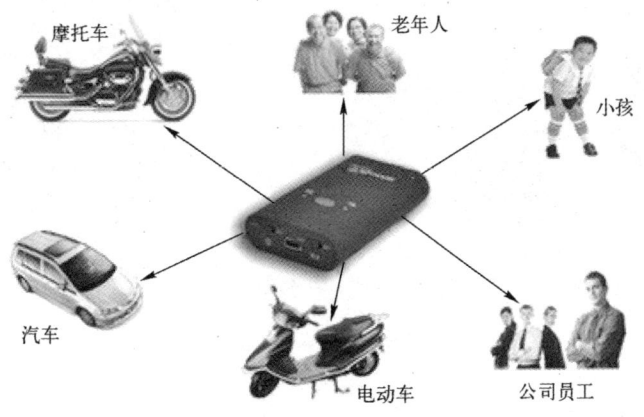

图 3-12 GPS 跟踪器

3.2.2 人机交互设备

交互性是虚拟现实系统的重要特征之一，目前所出现的交互设备形式多样、功能迥异。

1. 三维鼠标

常用的二维鼠标适于平面内的交互，但在三维场景中的交互必须使用三维鼠标才能胜任，如图 3-13 所示。三维鼠标是虚拟现实应用中重要的交互设备，可以从不同的角度和方位对物体进行观察、浏览和操作。其工作原理是在鼠标内部装有超声波或电磁发射器，利用相配套的接收设备可检测到鼠标在空间中的位置与方向。

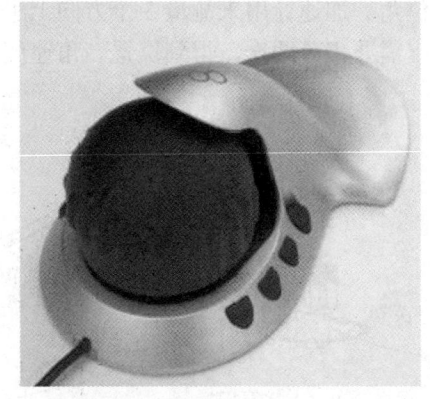

图 3-13　三维鼠标

2. 数据手套

数据手套是一种戴在用户手上，用于检测用户手部活动的传感装置。通过它能够向计算机发送相应的电信号，从而驱动虚拟手模拟真实手的动作。在实际使用中，数据手套必须与位置跟踪设备连用。数据手套不仅可以把人手的姿态准确、实时地传递给虚拟环境，而且能够把与虚拟物体的接触信息反馈给操作者。使操作者可以更直接、更有效地与虚拟世界进行交互，极大地增强了互动性和沉浸感。

数据手套不仅能够跟踪手的位置和方位，还可以用于模拟触觉。操作者可以通过戴着数据手套的手去接触虚拟世界中的物体，当接触到物体时，不仅可以感觉到物体的温度、光滑度以及物体表面的纹理等特性，还能感觉到轻微的压力感。

目前已经有多种数据手套产品，区别主要在于采用了不同的传感器，如图 3-14 所示。

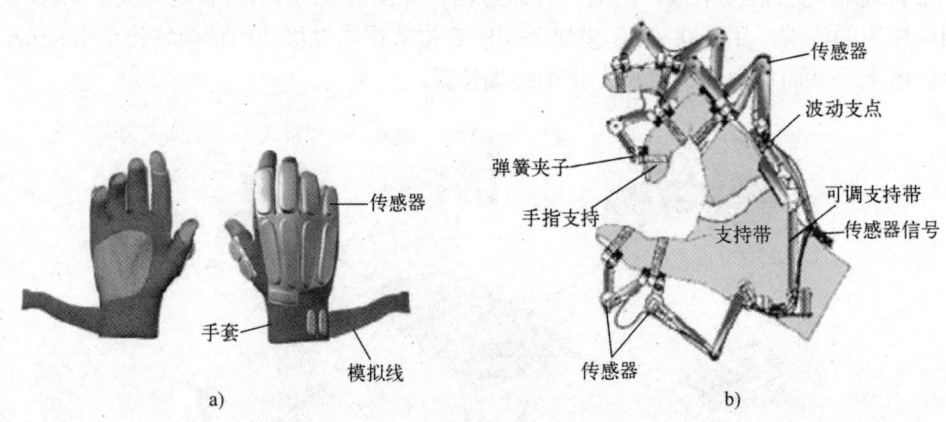

图 3-14　数据手套

3. 数据衣

数据衣是虚拟现实系统中比较常用的人体交互设备。数据衣是能够让虚拟现实系统识别全身运动的输入装置，如图 3-15 所示。数据衣上面安装有大量的触觉传感器，使用者穿上后，衣服里的传感器能够根据使用者身体的动作进行探测，并跟踪人体的所有动作。数据衣可以对人体大约 50 个关节进行测量，包括膝盖、手臂、躯干和脚。通过光电转换功能，身体的运动信息被计算机识别。同样，衣服也会反作用于身体而产生压力和摩擦力，使人的感觉更加逼真。

数据衣的工作原理与数据手套相似，将大量的光纤、电极等传感器安装在紧身服上，可以根据需要检测出人的四肢、腰部的活动以及各关节的弯曲程度，然后把这些数据输入到计算机，用于控制三维重建的人体模型或者虚拟角色的运动。

数据衣的缺点是延迟大、分辨率低、作用范围小、使用不方便等。如果要检测全身，不但要检测肢体的伸张状况，还要检测肢体的空间位置和方向，因此需要增加许多空间跟踪器，成本很高。

图 3-15　数据衣

3.2.3　快速建模设备

快速建模设备是一种可以快速建立仿真的 3D 模型辅助设备。这里主要介绍 3D 摄像机和扫描仪。

1．3D 摄像机

3D 摄像机是一种能够拍摄立体视频图像的虚拟现实设备，通过它拍摄的立体影像在具有立体显示功能的显示设备上播放时，能够产生超强立体感的视频图像效果。观众带上立体眼镜观看具有身临其境的沉浸感，如图 3-16 所示。3D 摄像机通常采用两个摄像镜头，同时以一定的间距和夹角来记录影像的变化效果，模拟人类的视觉生理现象，实现立体效果。播放时可以采用平面、环幕、背投等方式实现多种视觉效果。

2．3D 扫描仪

3D 扫描仪能快速、方便地将真实世界的立体彩色物体信息转换为计算机能够直接处理的数字信号，为实物数字化提供了有效的手段。图 3-17 所示为 3D 人体扫描仪。

图 3-16　3D 摄像机

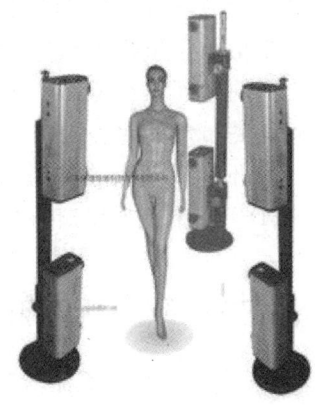

图 3-17　3D 人体扫描仪

3D 扫描仪可以分为两类：接触式扫描仪和非接触式扫描仪。

1）接触式扫描仪。接触式扫描仪通过实际触碰物体表面的方式计算深度，如坐标测量机便是典型的接触式扫描仪，它将一个探针安装在三自由度（或更多自由度）的伺服机构上，驱动探针沿着 3 个方向移动。当探针接触物体表面时，测量其在 3 个方向的移动，就可知道物体表面这一点的三维坐标。控制探针在物体表面移动和触碰，可以完成整个表面的三维测量。接触式扫描仪相当精确，但由于其在扫描过程中必须接触物体，可能使物体遭到损坏，因此不适用于古文物、历史遗迹等高价值物体的重建。

2）非接触式扫描仪。相比接触式扫描仪，非接触式扫描仪对物体表面不会造成损坏，具有速度快、容易操作等特点。按照工作原理的不同，主要分成激光式扫描仪和光学式扫描仪两种。

- 激光扫描的工作原理是根据发射器发出的激光返回时间来测定物体形状，主要应用在 3D 媒体、文物保存、设计、逆向工程、模型及动画研究等诸多领域。激光式扫描仪如图 3-18 所示。

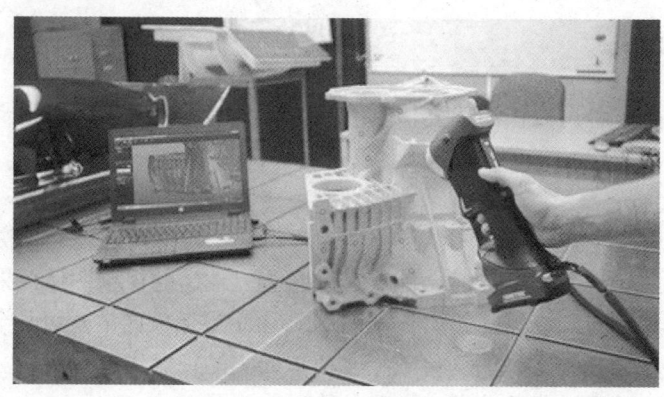

图 3-18　3D 激光式扫描仪

- 光学式扫描仪采用可见光将特定的光栅条纹投影到测量工作表面，借助两个高分辨率 CCD 数码相机对光栅条纹进行拍照，利用光学拍照定位技术和光栅测量原理，可以在极短的时间内获得复杂物体表面的完整点云。其高质量的完美扫描点云可用于虚拟现实中的环境以及人物建模过程。图 3-19 所示为 3D 光学式扫描仪扫描人体足部的场景。

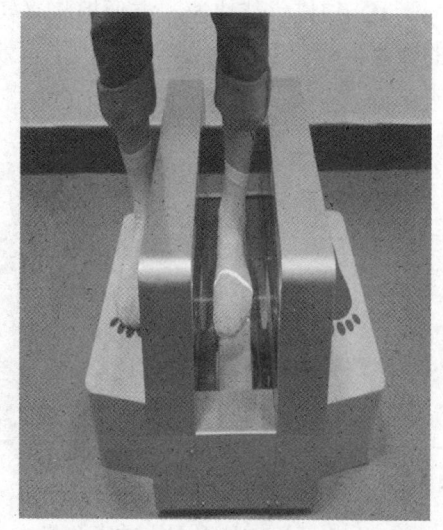

图 3-19　3D 光学式扫描仪

3.3　虚拟现实系统的输出设备

当用户与虚拟现实系统交互时，能否获得与真实世界相同或相似的感知，并产生"身临其境"的感受，将直接影响系统的真实感。为了实现虚拟现实系统的沉浸特性，输出设备必须能将虚拟世界中各种感知信号转变为人类所能接受的视觉、听觉、触觉、味觉等多通道刺激信号。目前应用较多的输出设备包括视觉、听觉和触觉设备等。

3.3.1 视觉感知设备

据统计，人类对客观世界的感知信息 75%～80%来自视觉，所以视觉感知设备是虚拟现实系统中最重要的感知设备。在介绍视觉感知设备之前，首先需要了解视觉感知的相关概念。

1．视觉感知的相关概念

（1）视域

能够被眼睛看到的区域称为视域。一个物体能否被观察者看到，取决于该物体的图像是否落在观察者的视网膜上以及落在视网膜上的什么位置。在实际应用中，一只眼睛的水平视域约为150°，垂直视域大约为120°，双眼的水平视域大约为180°。

（2）视角

视角是对视觉感知中关于可视目标大小的测量，如图3-20所示，其计算公式为

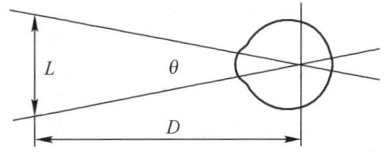

图 3-20　视角

$$\theta = 2\arctan\frac{L}{2D}$$

式中，θ为视角；L为可视目标大小；D为可视目标距视网膜的距离。

可视目标在视网膜上的投影大小能够决定视觉感知的质量。一般认为理想的目标大小为：在正常光照条件下视角不应该小于15°，在较低光照条件下视角不应该小于21°。

（3）视觉生成

视觉生成是指外界景物发射或反射光线刺激视网膜感光细胞令视觉神经产生知觉。

（4）立体视觉

人的双眼之间相隔 58～72mm，在观察物体时，两只眼睛所观察的位置和角度都存在一定的差异，因此每只眼睛所观察到的图像都有所区别，如图 3-21 所示。和眼睛相隔不同距离的物体所投射的图像在其水平位置上有差异，这就形成了所谓的视网膜像差或双眼视差。用两只眼睛同时观察一个物体时，物体上的每个点对两只眼睛都存在一个张角。物体离双眼越近，其上的每个点对双眼的张角就越大，所形成的双眼视差也越大。当然，人的大脑需要根据这种图像差异来判断物体的空间位置，从而使人产生立体视觉。

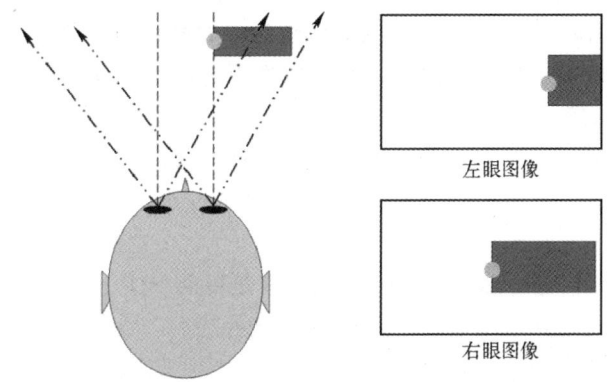

图 3-21　立体视觉生理模型

双眼视差可以让人们区分物体的远近，并获得深度的立体感。对于距离过于遥远的物体，因为双眼的视线几乎平行，视差偏移接近于零，所以很难判断物体的距离，更不可能产生立体的感觉。例如，当人们仰望星空时，会感觉天上的所有星星似乎都在同一个球面上，不分远近。

（5）屈光度

眼睛折射光线的作用叫屈光，用光焦度来表示屈光的能力叫作屈光度。屈光度是与眼的光学部分有关的一个度量。有 1 个屈光度的镜头，可以聚焦平行光线在 1m 距离。人眼的聚焦能力约 60 屈光度，可以聚焦平行光在 17mm 距离，这就是晶状体和视网膜的距离。

人可以通过改变眼睛的屈光度来保证不同距离的物体能够在视网膜上正确成像，不同年龄的人可以改变屈光度的能力有很大差别，越年轻，调节能力越强。如果注视运动物体，则眼睛的屈光度可以自动调节。

（6）瞳孔的工作原理

瞳孔是晶状体前的孔，它对光线强弱的适应是自动完成的。通过瞳孔的调节，始终保持适量的光线进入眼睛，使落在视网膜上的物体图像既清晰，又不会有过量的光线灼伤视网膜。瞳孔虽然不是眼球光学系统中的屈光元件，但在眼球光学系统中起着重要的作用。瞳孔不仅可以对明暗做出反应，调节进入眼睛的光线，也影响眼球光学系统的焦深和球差。

（7）分辨率

分辨率是人眼区分两个点的能力。当空间平面上两个黑点相互靠拢到一定程度时，离开黑点一定距离的观察者就无法区分它们，这意味着人眼分辨景物细节的能力是有限的，这个极限值就是分辨率。研究表明人眼的分辨率有如下一些特点。

1）当照度太强、太弱时或当背景亮度太强时，人眼分辨率降低。

2）当视觉目标运动速度加快时，人眼分辨率降低。

3）人眼对彩色细节的分辨率比对亮度细节的分辨率要差，如果黑白分辨率为 1，则黑红为 0.4，绿蓝为 0.19。

目前科学界公认的数据表明，人观看物体时，能够清晰看清视场区域对应的分辨率为 2169×1213 像素。再考虑上下左右比较模糊的区域，人眼分辨率是 6000×4000 像素。

（8）视觉暂留

视觉暂留即视觉暂停又称"余晖效应"，1824 年由英国伦敦大学教授皮特·马克·罗葛特在他的研究报告《移动物体的视觉暂留现象》中最先提出。人眼观看物体时，成像于视网膜上，并由视神经输入人脑，感觉到物体的像。但当物体移去时，视神经对物体的印象不会立即消失，而要延续 0.1～0.4s 的时间，人眼的这种性质被称为视觉暂留。

视觉暂留现象首先被中国人运用，走马灯便是历史记载中最早的视觉暂留运用。随后法国人保罗·罗盖在 1828 年发明了留影盘，它是一个被绳子在两面穿过的圆盘。盘的一个面画了一只鸟，另一面画了一个空笼子。当圆盘旋转时，鸟在笼子里出现了，这证明了当眼睛看到一系列图像时，它一次保留一个图像。

2．头盔显示器

头盔显示器（Head-Mounted Display，HMD）是目前 3D 显示技术中起源最早、发展得最为完善的技术，也是现在应用最为广泛的 3D 显示技术。通常采用机械的方法固定在用户的头部，头与头盔之间不能有相对运动，当头部运动时，头盔显示器自然地随着头部运动而运动，如图 3-22 所示。头盔配有位置跟踪器，用于实时探测头部的位置和朝向，并反馈给计算机。计算机根据这些反馈数据生成反映当前位置和朝向的场景图像，并显示在头盔显示器的屏幕上。通常，头盔显示器的显示屏采用两个 LCD 或者 CRT 显示器分别向两只眼睛显示图像，这两个图像由计算机分别驱动，两个图像存在着微小的差别，类似于"双眼视差"。大脑将融合这两个图像获得深度感知，然后得到一个立体的图像。

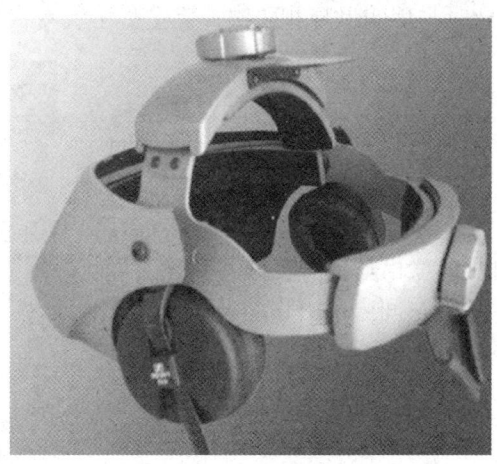

图 3-22　头盔显示器

因为头盔显示器的体积应尽量小，所以显示屏与观察者眼睛的距离很小，一般只有几十厘米。为了使眼睛能够看清如此近的显示图像且不易产生疲劳感，就需要有专门的光学镜头把显示屏的图像成像在观察者能看清的距离处，并且能够放大屏幕图像使其覆盖尽可能大的视场，使虚拟环境中物体看起来的尺寸和真实尺寸差不多。这种类型的透镜是 1989 年首次推出的，通常称为 LEEP 镜片，如图 3-23 所示。

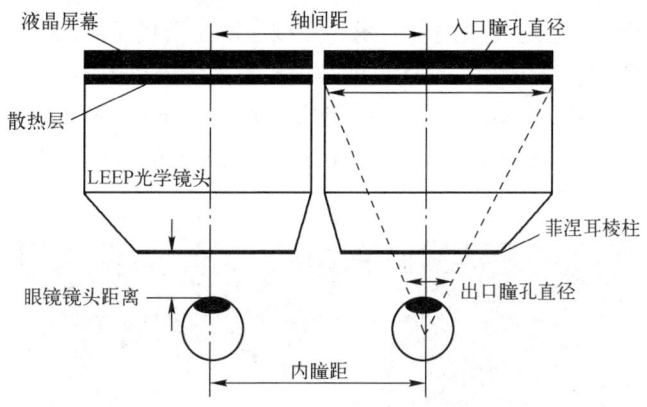

图 3-23　头盔显示器构成示意图

对于 HMD 系统，根据显示表面的不同，头盔显示器主要分为基于 LCD 的头盔显示器、基于 CRT 的头盔显示器和基于 VRD 的头盔显示器。

1）基于 LCD 的头盔显示器，以低电压产生彩色图像，但只具有很低的图像清晰度。在头盔显示中，通过采用笨重的光学设备形成高质量的图像。

2）基于 CRT 的头盔显示器，使用电子快门等技术实现双眼立体显示，提供小面积的高分辨率、高亮度的单色显示。但其 CRT 较重，存有高电压，佩戴较危险，视场较小，缺乏沉浸感。

3）基于 VRD 的头盔显示器是目前比较流行的头盔显示器。它直接把调制的光线投射在人眼的视网膜上，产生光栅化的图像。观看者感到这个图像是在前方 2 英尺（约 0.6m）处的 14 英寸（36cm）监视器上。实际上，图像是在眼的视网膜上。所形成的图像质量高、有立体感、全彩色、宽视场、无闪烁。

HMD 可以使参与者暂时与现实世界相隔离，完全处于沉浸状态，其主要用于飞行模拟和电子游戏，不适合多用户协同工作的方式。

3. 吊杆式显示器

吊杆式显示器也称为双目全方位显示器（Binocular Omni-Orientation Monitor，BOOM），如图 3-24 所示。它是一种可移动式显示器。吊杆式显示器将两个独立的 CRT 显示器捆绑在一起，且由两个互相垂直的机械臂支撑，可以让显示器在半径 2m 的球形空间内自由移动。吊杆上每个节点处都有三维定位跟踪装置，可以精确定位显示器在空间中的位置和朝向。

与头盔显示器相比，吊杆式显示器采用了高分辨率的 CRT 显示器，因而其分辨率高于头盔显示器，且图像柔和、系统延迟小、不受磁场和超声波等噪声的影响。吊杆式显示器的主要缺点是机械臂对用户的运动有影响，在工作空间中心的支撑架会产生"死区"。所以，吊杆式显示器

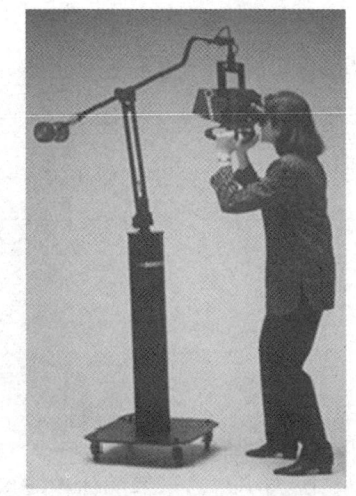

图 3-24 吊杆式显示器

的工作区要去掉中心大约 $0.5m^2$ 的范围，且不能解决由于屏幕距离眼睛过近产生的不适感。

4. 洞穴式显示设备

洞穴式显示设备（Cave Automatic Virtual Environment，CAVE）是一种较理想的沉浸式虚拟现实环境，是基于多通道视景同步技术、三维空间整形校正算法、立体显示技术的房间式可视协同环境，如图 3-25 所示。CAVE 就是由投影显示屏包围而成的一个洞穴，分别有 4 面式、5 面式和 6 面式 CAVE 系统。用户在洞穴空间中不仅可以感受到周围环境的变化，还可以获得高仿真的三维立体视听的声音，并且可以利用相应的跟踪器和交互设备实现 6 个自由度的交互感受。

图 3-25 洞穴式显示设备

CAVE 系统可以实时地与用户发生交互并做出响应。系统不仅能产生立体的全景图像，而且还有头部跟踪功能，可以准确测定头部位置，并能判断出用户正在向哪个方向观看。系统还可以根据用户的视线实时描绘出虚拟的场景。另外，CAVE 系统可以让多个用户同时参与到虚拟环境中，是一个比较理想的虚拟现实显示系统。

基于 CAVE 系统的完全沉浸式显示环境特性，CAVE 为科学家带来了一种伟大而创新的思考方式，扩展了人类的思维。科学家能直接看到他们的创意和研究对象。例如，大气学家能"钻进"飓风的中心观看空气复杂而混乱无序的结构；生物学家能检查 DNA 规则排列的染色体链对结构，并虚拟拆开基因染色体进行科学研究；理化学家能深入到物质的微细结构或广袤环境中进行试验探索。可以说，CAVE 可以应用于任何具有沉浸感需求的虚拟仿真领域，是一种全新的、高级的科学数据可视化手段。

CAVE 系统存在的主要问题是价格昂贵，需要较大的空间和很多的硬件，而且对计算机系统的图形处理能力也有极高的要求，因此在一定程度上影响了 CAVE 系统的普及，目前没有产品化与标准化。

5. 响应工作台显示设备

响应工作台显示设备（Responsive Work Bench，RWB）是德国国家信息技术研究中心（GMD）于 1993 年发明的，该系统是计算机通过多传感器交互通道向用户提供视觉、听觉、触觉等多模态信息，具有非沉浸式、支持多用户协同工作的立体显示装置。

工作台一般由 CRT 投影仪、反射镜和具有散射功能的显示屏（散射屏）组成，如图 3-26 所示。顶部的 CRT 投影仪把图像投影到竖直的散射屏；底部的 CRT 投影仪对准反射镜，把图像投影到反射镜面上，再由反射镜将图像反射到倾斜的散射屏上。图像被两块散射屏同时通过射向屏上反射。若多个用户佩戴立体眼镜坐在工作台周围，则可以同时在立体显示屏中看到三维对象浮在工作台上面，因此虚拟景象具有较强的立体感。

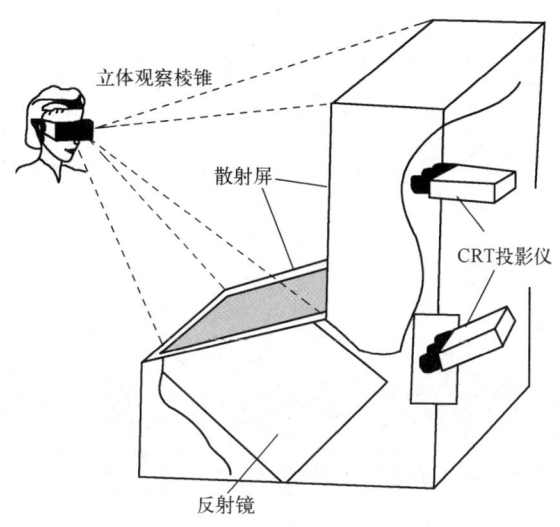

图 3-26 响应工作台显示设备

响应工作台显示设备所显示的立体视图只受控于观察者的视点位置和视线方向，而其他观察者可以通过各自的立体眼镜来观察虚拟对象，因此比较适合辅助教学和产品演示。如果有多台响应工作台，则可同时对同一虚拟对象进行操控、通信，实现真正的分布式协同工作。

6. 墙式投影显示设备

墙式投影显示设备类似于放映电影形式的背投式显示设备，屏幕大，容纳的人数多，分为单通道立体投影系统和多通道立体投影系统；适用于教学和成果演示。

（1）单通道立体投影系统

该系统以一台图形工作站作为实时驱动平台，两台叠加的立体、专业 LCD 投影仪作为投影主体，可以在显示屏上显示一幅高分辨率的立体投影影像，如图 3-27 所示。

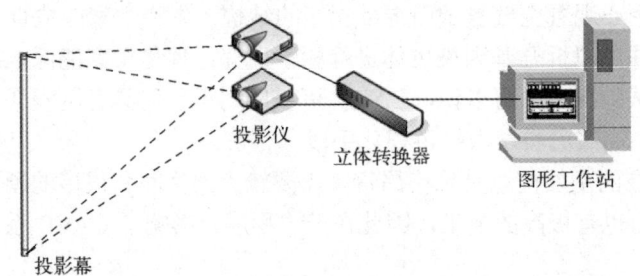

图 3-27　单通道立体投影系统

与传统的投影相比，单通道立体投影系统是一种成本低、操作简便、占用空间小、性价比非常好的小型虚拟三维投影显示系统，广泛应用于高等院校和科研院所的虚拟现实实验室中。

（2）多通道立体投影系统

多通道立体投影系统采用巨幅平面投影结构来增强沉浸感，配备了完善的多通道声响及多维感知性交互系统，充分满足虚拟显示技术的视、听、触等多感知应用需求，是理想的设计、协同和展示平台。它可根据场地空间的大小灵活地配置两三个甚至是若干个投影通道，无缝地拼接成一幅巨大的投影幅面、极高分辨率的二维或三维立体图像，形成一个更大的虚拟现实仿真系统环境，如图 3-28 所示。

图 3-28　多通道立体投影系统

多通道立体投影系统是目前非常流行的一种具有高度沉浸感的虚拟现实投影显示系统，通常用于一些大型的虚拟仿真应用，例如，虚拟战场、数字城市规划、三维地理信息系统等大型的虚拟仿真环境，现在也逐渐开始应用于工业设计、教育培训、会议中心等领域。

（3）球面立体投影系统

球面立体投影系统是近年来出现的投影展示设备，它弥补了传统直幕投影展示的缺陷，可以实现 360°各个方位观看投影，展示画面视野宽广，不规则的投影形状，给人新奇的视觉感受，在参观者心理留下深刻印象，如图 3-29 所示。

球面立体投影是指通过投影机将投影画面投放至球形投影幕上，由于它的投影幕是球形的，并不是传统意义上的平面规则图形，因此更具新颖性，在众多展览、展陈过程中获得了展出商的青睐，应用范围十分广阔。

根据投影机的摆放位置不同，可以把球面立体投影系统简单分为内投球和外投球。这种分类方式既简单直观，又便于大众理解与接受。

1）内投球根据球形投影幕材质的不同又分为硬质无缝内投球、内投半球和充气球幕。它们的成像原理基本上是一致的，都是采用了配置鱼眼镜头的高流明投影

图 3-29　球面立体投影系统

机放置在投影幕的内部底端，将投影机信号反射至球形投影幕上，使整个球幕表面形成浑然一体的立体画面。

① 硬质无缝内投球的球体外形极符合宇宙天体的外形，在表现宇宙天体方面有很大的优势，只要用户把描述行星、卫星、太阳等天体的片子用此内投球进行展示，就是一个活脱脱的天体，向人们逼真地展示宇宙的奥秘，如图 3-30 所示。

图 3-30　硬质无缝内投球

硬质无缝内投球可以固定在墙壁上、地面上和悬挂在空中，能够在计算机或投影机的配合下作为多媒体工作。硬质无缝内投球直径较小，一般为 0.6m、0.8m、1.0m、1.2m、1.5m 不等，携带方便，能够很清晰地展示用户的内容，使观众有身临其境的感受，可以广泛地运用在空间科学中心、舞台、展馆、天文台、地震局、宇航局、学校、博物馆等场所，通过动画和图像等表现方式，展示有关地球、卫星、行星、地震、海洋、大气、太阳等内容。

② 内投半球投影是一种新型的展示技术，如图 3-31 所示。利用特殊的光学镜头和高流

明摄影机,通过先进的计算机视觉技术和投影显示技术,打破了以往投影图像只能是平面规则图形的局限,将普通的平面影像进行特殊的变换,投影到球形幕内,形成一个内投的半球影像,整个产品成为炫目的影像半球,使球体看起来像一个科幻的水晶球,同时配合环绕立体声音音响设备,给观众带来一种虚实结合的奇妙感觉,效果无与伦比。

图 3-31　内投半球

③ 充气球幕其实是一个软质拼接型球幕,如图 3-32 所示。其主要基材为高透光性的特种 PVC,利用高频焊合或车缝的工艺使 12～60 片的 PVC 组成一个整球幕,其展示原理是依靠充气原理,采用进出排风系统,使整个球幕像热气球一样吹胀起来,其成像原理与内投球成像原理相同,多被用在大型户外展览中心。球幕外的观众可欣赏到全 360°的无缝投影内容,为各大品牌公司产品上市、记者发布会、路演、会议等各种商业文化活动提供全方位的新媒体视觉解决方案。充气球幕应用也不局限于单个球幕应用,可以使用多个球幕形成队列、链状或几个集合在一起等创意性的球幕显示应用。

图 3-32　充气球幕

由于充气球幕有较多的拼接缝隙,直径较大,制作成本相对较高,对场地要求也较多,一般应用于大型室外场景且远距离观赏效果更佳,普及范围远远没有硬质无缝内投球广泛。

2）外投球通过投影机在球形投影幕的外部进行投影，如图 3-33 所示。它是针对现有图像投影机平面投影技术的不足，而提供的一种新颖和先进的在球形屏幕上显示图像的投影装置。

外投球由一个不透明球体的球幕和包围在球幕周围的呈放射状排列的 3 台及以上的投影装置构成。外投球的直径一般为 1200～2500mm，可采用调挂的方式悬挂在空中，也可采用支座的方式固定。

外投球的应用场合与硬质无缝内投球相似，由于外投球要使用到多台投影机，无形之中增加了成本，同时还要利用无缝融合拼接技术，也增加了制作难度与操作难度，对场地要求也比较高，因此与硬质无缝内投球相比较来说，外投球的使用率在逐渐降低。

图 3-33 外投球

综上所述，球面对立体投影系统而言，硬质无缝内投球使用普及率是最高的，也最受使用者喜爱。

7．立体眼镜显示系统

立体眼镜显示系统包括立体图像显示器和立体眼镜。立体图像显示器是专门设计的，以两倍于正常扫描的速度刷新屏幕，采用分时显示技术，通过计算机给显示器交替发送两幅有轻微偏差的图像。显示器采用两倍于 60Hz 的刷新率，保证了左右眼视图的刷新率保持在 60Hz，且图像稳定。由于左、右眼画面连续互相交替显示在屏幕上，并同步配合立体眼镜，加上人眼视觉暂留的生理特性，就可以看到真正的立体图像，如图 3-34 所示。与 HMD 相比，立体眼镜成本较低，而且用户长时间佩戴不会感到疲劳。

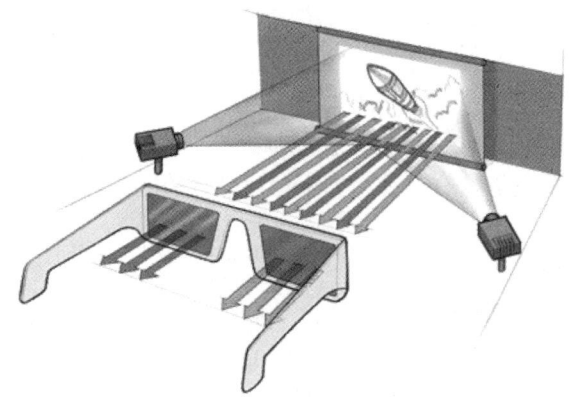

图 3-34 立体眼镜显示系统

8．三维显示器

三维显示器是直接显示虚拟三维影像的显示设备，用户不需要通过立体眼镜、头盔等设备就能获得立体影像，如图 3-35 所示。具体来说，三维显示器是根据视差障碍原理，利用特定的算法，将需要显示的影像进行交叉排列，然后通过特定的视差屏障后为用户提供逼真的三维图像。

图 3-35 裸眼立体显示系统

从技术研究和实现方法来看，三维显示器具有代表性的新技术可分为以下几种。

(1) 视差照明技术

视差照明技术是美国 DTI（Dimension Technologies Inc）公司的专利，它是自动立体显示技术中研究最早的一种技术。DTI 公司从 20 世纪 80 年代中期开始进行视差照明立体显示技术的研究，并在 1997 年推出第一款实用化的立体液晶显示器。从视差照明实现立体显示的原理看，先在投射式的显示器（如液晶显示屏）后形成离散的、极细的照明亮线，然后将这些亮线以一定的间距分开，这样观察者的左眼通过液晶显示屏的偶像素列能够看到亮线，而右眼通过显示屏的偶像素列是不能够看到亮线的，反之亦然。因此，观察者的左眼只能看到显示屏的偶像素列显示的图像，而右眼只能看到显示屏的奇像素列显示的图像。于是，观察者就能够接收到视差立体图像对，产生深度感知。

(2) 视差屏障技术

视差屏障技术也称为光屏障式 3D 技术或视差障栅技术，最早由日本夏普公司的欧洲实验室研究开发，属于一种可以在二维和三维模式间转换的自动立体液晶显示器。视差屏障技术的实现方法是使用一个开关液晶屏、一层偏振膜和一个高分子液晶层，利用高分子液晶层和偏振膜制造出一系列旋光方向成 90°的垂直条纹。这些条纹宽几十微米，通过这些条纹的光就形成了垂直的细条栅模式，称之为"视差障栅"。在立体显示模式时，视差障栅可以控制显示的像素是给左眼看还是给右眼看。如果把液晶开关关掉，显示器就变成一个普通的二维显示器。

(3) 微柱透镜投射技术

微柱透镜投射技术是飞利浦公司研发的立体显示技术，采用了传统的微柱透镜方法。从实现原理看，微柱透镜投射技术是在液晶显示屏的前面加上一个微柱透镜，使液晶显示屏的像平面与微柱透镜的成像平面在一个水平线上，这样就能够使两个成像平面的焦点重合，透过微柱透镜的图像像素就会被分隔成很多个不同的子像素，通过微柱透镜就能以不同的方向得到子像素。当观察者观看液晶显示屏的时候，就可以看到不同的子像素。微柱透镜投射技术的优点就是它可以不和像素列保持平行，这样在观察图像时就形成了一定的角度；而优势就是观察到很多视差图像。

(4) 微数字镜面投射技术

微数字镜面投射技术是牛津大学和麻省理工学院共同研究的三维显示技术。这项技术利用微数字镜面,将图像基元定向地反射到不同的观察范围内,在两眼之间形成视差,这样可以使观察者在不同的位置观察到不同的图像,从而出现运动视差。微数字镜面投射技术的优点是能够实现高分辨率、多维视差的图像,并能很好地控制色彩;不足之处是要求长光路,因此不容易实现小型化。

(5) 指向光源技术

对指向光源技术投入较大精力的主要是 3M 公司。指向光源技术搭配两组 LED,配合快速反应的 LCD 面板和驱动方法,让 3D 内容以排序方式进入观察者的左右眼,然后互换影像产生视差,进而让人眼感受到 3D 效果。3M 公司还研发成功了 3D 光学膜,该产品实现了无须佩戴 3D 眼镜,就可以在手机、游戏机及其他手持设备中显示真正的三维立体影像,极大地增强了基于移动设备的交流和互动。

(6) 多层显示技术

美国 Pure Depth 公司在 2009 年 4 月宣布研发出改进后的裸眼三维显示器。这款裸眼三维显示器采用了多层显示(Multi-Layer Display,MLD)技术,这种技术能够通过一定间隔重叠的两块液晶面板,实现在不使用专用眼镜的情况下,观看文字及图像时能呈现 3D 影像的效果。

国内厂商欧亚宝龙旗下的 Bolod 裸眼 3D 显示器如今已经发展到第四代,产品也全部实现高清显示,在国内的 3D 显示行业处于领先位置。

(7) 全息图像技术

全息图像技术是伦敦大学帝国理工学院的 Dennis Gabor 博士发明的,他也因此获得了 1971 年的诺贝尔物理学奖。全息图像技术与前面所述的利用人体视差原理制造三维显示器的方式不同,它不是通过创建多幅平面图像再通过大脑"组装"成立体图像的,而是在真实空间内创造出一个完整的立体影像,观察者甚至可以在前后左右观看,是真正意义上的立体显示,因此,全息显示器是今后发展方向。

一家名为 Looking Glass Factory 的公司生产的一款全息显示器,如图 3-36 所示。这款全息显示器的设备像笔记本计算机的形状一样可以折叠,并在玻璃面板上方投影 3D 图像,所呈现图像的每个视图的分辨率为 267×480 像素,并能同时显示 32 个不同的视图。另外任何人都可以用手与图像进行交互。

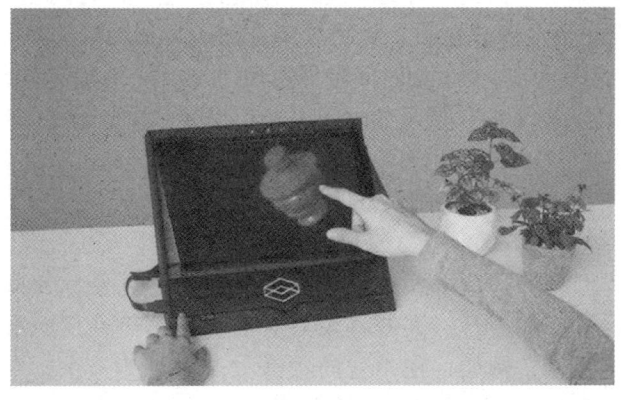

图 3-36 全息显示器

3.3.2 听觉感知设备

听觉也是人类感知世界重要的传感通道,研究表明有15%的信息是通过听觉获得的。通过在虚拟现实系统中增加三维虚拟声音,可以增强用户在虚拟环境中的沉浸感和交互性。在介绍听觉感知设备之前,首先需要了解听觉感知的相关概念。

1. 听觉感知的相关概念

(1) 声音

声音是由物体振动产生的声波,是通过介质(空气、固体或液体)传播并能被人或动物听觉器官所感知的波动现象。最初发出振动的物体叫声源。声音以波的形式振动传播。声波能够在所有物质(除真空外)中传播。其传播速度由传声介质的某些物理性质,主要是力学性质所决定。例如,音速与介质的密度和弹性性质有关,因此也随介质的温度、压强等状态参数而改变。气体中音速每秒约数百米,随温度升高而增大,0℃时空气中音速为331.4m/s,15℃时为 340m/s,温度每升高 1℃,音速约增加 0.6m/s。通常,固体介质中音速最大,液体介质中的音速较小,气体介质中的音速最小。

(2) 频率范围

人耳可以感知的频率范围为 20Hz~20kHz。随着年龄变大,频率范围逐渐缩小。另外,人耳分辨能力最灵敏的频段为 1~3kHz 的频率。

(3) 直达声

直达声是指直接传播到听众左右耳的声音。

(4) 反射声

反射声是指从室内表面上经过初次反射后,到达听众耳际的声音,约比直达声晚十几到几十毫秒。

(5) 混响声

混响声是指声音在厅堂内经过各个边界面和障碍物多次无规则的反射后,形成漫无方向、弥漫整个空间的袅袅余音。

(6) 声音定位

人们经常借助听觉来判定发音物体的位置。研究表明,一般情况下,人脑识别声源位置是利用"双工理论",即两耳收到声音的时间差异和强度差异。时间差异是指声音到达两只耳朵的时间之差。当一个声源放在头右侧测量声音到达两耳的时间时,声音会首先到达右耳,如果两耳的路径之差为 20cm,则时间差异约为 0.59ms。强度差异是指声音到达两耳的强度上的差异。当人面对声源时,两耳的时间差异和强度差异均为 0。时间差异对低频率声音定位特别灵敏,而强度差异对高频率声音定位比较灵敏。因此,只要到达两耳的声音存在时间差异或强度差异,人就能够判断出声源的方向。

(7) 掩蔽效应

一种频率的声音阻碍听觉系统感受另一种频率声音的现象称为掩蔽效应。前者称为掩蔽声音,后者称为被掩蔽声音。人的耳朵只对最明显的声音反应敏感,而对于不明显的声音,反应则不太敏感。例如,在声音的频谱中,如果某一个频率段的声音比较强,则人就对其他频率段的声音不敏感了。应用此原理,人们发明了 mp3 等压缩的数字音乐格式,在这些格式的文件里,只突出记录了人耳较为敏感的中频段声音,而对于较高和较低频率的声音则简略记录,从而大大压缩了所需的存储空间。掩蔽效应可分成频域掩蔽和时域掩蔽。

1)频域掩蔽指一个强纯音会掩蔽在其附近同时发声的弱纯音,也称同时掩蔽,如图3-37所示。从图中可以看到,声音频率在300Hz附近、声强约为60dB的声音掩蔽了声音频率在150Hz附近、声强约为40dB的声音和声音频率在400Hz附近、声强约为30dB的声音。例如,一个声强为60dB、频率为1000Hz的纯音,另一个声强为42dB、1100Hz的纯音,前者比后者高18dB,如果同时发声耳朵就只能听到1000Hz的强音。如果有一个1000Hz的纯音和一个声强比它低18dB的2000Hz的纯音,若同时发声则耳朵会听到这两个声音。要想让2000Hz的纯音也听不到,则需要把它降到比1000Hz的纯音低45dB。一般来说,弱纯音离强纯音越近就越容易被掩蔽。

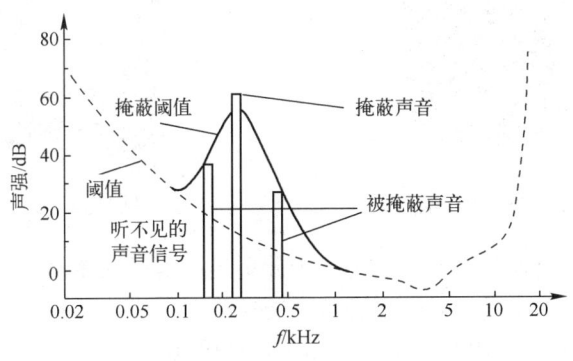

图3-37 频域掩蔽

2)时域掩蔽指掩蔽效应发生在掩蔽声与被掩蔽声不同时出现的情况。时域掩蔽又分为超前掩蔽和滞后掩蔽。如果掩蔽声音出现之前的一段时间之内发生掩蔽效应,则成为超期掩蔽,否则称为滞后掩蔽。产生时域掩蔽的主要原因是人的大脑处理信息需要花费一定的时间。一般来说,超前掩蔽很短,只有5~20ms,而滞后掩蔽可以持续50~200ms。

(8)立体声

立体声是指具有立体感的声音。立体声包括了直达声、反射声和混响声。自然界发出的声音是立体声,但如果把这些立体声经记录、放大等处理后再重放时,所有的声音都从一个扬声器放出来,这种重放声(与原声源相比)就不是立体的了。这是由于各种声音都从同一个扬声器发出,原来的空间感(特别是声群的空间分布感)也消失了。这种重放声称为单声。如果从记录到重放整个系统能够在一定程度上恢复原发生的空间感(不可能完全恢复),那么,这种具有一定程度的方位层次感等空间分布特性的重放声,称为音响技术中的立体声。

2. 扬声器

扬声器是一种十分常用的电声转换器件,是一种固定式的听觉感知设备,如图3-38所示。通过它能够让多个用户同时听到声音。扬声器的主要问题是在虚拟现实系统中,很难控制用户两个耳膜收到的信号,以及两个信号之差。当调节给定的虚拟现实系统,并对给定的用户头部位置提供适当的感知时,如果用户头部离开该位置,这种感知就会很快消失。

扬声器一般在投影式虚拟系统中使用，但会与投影屏互相影响。若扬声器放在屏幕前，会妨碍视觉效果；但放在屏幕后，则影响声音的输出。给扬声器选择一个合适的位置很关键。扬声器也可以在基于头部的视觉现实设备中使用，非常方便。

3．耳机

与扬声器相比，耳机尽管只能给一个用户使用，但使用更加方便灵活，移动性好，尤其适合虚拟系统中经常发生移动的环境，如图 3-39 所示。

图 3-38　扬声器　　　　　　　　图 3-39　耳机

与扬声器相比，耳机通常是双声道的，因此更容易实现立体声和三维虚拟声音，能够提供高质量的沉浸感。但由于用户必须把耳机安装在头部，增加了负担，且发声功率低，只能刺激用户耳膜，不能刺激其他的身体器官，影响用户的真实感。

3.3.3　触觉感知设备

触觉同样是人类感知世界的重要通道之一，是指分布于全身皮肤上的神经细胞接受来自外界的温度、湿度、疼痛、压力、振动等方面的感觉。触觉反馈由接触反馈和力反馈两部分组成。

1）接触反馈可以传送接触表面的几何结构、虚拟对象的表面硬度、滑度和温度等实时信息，接触反馈体现了作用在人皮肤上的力，反映了人类触摸的感觉，或皮肤上受到的压力的感觉。

2）力反馈可以提供虚拟对象的表面柔软性、重量和惯性等实时信息。力反馈是作用在人的肌肉、关节和肌腱上的力。

接触反馈和力反馈是两种不同形式的力量感知，两者不可分割。当用户感觉到物体的表面纹理时，同时也感觉到了运动阻力。在虚拟环境中，这两种反馈都是使用户具有真实体验的交互手段，也是改善虚拟环境的一种重要方式。

人的大部分触觉来自于手、力臂、腿和脚，但感受密度最高的应该是指尖。指尖能够区分出距离 2.5mm 的两个接触点，而人的手掌却很难区别出距离为 11mm 以内的两个点，用户的感觉就好像只存在一个点。

1．接触反馈设备

目前，由于技术原因，成熟的接触反馈设备只能提供最基本的"接触"的感觉，还不能提供材质、纹理及温度等感觉，并且接触反馈设备仅局限于手指接触反馈设备。常用的接触反馈设备有充气式接触手套和振动式接触反馈手套。

(1) 充气式接触手套

美国莱斯大学工程专业的学生在 2015 年制作了一款充气式接触手套,原型包含一个控制电路板(固件)作为触觉设备和计算机之间的接口,可以用来控制和监测设备的性能,如图 3-40 所示。

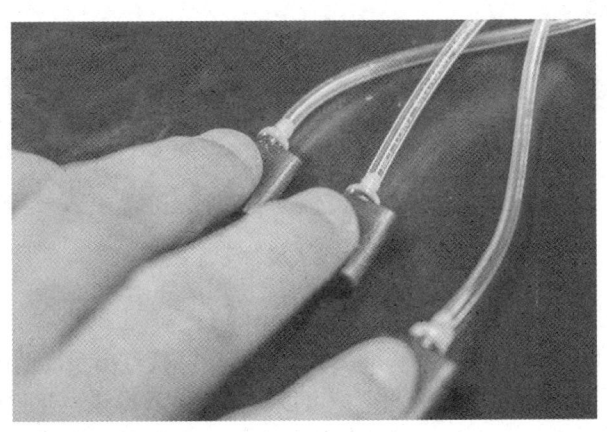

图 3-40　充气式接触手套原型

充气式接触手套的实际产品如图 3-41 所示,该手套选择使用可充气气囊作用于手指产生触觉,该设备的空气供应气囊、手指气囊以及它们之间 1/16 英寸的管道均由 3D 打印机打印。供应气囊借助伺服电动机和凸轮附件把空气输送至手指气囊,同样利用小型气阀直接让供应气囊输送空气到手指气囊。这样只使用一个伺服电动机便可为 5 个手指或独立的任何手指充气。整个装置可以安装在前臂上,是无线控制的。手套的各个手指是独立的,由于小指在日常生活中的作用并不是很大,无名指和小指的压力触发是来自同一个信号。

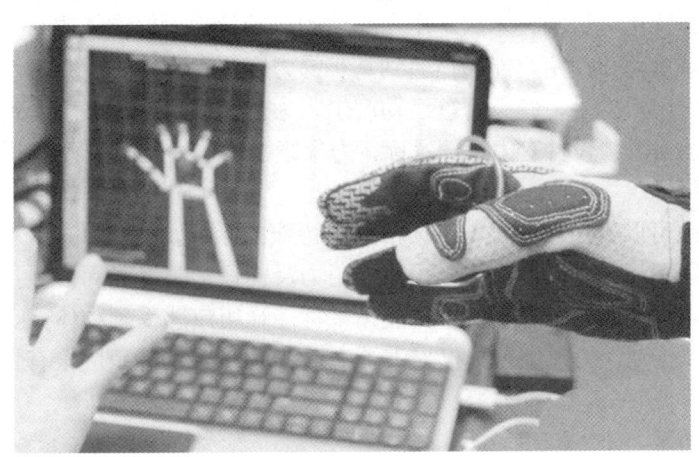

图 3-41　充气式接触手套产品

(2) 振动式接触反馈手套

Neuro Digital 技术团队所发明的 Gloveone 手套属于振动式接触反馈手套,如图 3-42 所示。它能让用户感受并触摸从屏幕上或是虚拟现实头盔中看到的任何虚拟对象。例如,如果屏幕上显示了一个虚拟苹果，只要戴上 Gloveone 手套，就可以感受到它的形状、重量以及其他物理特征，甚至还可以体验敲碎苹果的感觉。

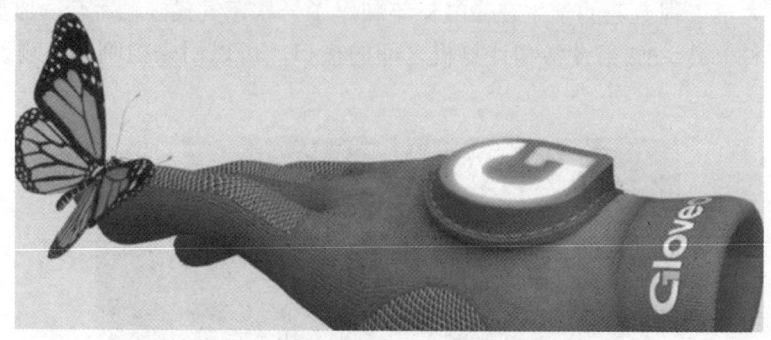

图 3-42　振动式接触反馈手套

Gloveone 是把触觉转化成了震动感。在 Gloveone 手套上的手掌与指尖部位，安装了若干个制动器，它们可以按照不同的频率和强度独立震动，模拟出精准的触感。Gloveone 手套内置了 9 轴惯性测量单元传感器，因此用户可以利用相关数据进一步提升使用体验。此外，用户只需简单地触碰一下手指，就可以执行操作命令。在手掌、大拇指、食指及中指上有 4 个传感器，可以监测彼此间的交互，所以用户只要戴上手套就能在虚拟现实环境中做很多操作，例如，在游戏中开枪、抓住掉落的花瓣、控制操作菜单等。相对于手势操作，这种手指操控精准度更高。

Gloveone 手套只与触觉反馈相关，无法提供空间追踪功能，因此需要依赖一些辅助传感器，如 Leap Motion 或英特尔 RealSense 来进行头部追踪工作，也可以将 Gloveone 手套与其他传感器或技术集成在一起，如微软的 Kinect 或 OpenCV。

2．力反馈设备

力反馈设备是采用先进的技术跟踪用户身体的运动，将虚拟物体的空间运动转换成对周围物理设备的机械运动，使用户能够体验到真实的力度感和方向感。其工作原理是由计算机通过力反馈系统对用户的手、腕、臂等运动产生阻力，使得用户能够感受到作用力的方向和大小。目前常用的力反馈设备有力反馈鼠标、力反馈手臂、力反馈手套等。

（1）力反馈鼠标

力反馈鼠标是可以给用户提供力反馈信息的特殊鼠标，如图 3-43 所示。力反馈鼠标的使用方法和普通鼠标相似，区别在于当用户使用力反馈鼠标时，光标接触到任何物体时，感觉就如同用手真正触摸到它一样逼真。力反馈鼠标能让用户感受到物体真实的表面纹理、弹性、质地、磁性和振动。力反馈鼠标仅提供了 2 个自由度，功能范围很有限，目前主要应用于娱乐领域。

（2）力反馈手臂

早期为了控制远程机器人，科技人员对力反馈手臂开展了研究。力反馈手臂可以用来仿真物体重量、惯性及与刚性物体接触时对人手产生的力反馈。力反馈手臂使用不太方便，因此，目前被灵活方便的个人触觉接口（Personal Haptic Interface Mechanism，PHANToM）所取代，如图 3-44 所示。

图 3-43 力反馈鼠标

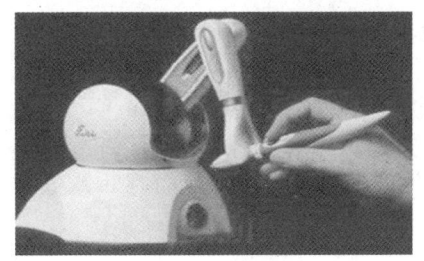
图 3-44 力反馈手臂

PHANToM 接口的主部件是一个末端带有铁笔的力反馈臂,有 6 个自由度,其中 3 个是活跃的,可以提供平移力反馈。铁笔的朝向是被动的,因此不会有转矩作用在用户的手上。力反馈手臂的空间接近用户手腕的活动空间,非常灵活,用户的前臂放在一个支撑物上,其结构组成如图 3-45 所示。

力反馈技术已经被应用于医学和军事领域,如 VOXEL-MAN TempoSurg 岩骨手术模拟器就是一款专用的中耳手术训练工具,以高分辨率 CT 数据得出的颅底 3D 模型为基础研制而成,如图 3-46 所示,力反馈手臂在该模拟器下方。医生可通过镜子看到立体模式显示图像,使用镜子下方的力反馈手臂,可以让钻针在手术区域内自由移动。由于模拟程序与真实的患者方向、医生观察方向以及手部方向几乎相同,所以力反馈手臂可模拟与真实手术相近的触觉效果。

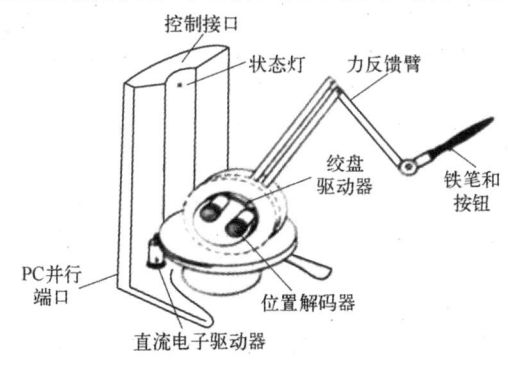
图 3-45 力反馈手臂结构组成

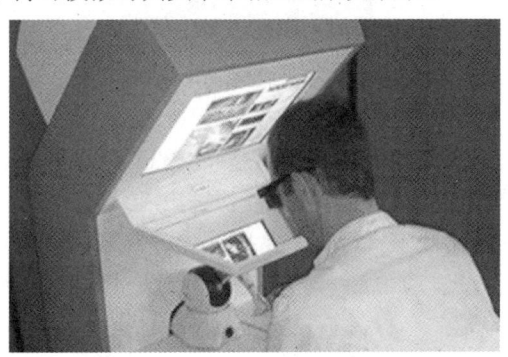
图 3-46 力反馈手臂的应用

(3)力反馈手套

力反馈手套是一款最接近人手的机械手,如图 3-47 所示。力反馈手套借助数据手套的触觉反馈功能,使用户能够用手体验虚拟世界,并能在与虚拟的三维物体进行交互的过程中感受到物体的移动和反应。

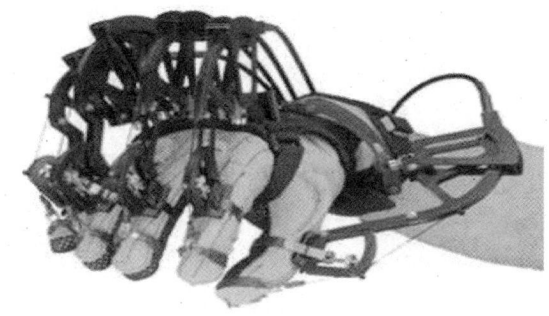
图 3-47 力反馈手套

3.3.4 肌肉/神经交互设备

图 3-48 所示的 MYO 臂环是一款肌肉/神经交互设备，由加拿大 Thalmic Labs 公司于 2013 年初推出。MYO 臂环的基本原理是：臂带上的感应器可以捕捉到用户手臂肌肉运动时产生的生物电变化，从而判断佩戴者的意图，再将计算机处理的结果通过蓝牙发送至受控设备。

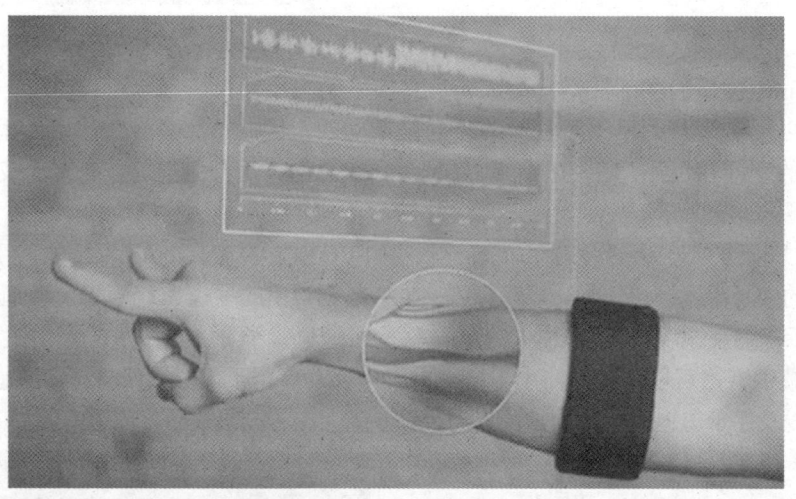

图 3-48 MYO 臂环

与医疗电极不同的是，MYO 臂环并不直接与皮肤接触，用户只需将臂环随意套在手臂上即可。MYO 臂环可以识别出 20 种手势，甚至手指的轻微敲击动作也能被识别，用户可以利用手势来进行一些常用的触屏操作，如对页面进行放大缩小和上下滚动等，甚至还能操控无人机，如图 3-49 所示。另外，MYO 臂环还能对他人产生的不规则噪声自动予以屏蔽。

图 3-49 通过 MYO 臂环控制无人机

3.3.5 语言交互设备

阿里人工智能实验室推出首款智能语音终端设备天猫精灵 X1,如图 3-50 所示。该设备是典型的语言交互设备,集合了语音识别、自然语言处理、人机交互等技术,拉近了普通消费者和 AI(人工智能)的距离。

天猫精灵 X1 内置了第一代中文人机交流系统 AliGenie。它的一大特点是使用了第一个商用化的声纹识别及购物系统,能够识别每个人的身份。声纹识别技术会根据声音条件识别出不同的使用者,以此保证使用的安全性和私密性。

除了放音乐、讲故事、管理家庭智能设备,以及缴费、购物,天猫精灵 X1 还具有很多交互功能,如管理行程、查天气、找手机、问百科、设闹钟、查食物热量、查快递、查价格等,还全面接入了 KEEP 健身课程。天猫精

图 3-50　天猫精灵 X1

灵 X1 采用了专门为智能语音行业开发的芯片,在解码、降噪、声音处理、多声道的协同等方面做了专门的优化处理。针对需要进行大量音频处理、声音合成的工作环境,加入了独立的 NEON 处理单元。NEON 技术可加速音频和语音处理、电话和声音合成等,从而带来更优秀的语音识别及音频处理效果。

天猫精灵 X1 在降噪技术上做了大量研究,还使用了回声对消和远近场拾音等技术;在收音方案上采用了六麦克风收音阵列技术,有助于收集来自不同方向的声音,从而更容易在周围的噪音中识别出有用的信息,达到更好的远场交互效果。

3.3.6 意念控制设备

在人的思想集中在某件物品上时,戴在头部的意念控制设备的传感器能够测量到脑电波。与传感器相连接的微型计算机收到该电波后,可向该物品发出信号,如图 3-51 所示。例如,使用 BBC iPlayer 耳机时,集中注意力保持专注 10s 就可以换台,如图 3-52 所示。

图 3-51　意念控制设备

图 3-52　BBC iPlayer

新一代假肢也能实现意念控制,甚至让使用者感觉到假肢所接触的物品。约翰·霍普金斯大学应用物理实验室的工程师们研制的机械手臂拥有 26 个关节,能够拿起大约 20.4 千克的物品,而这是可以通过人的意念进行控制的,如图 3-53 所示。

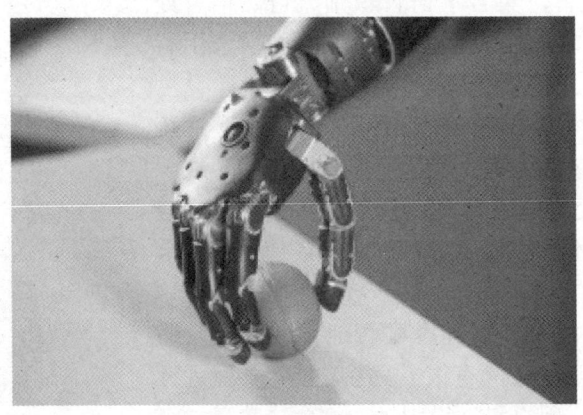

图 3-53　机械手臂

3.3.7　三维打印机

除了以上介绍的视觉、听觉、触觉等感知设备外,三维打印机是近年来非常流行的一种输出设备。打印机的产量以及销量在 21 世纪以来就已经得到了极大的增长,其价格也正逐年下降,如图 3-54 所示。

图 3-54　三维打印机备

3D 打印技术出现在 20 世纪 90 年代中期,是一种以数字模型文件为基础,运用粉末状金属或塑料等可黏合材料,通过逐层打印的方式来构造物体的技术。该技术在珠宝、鞋类、工业设计、建筑、工程、施工、汽车、航空航天、医疗产业、教育、地理信息系统、土木工程、枪支以及其他领域都有所应用。通过三维立体打印制造的汽车模型和枪械模型分别如

图 3-55 和图 3-56 所示。

图 3-55　3D 打印汽车模型

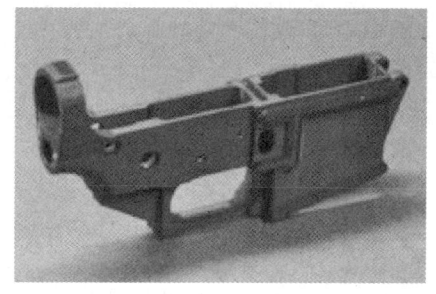

图 3-56　3D 打印枪械模型

习题

一、填空题

1. 虚拟现实系统的硬件设备主要包括_____、_____和_____。
2. 影响图形工作站的主要因素有_____、_____、_____、_____。
3. 光学跟踪器使用的技术有_____、_____和_____。
4. 虚拟现实系统常用的人机交互设备有_____、_____和_____。
5. 快速建模设备主要有_____和_____。
6. 头盔显示器主要分为_____、_____和_____。
7. 墙式投影显示设备分为_____和_____。
8. 听觉感知设备主要有_____和_____。
9. 触觉反馈由_____和_____两部分组成。
10. 常用的接触反馈设备有_____和_____。

二、简答题

1. 虚拟现实应用的个人计算机配置有哪些基本要求？
2. 跟踪定位设备的作用是什么？包括哪些种类？
3. 机械跟踪器与惯性跟踪器相比有何区别？
4. 数据衣的工作原理是什么？
5. 3D 扫描仪可以分成哪几类？各具有哪些特点？
6. 视域和视角有何区别？
7. 吊杆式显示器有何特点？
8. 洞穴式显示设备有何特点？
9. 墙式投影显示设备可以分成哪几类？各具有哪些特点？
10. 3D 打印技术的应用领域有哪些？

第 4 章　虚拟现实开发软件和语言

学习目标
- 了解常用的三维建模软件
- 掌握一种三维建模软件的基本操作
- 了解虚拟现实开发平台及其特点
- 了解虚拟现实常用开发语言
- 掌握 JavaScript 的基本语法

虚拟现实的相关开发软件，在虚拟现实开发过程中承担着建立三维场景、实现交互以及开发应用功能等方面的任务。尽管虚拟现实的相关开发软件有多种，但三维建模软件、虚拟现实开发平台以及虚拟现实开发语言是其中不可或缺的部分。

4.1 三维建模软件

虚拟现实注重的是真实感和沉浸感，为了给用户创建一个能使其身临其境的环境，必要条件之一就是创建一个逼真的三维场景。因此，三维建模技术在虚拟现实开发中发挥着重要的作用，是虚拟现实技术开发的基础。虚拟现实开发中常用的 3D 建模软件有 3ds Max、Maya、SketchUp、Cinema 4D 及 Rhino（犀牛）等，本节主要介绍 3ds Max、Maya 和 Cinema 4D 软件。

4.1.1　3ds Max

Autodesk 3D Studio Max，简称为 3ds Max 或 Max，是 Autodesk 公司开发的基于 PC 系统的三维动画渲染和制作软件，软件欢迎界面如图 4-1 所示。3ds Max 广泛应用于建筑设计表现、游戏开发、虚拟现实、影视动画广告、模拟仿真、辅助教学、工程可视化等领域。

图 4-1　3ds Max 的欢迎界面

1. 3ds Max 简介

3ds Max 前身是 3D Studio，于 1990 年 Autodesk 的多媒体部正式推出。曾在 DOS 平台上和军事、建筑行业独领风骚，随着 Windows 操作系统和基于 CGI 工作站的大型三维设计软件 Softimage、Lightwave 等的普及，1996 年 4 月，第一个 Windows 版本的 3D Studio 系列诞生，称为 3D Studio Max 1.0。此后的 3ds Max 不断开发各种插件，并吸收一些优秀的插件，成为一款非常成熟的大型三维动画设计软件，不仅有了完整的建模、渲染、动画、动力学、毛发、粒子系统等功能模块，还具备了完善的场景管理和多用户、多软件的协作能力。2005 年 10 月 11 日，Autodesk 公司发布了 3ds Max 8 官方正式中文版，正式走入中文用户的世界。3ds Max 也在随着科技的发展而不断革新，它以广大的中低级用户作为主要销售对象，不断提升自身的功能，逐步向高端软件发展，为使用者提供更好的性价比产品。3ds Max 也逐渐占据了游戏开发、广告制作、建筑效果图和漫游、影视动画的市场中的主流地位，成为使用最为广泛的三维动画软件之一。随着计算机硬件的发展，3ds Max 功能在不断完善，版本也不在不断地更新。

2. 3ds Max 的主要功能与特点

3ds Max 有多种建模方法，包括基本几何体建模、2D 转 3D 建模、修改器建模、网格（Mesh）建模、多边形（Polygon）建模、面片（Patch）建模和 Nurbs 建模等。常用的是以多边形建模为主，配合其他建模方法。

3ds Max 的渲染功能十分强大，自带扫描线（Scanline）渲染器，3ds Max 还内置了 Mental Ray 渲染器，可以连接渲染器插件 Vray、Finalrender、Brazil、Lightscape 等。

3ds Max 的动画功能也相当强大，支持关键帧动画、层次动画、角色动画等。关键帧动画可以为所有属性设置动画，实现物体移动、旋转、缩放等基础变换动画。通过具有父子关系物体的层次动画设置，可以实现父物体带动子物体运动，或者通过反向动力学实现子物体带动父物体运动。3ds Max 提供了角色动画系统和群组动画来创建人体骨骼系统 Biped，通过 Physique 修改器蒙皮，实现通过骨骼控制人物网格的运动。角色动画系统通过关键帧动画设计和叠加角色多个动作，直接加载由动作捕捉系统生成的.bip 等格式的动画文件。

4.1.2 Maya

Maya 是美国 Autodesk 公司推出的三维动画软件，主要用于专业的影视广告、角色动画、电影特技等的制作。Maya 软件的 LOGO 如图 4-2 所示。

图 4-2 Maya 的 LOGO

1. Maya 简介

Maya 是一款功能强大的三维动画图形图像软件,几乎提供了三维创作中要用到的所有工具,能创作出任何可以想象到的造型、特技效果,以及现实中无法完成的工程,小到显微镜才能看到的细胞,大到整个宇宙空间、超时空环境。Maya 制作效率高,渲染真实感强,是电影级别的高端制作软件。

Maya 是美国 Wavefront 的 The Advanced Visualizer、法国 Thomson Digital Image(TDI)的 Explore 和加拿大 Alias 的 Power Animator 这 3 款软件的结晶,由 Alias|Wavefront 公司在 1998 年推出,曾获奥斯卡科学技术贡献奖等殊荣。Maya 随着软件版本的更新,工作效率和工作流程不断得到提升和优化。

2. Maya 的主要功能与特点

Maya 集成了 Alias、Wavefront 先进的动画及数字效果技术,不仅包括一般三维和视觉效果制作的功能,还与先进的建模、数字化布料模拟、毛发渲染、运动匹配技术相结合。掌握了 Maya,会极大地提高制作效率和品质,调节出仿真的角色动画,渲染出电影一般的真实效果。Maya 的主要模块及其功能如下。

(1) Modeling(模型)

模型是整个三维建模中的第一道工序,一个高质量的模型对后序流程是至关重要的。Maya 提供了 3 种建模方式,即 NURBS、Polygon 和 Subdivision,运用最多的是 Polygon。Polygon 的优点在于容易掌握、好操作、节省系统资源等。

(2) Animation(动画)

Animation 是赋予角色生命的关键一环。角色动画需要丰富的经验,不但要掌握大量的动画原理知识,还要对动画规律有较全面的认识,以及演员与导演能力等。Maya 主要对物体进行路径动画、变形,设定骨骼、绑定,约束及创建角色等。

(3) Dynamics(动力学)

Dynamics 一直是三维软件的一个难点。虽然动力学相关的插件都层出不穷,但都不能完全解决存在的问题。Maya 将动力学分为粒子、刚体/柔体、力场,Maya4.5 以后的版本又增加了流体动力学、布料和毛发。一般使用粒子结合力场来模拟各种特效,例如,燃烧、爆炸、风、云、雨、水、烟雾、火等。

(4) Rendering(渲染)

Rendering 是三维软件必备的工具包,承担着场景输出的重任,是非常重要的一环。在 Maya 中渲染包括渲染器、灯光、材质和 Paint Effect 等内容,还有很多第三方插件可以直接和 Maya 挂接使用,例如,mental ray for Maya、Maya man、render man for Maya 等都支持全局光照和光能传递,从而提高渲染质量和场景的真实性,但是必须以消耗大量的硬件资源和时间为代价。

(5) Cloth(布料)

在动画制作中,布料制作必不可少,而且布料解算与前期的模型、动画、绑定、材质都有重要的联系。例如,模型的合理布线和面数的多少直接影响到布料的质感,动画的流畅和镜头之外关键帧的合理表现也会直接影响到布料的制作效果和周期,绑定环节权重的分配是否均匀合理也与布料有很大的关系。Maya 的布料模块功能比较强大,主要用来快速、精确地模拟多种衣服和其他布料。

3. Maya 和 3ds Max 的区别

Maya 和 3ds Max 并无优劣之分,但用途却有不同。两者的区别主要体现在以下 3 个方面。

1)用户界面:Maya 的用户界面比 3ds Max 更人性化,Maya 作为三维动画软件的后起之秀,在动画领域深受欢迎。

2)软件应用:Maya 主要用来进行动画片制作、电影制作、电视栏目包装、电视广告、游戏动画制作等。3ds Max 主要用来进行动画片制作、游戏动画制作、建筑效果图、建筑动画等。

3)功能:Maya 的 CG 功能十分全面,包括建模、粒子系统、毛发生成、植物创建、衣料仿真等。3ds Max 拥有大量的插件,可以较高效率地完成工作。

4.1.3 Cinema 4D

Maxon Cinema 4D(简称 C4D)是由德国公司 Maxon Computer 开发的一款功能超强的三维设计软件,以极高的运算速度和强大的渲染著称。Cinema 4D 的 LOGO 如图 4-3 所示。

图 4-3 Cinema 4D 的 LOGO

1. Cinema 4D 简介

Cinema 4D 的前身是 FastRay,在 1991 年 FastRay 更新到了 1.0,此时还并没有涉及三维领域。1993 年 FastRay 更名为 CINEMA 4D 1.0,仍然在 Amiga 上发布。1996 年 CINEMA 4D V4 发布苹果版与 PC 版。自 2004 年 R9 版本的推出后,其功能大大完善,并引起业界的极大关注及赞誉,被业界誉为"新一代的三维动画制作软件",并开始大量应用于各类影视制作中。2006 年 R10 版本的推出,更被广大用户誉为"革命性的升级"。在电影、电视、游戏开发、医学成像、工业、建筑设计、印刷设计或网络制图等方面,Cinema4D 都以其丰富的工具包为用户提供更多的帮助和更高的效率。与其他 3D 软件一样,Cinema 4D 具备高端 3D 动画软件的所有功能,但是,Cinema 4D 的工程师更加注重工作流程的流畅性、舒适性、合理性、易用性和高效性。因此,使用 Cinema 4D 会让设计师在创作、使用过程中更加得心应手,将更多的精力置于创作之中。

2. Cinema 4D 主要功能和特点

Cinema 4D 拥有强大的 3D 建模功能,主要包含 MoGraph 系统、毛发系统、高级渲染模块、动力学模块、骨架系统、网络渲染模块、云雾系统和粒子系统等。Maxon Cinema 4D 快速、强大、灵活和稳定的工具集使设计、VFX、AR/MR/VR、游戏开发和可视化工作变得更灵活和高效。

Cinema 4D 支持多重处理、整批成像和可输出 Alpha 通道,还支持 10 多种输出格式。

Cinema 4D 广泛应用于广告、电影和工业设计等，逐渐成为电影公司的首选软件。

Cinema 4D 文件常用格式为.c4d，可导出 fbx、obj、c4d、3DS、dae、dxf 等常用三维格式。C4D 模型具有文体体积小，渲染速度快的特点。

相对而言，C4D 软件具有以下几个突出的特点。

1）文件转换优势。从其他三维软件导入的项目文件均可直接使用，而不用担心有文件损失等问题。

2）功能强大的毛发系统。C4D 的毛发系统，具有高水平的交互操作能力，可以对毛发添加动力场，是一个完整的毛发制作体系，可快速造型，且可以渲染出各种所需效果。

3）高级渲染模块。C4D 拥有快速的渲染速度，可以在最短的时间内创造出最具质感和真实感的作品。

4）BodyPaint 3D。使用该模块可以直接在三维模型上进行绘画，有多种笔触支持压感和图层功能，功能强大。

5）MoGraph 系统将类似矩阵式的制图模式变得简单有效且极为方便。例如，一个单一的物体，经过奇妙的排列和组合，并配合各种效应器，可以使得单调的简单图形也会有不可思议的效果。

6）C4D 预制库。C4D 拥有丰富而强大的预制库，预制库中包含各种模型、贴图、材质、照明、环境、动力学，甚至摄像机镜头预设，可大大提高工作效率。

7）C4D 可无缝与后期软件 After Effects 衔接。

3．C4D 与 Maya 的区别

与 C4D 相比，Maya 上手难度相对较大，要想深入 Maya 的底层，需要掌握 Maya 独有的 mel 语言。Maya 的优势主要集中于角色动画方面，但目前市场流通性略差于 C4D。

C4D 是后起之秀，近几年在国内非常流行；C4D 还有专门为栏目包装准备的 MoGragh 模块，在图形动画、阵列动画方面比较有优势。

4．C4D 与 3ds Max 的区别

- 操作界面方面：3ds Max 的界面较为混乱，对新手可能不太友好；而 C4D 的界面简洁，各个模块一目了然。
- 渲染方面：3ds Max 的默认渲染扫描线渲染器效果一般，比较依赖于外置渲染器 Vray；C4D 的默认渲染器较为强大，渲染速度和质量较好，也可以借助第三方渲染器 octance、arnold 及 redshift 来达到更好的效果。
- 软件整合度方面：C4D 可以制作 AI 交互效果，和后期合成软件 After Effects 衔接，这是其他软件不能及的。

3ds Max、Maya 和 C4D 都是三维建模软件，功能都很强大，在基础建模方面都不逊色。区别在于各自的主要应用领域不同，C4D 一般用于栏目包装、工业设计等，在这个方面有很多模块比另外两个强大很多，也方便很多。Maya 主要应用于动画和特效，而 3ds Max 更倾向于建筑和工业。

4.2 虚拟现实开发平台

虚拟现实开发平台具有对建模软件制作的模型进行组织显示，并实现交互等功能。目前较为常用的虚拟现实开发平台包括 Unity、Unreal Engine、VRP、Virtools、Vizard 等。

虚拟现实开发平台可以实现逼真的三维立体影像，实现虚拟的实时交互、场景漫游和物体碰撞检测等。因此，虚拟现实开发平台一般具有以下基本功能。

（1）实时渲染

实时渲染的本质就是图形数据的实时计算和输出。一般情况下，虚拟场景实现漫游时需要实时渲染。

（2）实时碰撞检测

在虚拟场景漫游时，当人或物在前进方向被阻挡时，人或物应该沿着合理的方向滑动，而不是被迫停下，同时还要做到足够的精确和稳定，防止人或物穿墙而掉出场景。因此，虚拟现实开发平台必须具备实时碰撞检测功能才能设计出更加真实的虚拟世界。

（3）交互性强

交互性的设计也是虚拟现实开发平台必备的功能。用户可以通过键盘或鼠标完成虚拟场景的控制，例如，可以随时改变在虚拟场景中漫游的方向和速度、抓起和放下对象等。

（4）兼容性强

软件的兼容性是现代软件必备的特性。大多数的多媒体工具、开发工具和 Web 浏览器等，都需要将其他软件产生的文件导入。例如，将 3ds Max 设计的模型导入相关的开发平台，开发平台要能对导入的模型添加交互控制等。

（5）模拟品质佳

虚拟现实开发平台可以提供环境贴图、明暗度微调等特效功能，使得设计的虚拟场景具有逼真的视觉效果，从而达到极佳的模拟品质。

（6）实用性强

实用性强即开发平台功能强大，要求可以对一些文件进行简单的修改，如图像和图形修改；能够实现内容网络版的发布，创建立体网页与网站；支持 OpenGL 以及 Direct3D；对文件进行压缩；可调整物体表面的贴图材质或透明度；支持 360°旋转背景；可将模拟资料导出成文档并保存；合成声音、图像等。

（7）支持多种 VR 外部设备

虚拟现实开发平台应支持多种外部硬件设备，包括键盘、鼠标、操纵杆、方向盘、数据手套、六自由度位置跟踪器及轨迹球等，从而让用户充分体验到虚拟现实技术带来的乐趣。

4.2.1 Unity

1．Unity 简介

Unity 是由 Unity Technologies 开发的一个多平台的综合型游戏开发工具，是一个全面整合的专业游戏引擎，其标志如图 4-4 所示。它可以让玩家轻松创建如三维视频游戏、建筑可视化、实时三维动画等类型的互动内容。其编辑器运行在 Windows 和 Mac 系统下，可发布游戏至 Windows、Mac、iOS、Windows Phone、Android、PlayStation、XBOX、Wii 等平台。也可以利用 Unity Web Player Development 插件发布网页游戏，支持 Mac 和 Windows 的网页浏览。

图 4-4　游戏开发引擎 Unity

据不完全统计，目前国内有 80%的 Android、iPhone 手机游戏使用 Unity 进行开发。例如，《神庙逃亡》《纵横时空》《将魂三国》《争锋 Online》《萌战记》《绝代双骄》《蒸汽之城》《星际陆战队》《新仙剑奇侠传 Online》《武士复仇 2》《UDog》等游戏均是使用 Unity 开发的。

Unity 不仅限于游戏行业，在虚拟现实、增强现实、工程模拟、3D 设计、建筑设计展示等方面也有着广泛的应用。国内使用 Unity 进行虚拟仿真教学平台、房地产三维展示等项目开发的公司非常多，例如，绿地地产、保利地产、中海地产、招商地产等房地产公司的三维数字楼盘展示系统，很多都是使用 Unity 进行开发的，较典型的有《飞思翼家装设计》《状元府楼盘展示》等。

郑州升达经贸管理学院信息工程学院学生使用 Unity 开发的《升达信工实验室》项目如图 4-5 所示。

a) b)

c)

图 4-5　Unity 开发的《升达信工实验室》项目
a) 启动界面　b) Windows 平台运行效果　c) Android 平台运行效果

Unity 提供强大的关卡编辑器，支持大部分主流的 3D 软件格式，使用 C#或 JavaScript 等语言实现脚本功能，使开发者无须了解底层复杂的技术就可快速地开发出具有高性能、高品质的交互式产品。

随着 iOS、Android 等移动设备的大量普及和虚拟现实在国内的兴起，Unity 因其强大的功能、良好的可移植性，得到了广泛的应用和传播。

2．Unity 界面及菜单介绍

（1）Unity 界面布局

图 4-6 所示为 Unity 经典 2 by 3 布局界面，界面显示了 Unity 最为常用的几个面板，下面对各个面板进行详细说明。

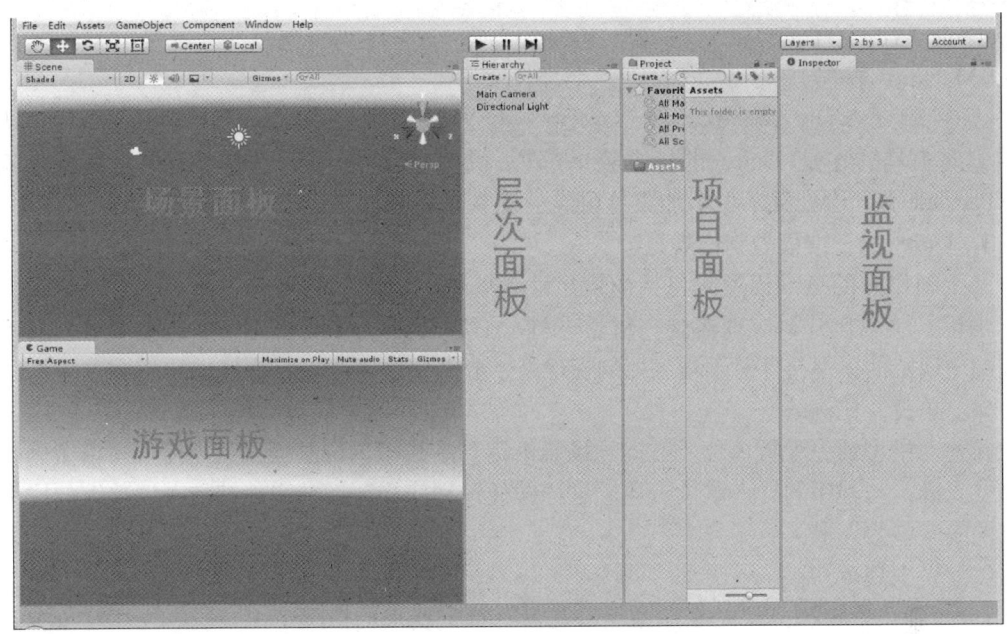

图 4-6 Unity 界面布局

Scene（场景面板）：该面板为 Unity 的编辑面板，可以将所有的模型、灯光、摄像机及其他对象拖放到该场景中，还可以在该面板中选择、复制、移动、旋转和缩放对象。

Game（游戏面板）：与场景面板不同，该面板不能编辑，主要用来预览和测试场景的运行效果和交互效果。

Hierarchy（层次面板）：该面板的主要功能是创建、显示和编辑场景面板中创建的所有物体对象。

Project（项目面板）：该面板的主要功能是显示该项目文件中的所有资源，除了模型、材质、图片、音频、预制对象、UI 对象等，还包括该项目的所有场景文件。

Inspector（监视面板）：该面板用来显示和编辑场景对象所包含的组件和属性，包括三维坐标、旋转量、缩放大小、脚本的变量和组件信息等。

场景调整工具：可改变用户在编辑过程中的场景视角、物体法线中心的位置、物体在场景中的坐标位置、旋转角度、缩放大小等，以及更换物体世界坐标和本地坐标。

"播放""暂停""逐帧"按钮：用于运行游戏、暂停游戏和逐帧调试程序。

"层级显示"按钮：选中或取消选中该下拉列表框中对应层选项，就能决定该层中所有物体是否在场景面板中显示。

"版面布局"按钮：调整该下拉列表框中的选项，即可改变编辑面板的布局。

除了 Unity 初始化的这些面板外，还可以通过"Add Tab"按钮和菜单栏中的 Window 下拉菜单，增添其他面板和删减现有面板。Unity 中还包括用于制作动画文件的 Animation（动画面板）、用于观测性能指数的 Profiler（分析器面板）、用于购买产品和发布产品的 Asset Store（资源商店）、用于控制项目版本的 Asset Server（资源服务器）、用于观测和调试错误的 Console（控制台面板）。

（2）Unity 菜单

File　Edit　Assets　GameObject　Component　Window　Help　Unity 菜单栏几乎包含了所有要用到的工具。这是 Unity 的标准菜单选项，每个菜单选项下还有子菜单。当导入某些 unityPackage 包，会在菜单栏增加菜单项或子菜单项。

3．Unity 的三维模型制作规范

一个制作完的三维模型应包括场景尺寸和单位、模型归类塌陷、命名、节点编辑、纹理、坐标、纹理尺寸、纹理格式、材质球等，必须符合制作规范。一个归类清晰、面数节省、制作规范的模型文件对于程序控制管理是十分必要的。

（1）单位、比例统一

在建立模型前先设置单位。在同一场景中用到的模型单位必须一致，模型与模型之间的比例要正确；与程序的导入单位一致，这样即便在程序需要缩放也能够统一调整缩放比例。一般的统一单位为米。

（2）模型规范

1）全部角色模型建议站立在原点。在没有特定要求的情况下，一般以物体对象中心为轴心。

2）面数的控制。对移动设备，一个网格模型控制在 300～1500 个多边形即可达到比较好的显示效果。而对于桌面平台，一个网格模型控制在 1500～4000 个多边形即可。假设游戏中某时刻内屏幕上出现了大量的角色，那么就应该减少每一个角色的面数。例如，游戏"半条命 2"中每一个角色使用 2500～5000 个三角面。

正常单个物体控制在 1000 个面以下，整个屏幕应控制在 7500 个面以下。全部物体不超过 20000 个三角面。

3）整理模型文件尽量做到最大优化。看不到的地方、不需要的面要删除；合并断开的顶点，移除孤立的顶点。注意模型的命名规范，模型在绑定之前必须做一次重置变换。

4）能够复制的物体尽量复制。例如，一个 1000 面的物体，烘焙好之后复制出 100 个，所消耗的资源基本和一个物体消耗的资源一样多。

Unity 软件的具体操作与应用将在第 6 章及以后的章节中进行介绍。

4.2.2　VRP

1．VRP 简介

VRP（Virtual Reality Platform，虚拟现实平台）是一款由中视典数字科技有限公司独立开发的、具有完全自主知识产权的、简单易用的一款虚拟现实软件，如图 4-7 所示。

VRP 适用性强、操作简单、功能强大、高度可视化、所见即所得。VRP 所有的操作都是以设计人员容易理解的方式进行，不需要程序员参与。如果使用者有良好的 3ds Max 建模和渲染基础，那么只要对 VR-Platform 平台稍加学习和研究即可制作虚拟现实项目。

VRP 可广泛应用于城市规划、室内设计、工业仿真、古迹复原、桥梁道路设计、房地产销售、旅游教学、水利电力、地质灾害等众多领域，提供切实可行的解决方案。

第 4 章 虚拟现实开发软件和语言

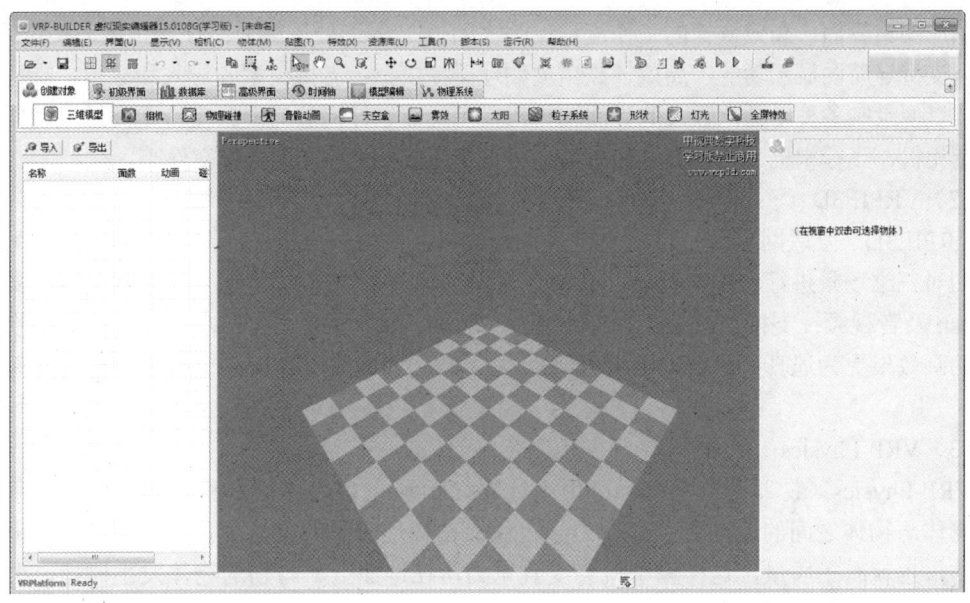

图 4-7 VRP 的操作界面

VRP 以 VR-Platform 引擎为核心，衍生出 VRP-Builder（虚拟现实编辑器）、VRPIE3D（3D 互联网平台，又称 VRPIE）、VRP-Physics（物理模拟系统）、VRP-Digicity（数字城市平台）、VRP-Indusim（工业仿真平台）、VRP-Travel（虚拟旅游平台）、VRP-Museum（网络三维虚拟展馆）、VRP-SDK（三维仿真系统开发包）和 VRP-Mystory（故事编辑器）9 个相关三维产品的软件平台，如图 4-8 所示。

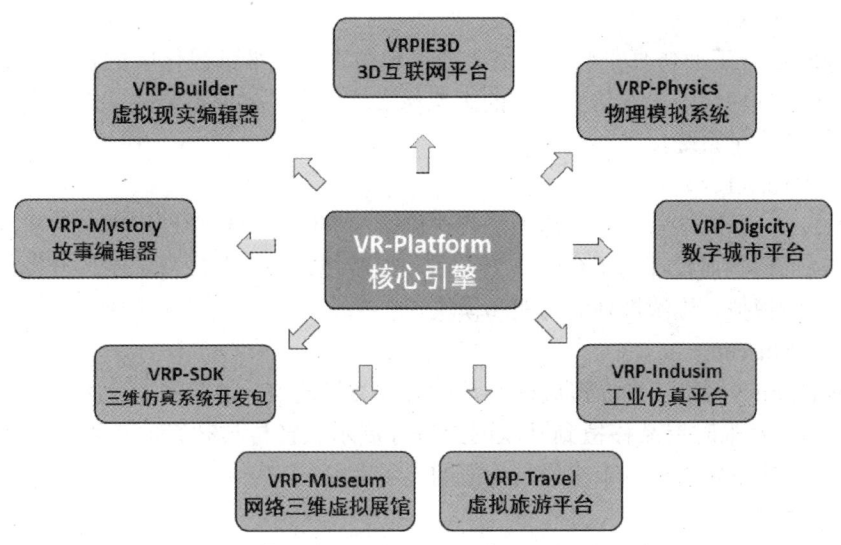

图 4-8 VRP 产品体系

（1）VRP-Builder

VRP-Builder（虚拟现实编辑器）是 VRP 的核心部分，可以实现三维场景的模型导入、后期编辑、交互制作、特效制作、界面设计和打包发布等功能。VRP-Builder 的关键特性包括友

85

好的图形编辑界面；高效快捷的工作流程；强大的 3D 图形处理能力；任意角度、实时的 3D 显示；支持导航图显示功能；高效、高精度物理碰撞模拟；支持模型的导入和导出；支持动画相机，以便录制各种动画；强大的界面编辑器，可灵活设计播放界面；支持距离触发动作；支持行走相机、飞行相机、绕物旋转相机等；可直接生成 exe 独立可执行文件等。

(2) VRPIE3D

VRPIE3D（互联网平台）是用来将 VRP-Builder 的编辑成果发布到因特网，用户可通过因特网对三维场景进行浏览与互动。其特点是无须编程，快速构筑 3D 互联网世界；支持嵌入 Flash 及音视频；支持 Access、MS SQL 及 Oracle 等多种数据库；高压缩比；支持物理引擎，动画效果更为逼真；全自动无缝升级以及与 3ds Max 无缝连接；支持多种格式文件的导入等。

(3) VRP-Physics

VRP-Physics（物理模拟系统）可用来计算 3D 场景中物体与场景之间、物体与角色之间、物体与物体之间的运动交互和动力学特性。在物理引擎的支持下，VR 场景中的模型有了实体，也就有了质量，这样模型就会受到重力落在地面上、与别的物体发生碰撞、会因为压力而变形，或有液体在表面上流动。

(4) VRP-Digicity

VRP-Digicity（数字城市平台）是结合"数字城市"的需求，针对城市规划与城市管理工作而研发的一款三维数字城市仿真平台软件。其特点是建立在高精度的三维场景上；承载海量数据；运行效率高；网络发布功能强大；让城市规划摆脱生硬复杂的二维图纸，使设计和决策更加准确；辅助于城市规划领域的全生命周期，从概念设计、方案征集，到详细设计、审批，直至公示、监督、社会服务等。

(5) VRP-Indusim

VRP-Indusim（工业仿真平台）是集工业逻辑仿真、三维可视化虚拟表现、虚拟外设交互等功能于一体的应用于工业仿真领域的虚拟现实软件，包括虚拟装配、虚拟设计、虚拟仿真、员工培训 4 个子系统。

(6) VRP-Travel

VRP-Travel（虚拟旅游平台）是为了解决旅游和导游专业教学过程中实习资源匮乏，实地参观成本高的问题而设计的平台，还为导游、旅游规划等专业量身定制，开发出了适用于导游实训、旅游模拟、旅游规划的功能和模块。

(7) VRP-Museum

VRP-Museum（网络三维虚拟展馆）是针对各类科技馆、体验中心、大型展会等行业，将展馆、陈列品及临时展品移植到互联网上进行展示、宣传与教育的三维互动体验解决方案。网络三维虚拟展馆将成为未来最具价值的展示手段。

(8) VRP-SDK

VRP-SDK（三维仿真系统开发包）使用户可以根据需要来设置软件的界面和运行逻辑，以及外部控件对 VRP 窗口的响应等，从而满足用户对三维仿真软件的专业需求。

(9) VRP-Mystory

VRP-Mystory（故事编辑器）是一款全中文的 3D 应用制作虚拟现实软件。其特点是操作灵活、界面友好、使用方便、易学易会、无须编程和美术设计能力。VRP-Mystory 支持用户保存预先制作的场景、人物和道具等素材,支持导入用户自己制作的素材等。用户直接调用 VRP-Mystory 中的各种素材,就可以快速构建出一个动态的事件并发布成视频。

2. VRP 高级模块

VRP 高级模块主要包括 VRP-多通道环幕模块、VRP-立体投影模块、VRP-多 PC 级联网络计算模块、VRP-游戏外设模块和 VRP-多媒体插件模块 5 个模块。

(1) VRP-多通道环幕模块

VRP-多通道环幕模块由三部分组成:边缘融合模块、几何矫正模块和帧同步模块。该模块基于软件实现对图像的分屏、融合与矫正,使得一般用融合机来实现多通道环幕投影的过程用一台 PC 即可实现。

(2) VRP-立体投影模块

VRP-立体投影模块采用被动式立体原理,通过软件技术分离出图像的左、右眼信息。与主动式立体投影方式相比,VRP-立体投影模块的显示刷新频率更高、运算能力更强。

(3) VRP-多 PC 级联网络计算模块

VRP-多 PC 级联网络计算模块采用多主机联网方式,避免了多头显卡进行多通道计算的弊端,而且三维运算能力相比多头显卡方式提高了 5 倍以上,而且 PC 事件的延迟不超过 0.1ms。

(4) VRP-游戏外设模块

VRP-游戏外设模块可以利用 Logitech 方向盘、Xbox 手柄,甚至数据头盔、数据手套等虚拟现实的外围设备,对场景进行浏览和操作,还能自定义扩展和自由映射。

(5) VRP-多媒体插件模块

VRP-多媒体插件模块可将制作好的 VRP 文件嵌入到 Neobook、Director 等多媒体软件中,能够极大地扩展虚拟现实的表现途径和传播方式。

4.2.3 Unreal Engine

1. Unreal Engine 概述

虚幻引擎(Unreal Engine,UE)是数字游戏和图形交互技术开发商 Epic Games 公司开发的一款 3D 游戏引擎和虚拟现实开发工具,可用于开发游戏、虚拟现实、教育、建筑、电影等。

虚幻引擎开发的作品具有电影级画面质量,真实、沉浸感强。虚幻引擎开发的产品有《战争机器》《无尽之剑》《镜之边缘》《虚幻竞技场》《质量效应》《生化奇兵》等。在美国和欧洲,虚幻引擎主要用于主机游戏的开发,在亚洲主要用于次世代网游的开发,如《剑灵》《TERA》《战地之王》《一舞成名》等。

虚幻商城提供了丰富的游戏内容、资源包、文档、范例项目、教程和演示,让开发者方便获得高质量、适用于不同艺术风格和游戏类型的素材,并应用到虚幻引擎开发的作品中。

2. Unreal Engine 发展历史

UE1 于 1998 年发布,包含了基本的游戏引擎功能,如渲染、碰撞检测、AI、网络、文件管理等,加入了脚本系统 UnrealScript。UE1 支持的平台有 Windows、Macintosh、Sony 的 PS2 等。

UE2 于 2001 年发布，重写了渲染部分，提升了画面质量，还增加关卡编辑器和对微软 Xbox 的支持。

UE3 于 2004 年发布，画面质量和视觉效果有了极大提升。UE3 生命周期较长，2010 年还增加了对 iOS 和 Android 的支持，以便开发手机游戏。

UDK（the Unreal Development Kit）于 2009 年发布，是 UE3 的免费版本，包含了开发基于 UE3 游戏的所有工具，还附带了几个原本极其昂贵的中间件。UDK 在非商业应用和教育应用方面完全免费，促进了虚幻引擎的普及。

UE4 于 2012 年发布，从 2003 年就开始研发，相比之前的版本，有两大变化：去掉了 UnrealScript，增加了蓝图（蓝图是一种可视化的编程方式），使得策划和美术也可以编程；2015 年 UE4 开始免费开源，促进了 UE4 的普及和流行。

UE5 于 2020 年发布，新增了包括 Nanite 虚拟微多边形几何体和 Lumen 全动态全局光照方案等的功能。大部分游戏都可以从 UE4.26 升级为 UE5。

3．虚幻编辑器（Unreal Editor）

虚幻编辑器是一个以"所见即所得"为设计理念的操作工具，可使开发者可以直接对物体的位置和属性进行设置，且实时响应和真实感渲染。

虚幻编辑器界面如图 4-9 所示，主要部分介绍如下。

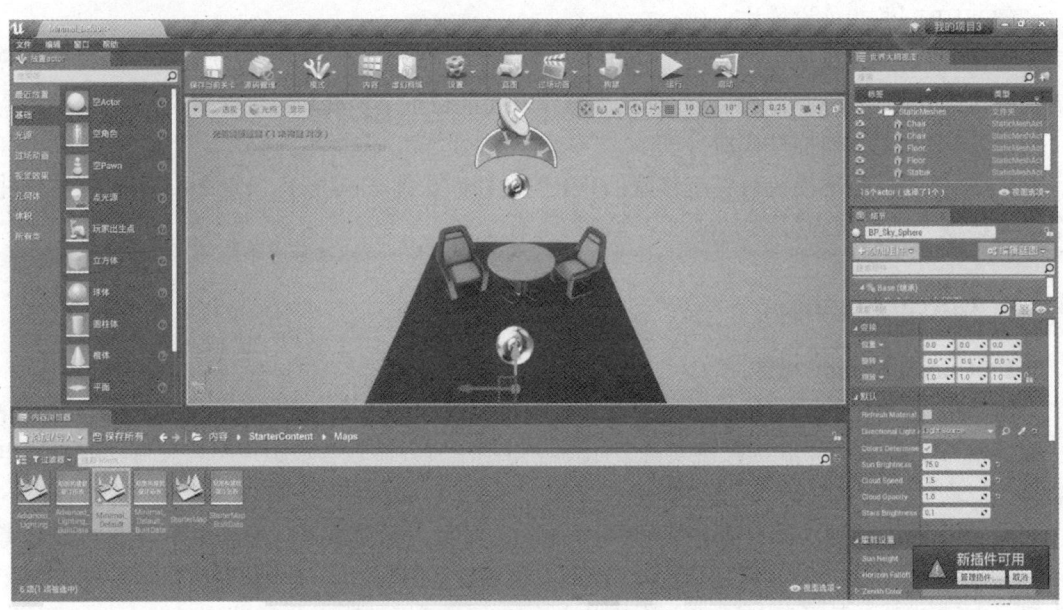

图 4-9　Unreal Engine4.26 编辑器界面

1）模式面板中包含位移模式、画笔模式等，可编辑 Actor、地形和树本等，还提供了一些预制对象。

2）内容浏览器面板主要用来管理项目资源，如模型、材质、粒子、蓝图等。

3）世界大纲视图面板用于管理放置在编辑关卡中的部件。

4）细节面板用于为选中的对象设置属性。

5）工具栏中包含一些常用工具，如保存当前关卡、源码管理、模式、内容、设置等。

6）视口位于工具栏下方，是完全可视化的操作环境。可在视口中对各个物体直接操作。

4．蓝图（Blueprint）

Unreal Engine4 版本增加了可视化编程蓝图（Blueprint）功能，降低了设计开发门槛，使得没有程序设计基础的策划和美术也能参与到项目开发中来。蓝图可以实现大部分 C++的功能，甚至小型游戏也可以完全通过蓝图来实现，但大中型游戏不建议完全通过蓝图开发。在 UDK 版本中，蓝图称为 kismet。

蓝图与 C++等面向对象编程语言在概念上是非常类似的，也可以定义变量、函数、宏等，还可以实现继承、多态等高级功能。蓝图基于节点工作，使用连线把节点、事件、函数及变量等连接到一起，从而创建复杂的游戏性元素实现各种行为和功能，如图 4-10 所示。

蓝图有以下几种常见类型。

（1）关卡蓝图（Level Blueprint）

关卡蓝图是一种特殊类型的蓝图，是作用于整个关卡的全局事件图表。

（2）类蓝图（Blueprint Class）

类蓝图是一种允许内容创建者轻松地基于现有游戏类添加功能的资源。

（3）蓝图父类（Blueprint SuperClass）

创建不同类型的蓝图时，需要指定继承父类，以便调用父类创建的属性。常见的父类如下。

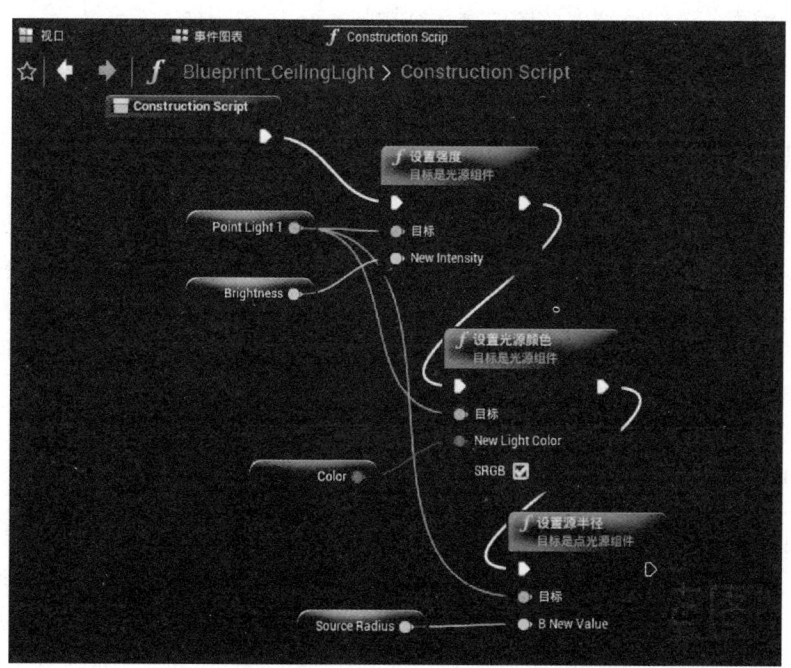

图 4-10　Unreal Engine4 中的蓝图 Blueprint

- Actor：可以在场景中创建编辑的 Actor。
- Pawn：可以从控制器获得输入信息处理的 Actor。
- Character：一个包含了行走、跑步、跳跃及更多动作的 Pawn。
- Controller：没有物理表现的 Actor，可以控制一个 Pawn。

- Player Controller：角色控制器，交互式控制 Character。
- AI Controller：用于控制非玩家角色 NPC（Non-Player character）。
- Game Mode Base：定义了项目的执行和规则等。

（4）仅包含数据的蓝图（Data-Only Blueprint）

仅包含数据的蓝图是指仅包含代码（以节点图表的形式）、变量及从父类继承的组件的蓝图。

（5）蓝图接口（Blueprint Interface）

蓝图接口是一个函数或多个函数的集合，它相当于 C++ 中的一个纯虚基类，仅有函数名称，没有实现，该接口可以添加到其他蓝图中。

使用蓝图开发的优势如下。

1）容易上手，有效降低了引擎的学习成本。

2）面向组件，开发方便，热更新。

3）有效地提高了项目开发效率，复杂的功能可用 C++ 封装成模块，在蓝图中直接调用，调整方便。

使用蓝图开发的缺点如下。

1）可读性差。蓝图项目的逻辑较难疏理。

2）不易交流。蓝图的算法通过截图展示，将复杂的程序很难通过截图的形式表达出来。而用蓝图编程，连线特别多蓝图的循环结构与 goto 语句一样。

3）对于大型项目维护困难。

4.3 虚拟现实开发语言

虚拟现实项目需要借助底层的图形接口（API），一般使用高级编程语言和脚本语言进行开发。脚本语言（Script Language）是一种以组件为基础的无类型、简单高效的解释型语言。目前，很多脚本语言超越了计算机简单任务自动化的领域，可以编写复杂而精巧的程序。在很多应用中，高级编程语言和脚本语言之间互相交叉，两者之间没有明确的界限。本节将对虚拟现实开发中常用的脚本语言和编程语言进行介绍。

4.3.1 JavaScript

JavaScript 由 Netscape 公司的 Brendan Eich 设计，最初命名为 LiveScript，是一种动态、弱类型、基于原型的语言。后来 Netscape 与 Sun 公司进行合作，将 LiveScript 改名为 JavaScript。JavaScript 在设计之初受到 Java 的影响，语法上与 Java 有很多类似之处，并借用了一些 Java 的名称和命名规范。

1．JavaScript 简介

JavaScript 是一种属于网络的高级脚本语言，常用来为网页添加各种动态功能，为用户提供更流畅美观的浏览效果，广泛用于 Web 应用开发。JavaScript 具有如下特点。

（1）简单性

JavaScript 是一种脚本编程语言，采用小程序段的方式实现编程；JavaScript 也是一种解释型语言，程序无须进行编译，而是在运行过程中被逐行地解释。JavaScript 的变量类型采用弱类型，未使用严格的数据类型安全检查。

（2）安全性

JavaScript 是一种安全性高的语言，它不允许程序访问本地的硬盘资源，不能将数据存入到服务器上，也不允许对网络文档进行修改和删除，只能通过浏览器实现网络的访问和动态交互，从而有效地保障数据的安全。

（3）动态交互性

JavaScript 可以直接对用户提交的信息在客户端做出回应，而无须向 Web 服务程序发送请求再等待响应。JavaScript 的响应采用事件驱动的方式进行，当页面中执行了某种操作会产生特定事件（Event），如移动鼠标、调整窗口大小等，会触发相应的事件响应处理程序。JavaScript 的出现使用户与信息之间不再是一种浏览与显示的关系，而是一种实时、动态、可交互式的关系。

（4）跨平台性

JavaScript 是一种依赖浏览器本身运行的编程语言，它的运行环境与操作系统和机器硬件无关，只要机器上安装支持了 JavaScript 的浏览器（如 Internet Explorer、Firefox、Chrome 等）；并且能正常运行浏览器，就可以正确地执行 JavaScript 程序。

2. JavaScript 常用元素

JavaScript 作为一种脚本语言，有自己的常用元素，如常量、变量、运算符、函数、事件、对象等。具体定义如表 4-1 所示。

表 4-1 JavaScript 常用元素及定义

常用元素	定义
常量	在程序中数值保持不变的量
变量	在程序中，变量是值变化的量，可用于存取数据、存放信息。变量的命名必须符合命名规则，还必须明确该变量的类型、声明及作用域等。变量有 4 种简单的基本类型：整型、字符、布尔及实型
运算符	运算符用于对定义的变量和常量进行计算或其他操作
函数	函数是程序中具有某种功能的程序模块，在 JavaScript 中，一个函数包含了一组 JavaScript 语句。调用一个 JavaScript 函数，表示执行这一部分的 JavaScript 语句。
对象	对象是 JavaScript 的基本数据类型，是一种复合值，是保存复杂数据类型的容器
事件	事件是用户或浏览器自身执行的某种动作，如用户单击元素、页面加载完毕触发 load 事件等

3. 第一个 JavaScript 程序

JavaScript 程序不能独立运行，必须依赖于 HTML 文件，通常将 JavaScript 代码放在 script 标记之间，由浏览器 JavaScript 引擎解释执行。

```
<script type="text/javascript" [src="外部 js 文件"]>
    js 语句块;
</script>
```

script 标记是成对标记，以<script>开始，以< /script >结束。type 属性说明脚本的类型，属性值"text/javascript"表示使用 JavaScript 编写的程序是文本文件。src 属性是可选属性，用于加载指定的外部 js 文件。如果设置此属性，将忽略 script 标记内的所有语句。

script 标记既可以放在 HTML 的头部，也可以放在 HTML 的主体部分，只是装载的时间不同而已。script 标记还有另一种格式，代码如下。

```
<script language="javascript" [src="外部 js 文件"]>…</script>
```

例 4.1

【例 4.1】 使用 JavaScript 向 HTML 页面输出信息，代码运行后的页面效果如图 4-11 所示。

```
<!-- 例 4.1html -->
<!doctype html>
<html lang="en">
    <head>
        <meta charset="UTF-8">
        <title>第一个 JavaScript 实例</title>
    </head>
    <body>
        <script type="text/javascript">
            document.write("第一个 JavaScript 实例！");
        </script>
    </body>
</html>
```

代码中第 9 行～第 11 行在 body 标记中直接插入 script 标记，第 10 行在 script 标记内利用 document.write( )命令向页面写入"第一个 JavaScript 实例！"。

4．JavaScript 代码放置的位置

JavaScript 代码一般放置在页面的 head 或 body 部分。当页面载入时，会自动执行位于 body 部分的 JavaScript 程序，而位于 head 部分的 JavaScript 只有被显式调用时才会被执行。

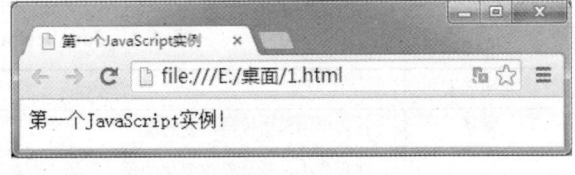

图 4-11　第一个 JavaScript 实例

（1）head 标记中的 JavaScript 程序

script 标记放在 head 标记中，JavaScript 代码必须定义成函数形式，并在 body 标记内调用或通过事件触发。放在 head 标记内的脚本在页面装载时同时载入，这样在主体 body 标记内调用时可以直接执行，提高了脚本执行速度。

JavaScript 函数的基本语法如下

```
function functionname(参数 1,参数 2,…,参数 n）{
    函数体语句;
}
```

JavaScript 自定义函数必须以 function 关键字开始，然后给自定义函数命名，函数命名时一定遵守标识符命名规范。函数名称后面一定要有一对括号"（）"，括号内可以有参数，也可以没有参数，多个参数之间用逗号"，"分隔。函数体语句必须放在大括号"{ }"内。

【例 4.2】 在 head 标记内定义两个 JavaScript 函数，代码运行后的页面效果如图 4-12 所示。

例 4.2

第 4 章 虚拟现实开发软件和语言

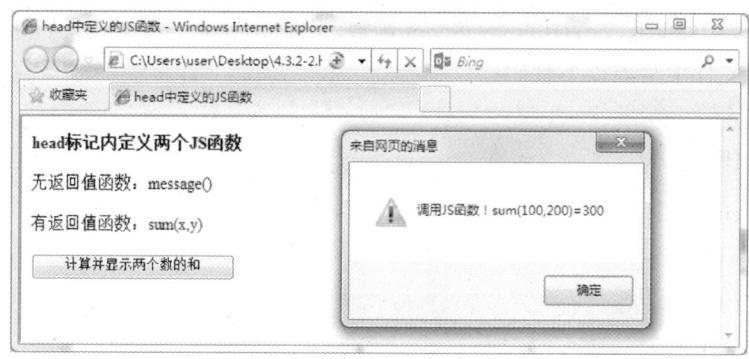

图 4-12 调用 head 标记中定义的 JavaScript 函数

```
<!—例 4.2—>
<!doctype html>
<html lang="en">
  <head>
    <meta charset="utf-8">
    <title>head 中定义的 JS 函数</title>
    <script type="text/javascript">
      function message(){
        alert("调用 JS 函数！sum(100,200)="+sum(100,200));
      }
      function sum(x,y){return x+y;}    //返回函数计算结果
    </script>
  </head>
  <body>
    <h4>head 标记内定义两个 JS 函数</h4>
    <p>无返回值函数：message()</p>
    <p>有返回值函数：sum(x,y)</p>
    <form>
      <input name="btnCallJS" type="button" onclick="message();" value="计算并显示两个数的和">
    </form>
  </body>
</html>
```

以上代码中第 7 行～第 12 行在 head 标记中插入 script 标记，然后在 script 标记内定义了两个 JavaScript 函数 message()、sum(x,y)。第 9 行用 alert()函数调用警告消息框，并调用 sum(100,200)函数，计算出结果并输出相关信息；第 19 行定义了一个普通按钮 btnCallJS，当单击该按钮时触发按钮的 onclick 事件，该事件调用在 head 标记中定义的 message()函数，弹出警告框。

（2）body 标记中的 JavaScript 程序

script 标记放在 body 标记中，JavaScript 代码可以定义成函数形式，在 body 标记内调用或通过事件触发；也可以在 script 标记内直接编写脚本语句，在页面装载时同时执行相关代码，这些代码执行的结果直接构成网页的内容，在浏览器中可以查看。

（3）外部.js 文件中的 JavaScript 程序

除了将 JavaScript 代码写在 head 和 body 标记中以外，还可以将 JavaScript 程序单独写成一个.js 文件，在 HTML 文档中引用该.js 文件。

【例4.3】 调用外部.js文件中的JavaScript函数，代码运行后的页面效果如图4-13所示。

在demo.js文件中写入以下代码：

```
<!--demo.js-->
function message()
{
    alert("调用外部js文件中的函数！");
}
```

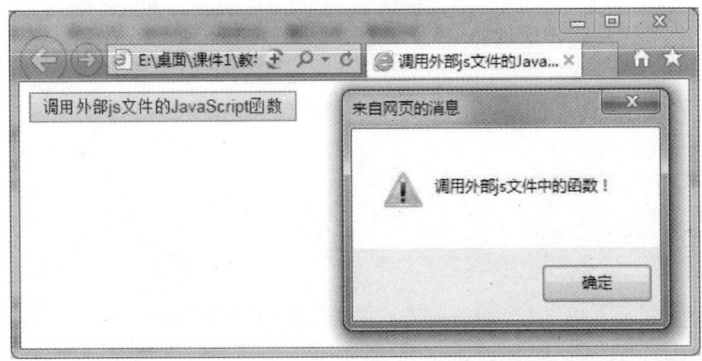

图4-13 调用外部.js文件的JavaScript函数

代码中第2行～第5行定义了一个函数message()，注意在.js文件中不需要将代码写入<script></script>标记中。

在HTML文件中写入以下代码：

```
<!—例4.3html —>
<!doctype html>
<html lang="en">
    <head>
        <meta charset="UTF-8">
        <title>调用外部js文件的JavaScript函数</title>
        <script type="text/javascript" src="demo.js">
            document.write("这条语句没有执行，被忽略掉了！");
        </script>
    </head>
    <body>
        <form>
            <input name="btnCallJS" type="button" onclick="message()" value="调用外部 js 文件的 JavaScript 函数">
        </form>
    </body>
</html>
```

上述代码中第7行引用外部的demo.js文件；第13行定义普通按钮，在单击按钮时触发onclick事件，该事件执行"demo.js"中定义的message()函数，实现在页面上弹出警告框的功能。很显然第8行代码没有被执行，因为设置src属性后，<script></script>标记之间所有语句都不会被执行，所以没有在页面上输出信息。

（4）事件处理代码中的JavaScript程序

JavaScript代码除上述3种放置位置外，还可直接写在事件处理代码中。

【例 4.4】 调用直接写在事件处理代码中的 JavaScript 程序，代码运行后的页面效果如图 4-14 所示。

```
<!—例 4.4html —>
<!doctype html>
<html lang="en">
    <head>
        <meta charset="UTF-8">
        <title>直接在事件处理代码中加入 JavaScript 代码</title>
    </head>
    <body>
        <form>
            <input type="button" onclick="alert('直接在事件处理代码中加入 JavaScript 代码')" value="直接调用 JavaScript 代码">
        </form>
    </body>
</html>
```

例 4.4

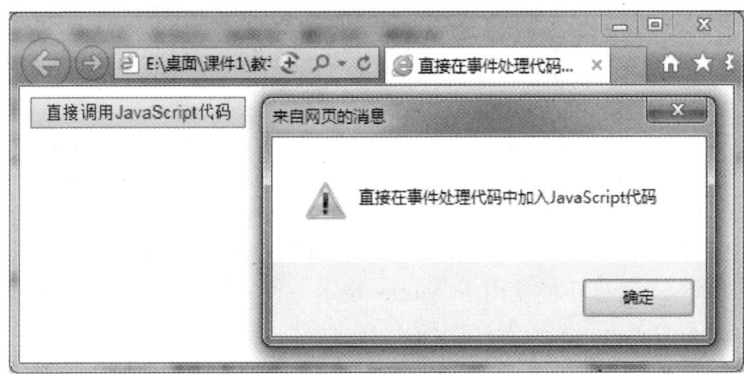

图 4-14 直接在事件处理代码中加入 JavaScript 代码

上述代码中第 10 行直接在普通按钮的 onclick 事件中插入了 JavaScript 代码，注意 JavaScript 代码需要用双引号（""）括起来，单击该按钮时执行双引号中的代码，弹出警告框。

用浏览器打开例 4.4 的 JavaScript 程序时，安全级别设置较高的浏览器会阻止程序的运行，如图 4-15 所示。单击提示信息，弹出上下文菜单，选择"允许阻止的内容"选项，即可运行例 4.4 的代码。

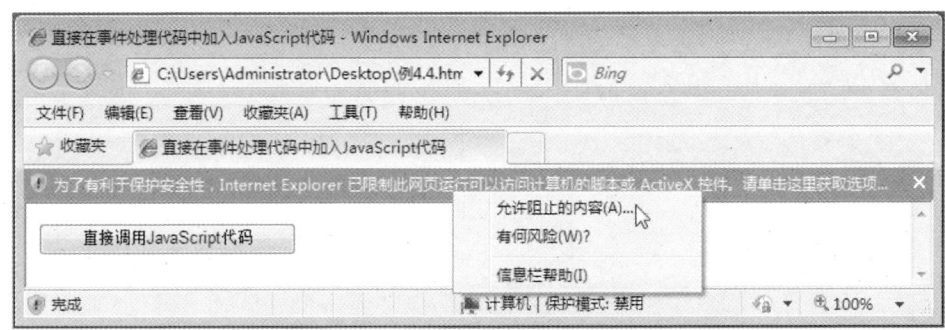

图 4-15 安全级别设置高的浏览器阻止程序运行

4.3.2　C#

C#是微软公司设计的一种面向对象的编程语言，是从 C 和 C++派生而来的一种简单、类型安全的编程语言。C#在类、名字空间、方法重载和异常处理等方面，去掉了C++中的部分复杂性，借鉴和修改了 Java 的许多特性，使其更加易于使用，不易出错，并且能够与.NET 框架完美结合。

1．C#特点

（1）简单

C#语法简洁，不允许直接操作内存，没有指针操作。C#统一了数据类型，使得.NET 上的不同语言具有相同的类型系统。

（2）安全

安全性是现代应用的头等要求，C#通过代码访问安全机制来保证安全性。根据代码的身份来源，可以分为不同的安全级别，不同级别的代码在被调用时会受到不同的限制。

（3）面向对象

C#具有面向对象语言的关键特性：封装、继承和多态。C#的类模型建立在.NET 虚拟对象模型之上，这个对象模型是基础架构的一部分，而不再是编程语言的一部分，这样即可实现语言自由。

（4）版本控制

C#语言内置了版本控制功能，使开发人员更加容易地开发和维护C#程序。

2．Unity 中的 C#

Unity 中 C#脚本的运行环境使用了 Mono 技术，使用 Unity 脚本可以使用.NET 的相关类。Unity 自带 MonoDevelop 编辑器，如图 4-16 所示。

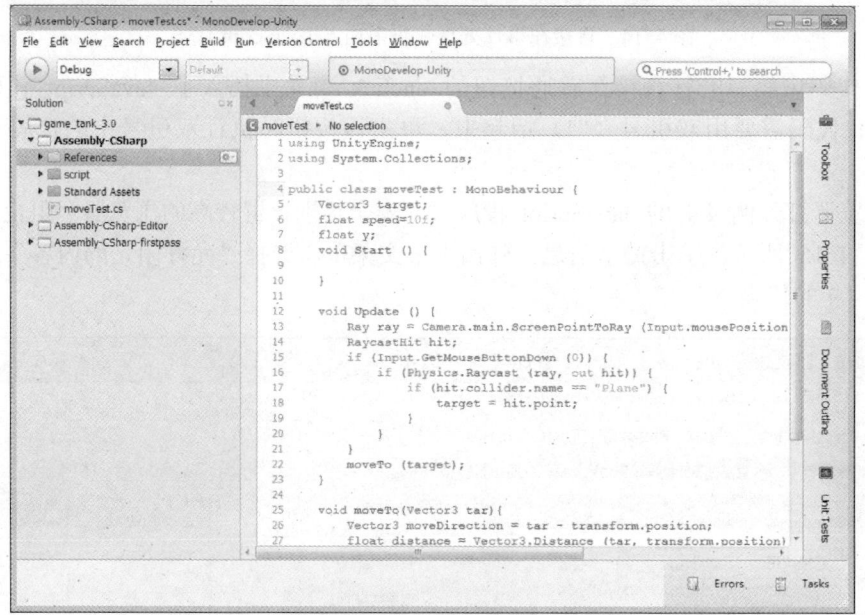

图 4-16　MonoDevelop 编辑器

Unity 中 C#的使用和其他平台的 C#有一些不同，Unity 中所有挂载到对象上的脚本都必须继承 MonoBehavior 类。MonoBehavior 类定义了各种回调方法，如 Awake()、OnEnable()、Start()、Update()、FixedUpdate()、OnDisable()、OnDestroy()等。Unity 还自带了完善的调试功能，控制台（Console）中包含了当前全部错误，每一个错误信息明确指明了代码出错的原因和位置，如果是脚本错误，双击可以自动跳转到脚本编辑器进行修改。

4.3.3 C++

C++由美国 AT&T 贝尔实验室的 Bjarne Stroustrup 博士在 20 世纪 80 年代初期发明并实现（最初这种语言被称作 C with Classes，即带类的 C）。C++一开始是作为 C 语言的增强版，从给 C 语言增加类开始，不断地增加新特性，如虚函数（virtual function）、运算符重载（operator overloading）、多重继承（multiple inheritance）、模板（template）、异常（exception）、RTTI 等。C++进一步扩充和完善了 C 语言，成为一种面向对象的程序设计语言。早期游戏开发，大多选择 C++语言，如 Unreal Engine。

Unreal Engine 工程有两种类型：蓝图和 C++。这两种类型的工程没有任何实质性的区别，蓝图支持的功能涵盖了 C++支持的几乎所有特性，即蓝图几乎等价于 C++，然而某些场合蓝图的性能比原生 C++代码要慢。

前三代 Unreal Engine 都包含了 UnrealScript 脚本语言，但随着引擎的发展，脚本接口不断扩充，用于函数调用和类型转换的通信中间层变得越来越复杂和低效，迫使 UE4 版本转移到了一个纯 C++的架构。

UE4 开始直接使用 C++作为逻辑层语言，这样引擎层与逻辑层语言统一，不需要胶水代码去转发，消除了逻辑层和引擎层的交互成本。为便于开发，UE4 对 C++做了一些包装，如反射、序列化、热重载和垃圾回收等，大大减轻 C++开发的难度。

UE4 在 C++编译开始前，使用工具 UnrealHeaderTool，对 C++代码进行预处理，收集类型和成员等信息，自动生成相关序列化代码，再调用真正的 C++编译器，将自动生成的代码与原始代码一并进行编译，生成最终的可执行文件。

在编辑器模式下，UE4 将工程代码编译成动态链接库，这样编辑器可以动态地加载和卸载某个动态链接库。UE4 为工程自动生成一个 cpp 文件，cpp 文件包含了当前工程中所有需要反射的类信息，及类成员列表和每个成员的类型信息，在动态链接库被编辑器加载时，自动将类信息注册到编辑器中。当编译完工程，UE4 编辑器会自动检测动态链接库的变化，然后自动热重载这些动态链接库中的类信息。

在进行虚拟现实开发时，一般根据开发平台来选择相应的开发语言。

习题

一、简答题

1. 简述 3ds Max 的界面由哪几部分组成，各自的功能是什么。
2. 简述 Cinema 4D 的应用领域和主要特点。
3. 简述 Unity 的界面布局及各部分功能。

4．试述 Unreal Engine 蓝图和 C++开发的特点。

5．查阅资料，了解 Unity 和 Unreal Engine 的发展历程、最新动态和发展趋势。

二、论述题（每小题不少于 500 字）

1．观看由 Unreal Engine 制作的影视作品，论述 Unreal Engine 的特点。

2．体验利用 Unity 开发的游戏或应用软件，论述 Unity 的特点。

三、操作题

1．编写 JavaScript 程序测试输入数是否是素数，运行效果如图 4-17 所示。

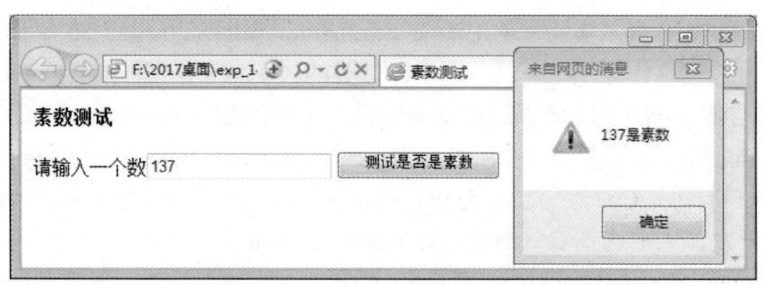

图 4-17　素数测试运行效果

2．编写 JavaScript 程序实现单击列表框任一选项时，通过告警消息框显示教材及定价，如图 4-18 所示。要求如下。

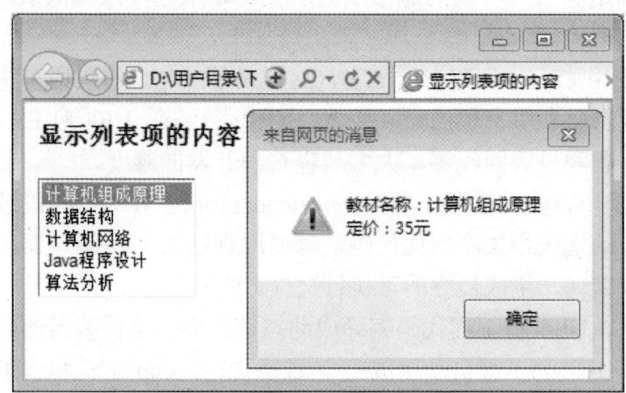

图 4-18　显示列表项内容

（1）页面标题："显示列表项的内容"。

（2）页面内容：用 3 号标题标记显示标题"显示列表项的内容"；插入一个大小为 5 的列表框，用于显示教材名称，教材定价保存在列表项的 value 中，分别如下。

计算机组成原理 35 元、数据结构 38 元、计算机网络 43 元、Java 程序设计 40 元、算法分析 28 元。

（3）编写 disaplayItem()函数，实现当用户选择某一列表项时通过告警消息框分行显示选中的教材名称和定价（列表项的内容和 value 值）。

第5章 三维全景技术

> **学习目标**
> - 掌握三维全景的基本概念
> - 了解三维全景图拍摄的一般流程及注意事项
> - 掌握 PTGui 拼接全景图的基本操作
> - 掌握 VR 全景漫游制作与发布的基本操作

三维全景技术是近年来迅速发展并逐步流行的一个虚拟现实分支。三维全景技术是一种桌面虚拟现实技术,并不是真正意义上的 3D 技术。三维全景技术具有以下几个特点。

1) 属于实地拍摄,有照片的真实感,是真实场景的三维展现。

2) 具有一定的交互性,用户可以通过鼠标控制视觉方向,还可任意放大和缩小,如亲临现场般环视、俯瞰和仰视。

3) 浏览漫游不需要单独下载插件,并且全景图片文件采用先进的图像压缩与还原算法,文件较小,利于网络传输。

4) 无须采用专业设备进行拍摄制作,适用于各种层次的用户。

5.1 三维全景概述

三维全景技术是一种运用数码相机对现有场景进行多角度环视拍摄后,利用计算机进行后期缝合,并加载播放程序来完成展示的一种三维虚拟技术。

5.1.1 三维全景的概念

1. 三维全景

全景图(又称全景照片或全景 Panorama)是指大于人的双眼正常有效视角(大约水平 90°,垂直 70°)或包括双眼余光视角(大约水平 180°,垂直 90°)以上,乃至 360°完整场景范围拍摄的照片。

三维全景(Three-dimensional Panorama)是基于全景图的真实场景虚拟现实技术。是把相机环 360°拍摄的一组或多组照片拼接成一个全景图像,通过计算机技术实现全方位、互动式观看的真实场景还原展示,并具有较强的互动性,能用鼠标控制环视的方向,使人有身临其境的感觉。

根据全景图外在的表现形式,通常可以分为柱形全景、球形全景、立方体全景和物体全景几类。

1) 柱形全景是最简单的全景,就是通常所说的"环视"。在柱形全景中,可以环水平 360°观看四周的景色,但在用鼠标上下拖动时,上下的视野将受到限制,上看不到天,下看不到地。

2）球形全景可以达到水平 360°，上下 180°的效果。在观察球形全景时，观察者位于球的中心，通过鼠标、键盘的操作可以观察任何一个角度。

3）立方体全景是由前、后、左、右、上、下 6 张照片拼接而成的。相机位于立方体的中心，也是全视角。目前拍摄的方式有两种：一种是用常规片幅相机，以接片形式将拍摄对象，以及其周围所有的场景都拍摄下来，展示时须将照片逐幅拼接起来，形成空心球形，画面朝内，然后观赏者在球内观看；另一种则利用鱼眼镜头或常规镜头拍摄，然后利用专用软件拼接合成，这种形式所形成的影像只能借助计算机来观赏、演示。这两种拍摄手法均称为内球球形全景。

4）物体全景是在拍摄时围绕拍摄对象进行等距的多维旋转拍摄，直至将整个球体拍摄完。展示时，将图片逐一拼接起来形成球形，画面朝外观看，这种拍摄手法称为外球球形全景。物体全景主要面向电子商务，与风景全景的主要区别是：物体全景的观察者在物体的（外面）周围。物体全景广泛应用于商品和玩具展示、文物观赏、艺术和工艺品展示等。

2．全景视频

全景视频是一种用 3D 摄像机进行全方位 360°拍摄的视频，用户在观看视频时，可以随意调节视频进行观看。

全景视频让人有一种身临其境的感觉，且不受时间、空间和地域的限制。全景视频不再是单一的静态全景图片形式，而是具有景深、动态图像、声音等，同时还具备声画对位、声画同步，表现效果是全景图望尘莫及的。全景视频与全景图相比，有了质、量、形式和内容的巨大飞跃。

5.1.2　三维全景应用领域

三维全景具有广阔的应用领域，既弥补了效果图角度单一的缺憾，又比三维动画经济实用。三维全景的主要应用领域如下。

1）旅游景点虚拟导览展示。结合景区游览图导览，三维全景可以让观众自由穿梭于各景点之间，是旅游景区、旅游产品宣传推广的最佳方法。

2）酒店网上三维全景虚拟展示应用。利用网络，远程虚拟浏览宾馆的外形、大厅、客房、会议厅等各项服务场所，展现宾馆环境，便于客户更加了解酒店。

3）房地产三维全景虚拟展示，装修样板展示应用。房产开发销售公司可以利用三维全景技术，展示楼盘的外观，房屋的结构、布局和室内设计，购房者通过网络即可查看房屋的各个方面。

4）企业展示宣传和娱乐休闲场所三维全景虚拟展示应用。

5）汽车三维全景虚拟展示应用。通过三维全景技术，展现汽车内饰、局部细节和汽车外观，让更多的人实现轻松看车、买车，使汽车销售更轻松有效。

6）博物馆、展览馆、剧院、特色场馆三维全景虚拟展示应用。

7）虚拟校园三维全景虚拟展示应用。

8）城市街景、小区环境展示。

5.1.3　三维全景技术发展趋势

三维全景技术采用单反相机或全景相机拍摄全景图，形成可 360°环绕观看的全景照片，但由于照片是孤立的影像数据，没有深度空间信息，不能做到现实空间的自由移动，在沉浸体验和交互操作上存在大量限制，呈现的是"伪 3D"效果。

而融合三维信息坐标的全景图，则是未来三维全景技术的发展方向。

融合三维信息坐标的全景图是通过精细化空间建模采集（其方式包括但不限于传统激光点云扫描仪、摄影测量建模技术、深度视觉 3D 相机及传统 BIM 空间建模等模型制作方式），同时采集空间的三维数据和全景影像数据，再通过算法重建匹配空间的三维结构，生成 1:1 大小的 3D 实景空间，然后将全景影像以纹理贴附的方式，与三维模型进行叠加，真实准确地还原现实场景，带给用户沉浸式体验。这将使用户体验更好的 VR 技术，真正实现所见即所得的三维空间体验。

融合三维信息坐标的全景图在满足用户原有 VR 空间体验的基础上，还可以使用户拥有顺畅的沉浸式步行漫游体验，浏览体验真实复刻了现实空间自由移动的状态。除此之外，空间三维数据可以将传统的平面地图，升级为空间三维全景图，完美贴合人类空间想象效果，将极大地改善原有二维平面图的信息阅读和学习难度。

5.2 三维全景制作的常见硬件

全景照片及视频的拍摄设备包括相机、摄像机镜头、无人机等，辅助设备包括全景云台、三脚架及其他配件等，本节将对相关设备进行介绍。

5.2.1 三维全景拍摄硬件

全景摄使用的相机、三脚架与一般摄影没有太大的区别。从实现全景摄影的功能来说，所有相机、家用 DC，甚至手机都能进行全景摄影。但最为方便且效果又好的就是采用鱼眼镜头或广角镜头加单反相机拍摄。因此，全景摄影采用的设备通常有数码相机、鱼眼镜头或广角镜头、全景云台和三脚架，如图 5-1 所示。

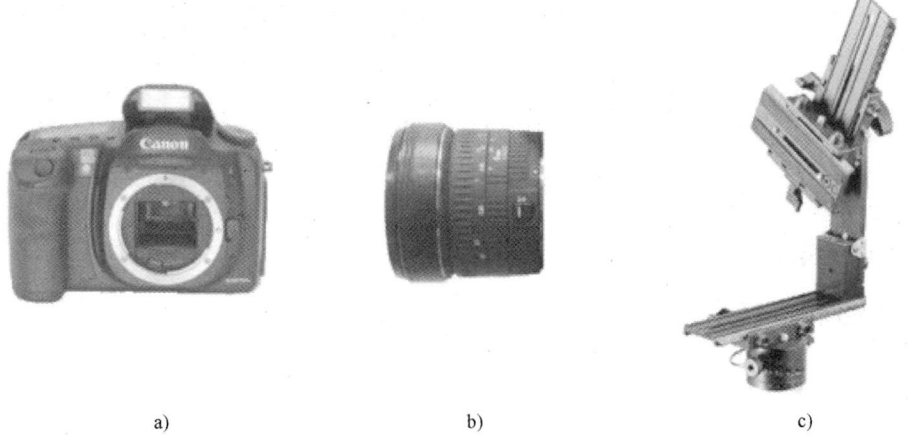

图 5-1 相机、鱼眼镜头和全景云台

a) 相机 b) 鱼眼镜头 c) 全景云台

鱼眼镜头是一种特殊的超广角镜头，焦距一般为 6～16mm。鱼眼镜头极短的焦距和特殊的结构使其具有接近 180°，甚至超过 180°的广阔视角。

广角镜头，特别是焦距小于 20mm 的超广角镜头，也是全景摄影中常用的镜头。相对于鱼眼镜头，广角镜头没有那么严重的透视变形，水平视角也小于鱼眼镜头，但成像质量好，拼接出的全景图片分辨率较高，更适合于对影像质量要求较高的全景摄影。

鱼眼镜头一般只需要拍摄 4～6 张，再使用全景拼合软件拼合即可实现三维全景，如图 5-2 所示。其他镜头视角不够广，就需要多拍几张甚至几十张照片才能实现三维全景。重点是相机参数调好后要保持不变，并固定在一个点拍摄，在水平视角 360°拍摄一周，且每张照片要有 25%以上的重合。然后下俯 45°拍摄和上仰 45°拍摄，最后补天补地各拍摄一张。

图 5-2 单反相机+鱼眼镜头全景拼合仅需要拍 4 张照片

全景摄影必须使用三脚架。手持相机进行全景摄影，拍出的全景摄影作品质量不高。另外，全景摄影最好使用专用的全景云台拍摄，快门线和遥控器也是常用的附件。

5.2.2 VR 全景视频设备

1. 光场摄像机

要拍摄真正意义上的 VR 视频，需要光场摄像机，如 Lytro 公司的 Immerge，如图 5-3 所示。

光场摄像机的工作原理是通过矩阵式摄像头（非常多的微型摄像头），捕捉和记录周围不同角度射入的光线信号，再利用计算机后期合成出任意位置的图像，如图 5-4 所示。

图 5-3　Lytro 公司专业光场虚拟现实摄像机

图 5-4　Immerge 光场虚拟现实摄像机工作示意

光场摄像机 Immerge 的数百个镜头和图像传感器分为 5 个"层"（每层都是 20 部 GoPro 相机组合在一起），除此之外还配套专用的服务器（见图 5-5）和编辑工具等。

图 5-5　Immerge 光场摄像机配套服务器

与传统摄像机不同的是，光场摄像机除了记录色彩和光线强度信息外，还会通过摄像机的感光矩阵（见图 5-6）记录光线的射入方向，这就是"光场"技术的由来。

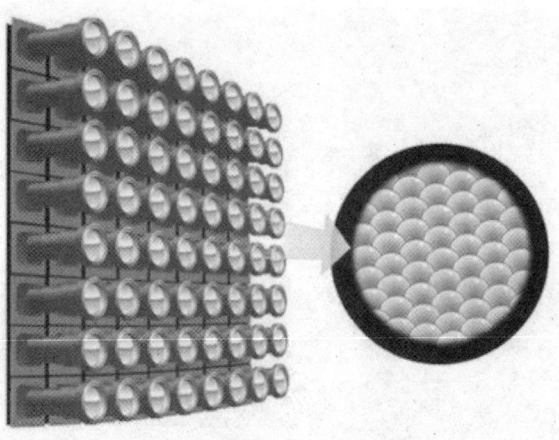

图 5-6　Immerge 光场摄像机感光矩阵

2．电影级的全景拍摄装备

电影级摄像机除了分辨率、色彩等参数指标非常优秀以外，还配备有大尺寸的感光元件（CCD/CMOS），具有高感、低噪（高宽容度）等特性，此外还必须能够拍摄高帧率视频（甚至超过 1000 帧/秒），输出 RAW 格式，并满足长时间、苛刻环境拍摄等一系列要求。常见的摄像机有 RED 的 ONE 系列（见图 5-7）、ARRI 的 Alexa 系列，以及 SONY 的 F 系列摄像机等。

图 5-7　Red 的 ONE 系列全景摄像机

将体积巨大、使用复杂的专业摄像机小型化，并集成在一个"球/盒子"里，即可形成 360°全景摄像机。下面介绍相关的全景摄像机方案或摄像机。

（1）HypeVR 摄像机方案

Hype 采用将 14 台 RED Dragon 拼合的方式实现了能达到电影级 VR 设备的方案，如图 5-8 所示。Red Dragon 单机的最高分辨率是 6K，最终视频拼接完成后分辨率可以达到 16K@90fps，文件格式为 3D 格式。

图 5-8 HypyVR 摄像机方案

HypyVR 摄像机方案中还配备 Velodyne 公司的激光雷达扫描仪（见图 5-8 中右上角的银色器件），该扫描仪在开机后会快速自旋以反馈摄像机集群与周围物体的距离。

Velodyne 激光雷达扫描仪能够捕捉三维深度信息，利用深度信息，HypeVR 的深度信息处理系统（后期处理）可以让观众拉近或拉远与主体（比如赛场）之间的距离，提供一定范围内的自由移动。与前面提到的光场摄像机类似，这是目前最接近真正 VR 效果的摄像机方案。

（2）NextVR 摄像机方案

与 HypeVR 摄像机方案类似，NextVR 摄像机方案采用 6 台 RED Dragon 拼合的方案，3 个方位，每个方位安放两台，支持 3D 功能，如图 5-9 所示。虽然只有 6 台摄像机，但还配备了佳能 8～15mm f/4L 鱼眼镜头和 RED Pro 监视器等。

图 5-9 NextVR 摄像机方案

（3）HeadcaseVR 摄像机方案

HeadcaseVR 摄像机方案主要采用 17 目 Codex Action 摄像机，如图 5-10 所示。Codex 摄像机有 12bit RAW 的记录体系和 13.5 档的高动态，采用 2／3 英寸的 CCD 传感器，单相机分辨率为 1920×1080，最高 60fps。

Codex 摄像机镜头的优势是尺寸较小，只有 45mm×42mm×53mm，同时配备专业的采集设备来实现录制。HeadcaseVR 摄像机方案定制了适合移动 VR 视频拍摄的移动设备，这台移动设备可解决 VR 视频拍摄中由移动产生的位移偏差及抖动问题。

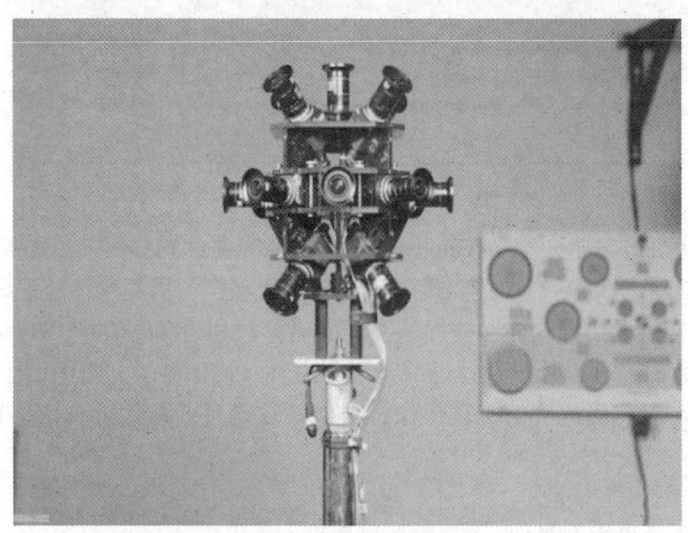

图 5-10　HeadcaseVR 摄像机方案

（4）强氧科技 VR 摄像机方案

强氧科技第二代 VR 摄像机方案由 10 台 Drift Ghost-S 拼接而成，上两台，下两台，中间 6 台，如图 5-11 所示。强氧科技 VR 摄像机方案具有 4K 分辨率，支持 30fps 节目录制及输出，并且能够不间断、无限连续录制。

图 5-11　强氧科技 VR 摄像机方案

强氧科技第三代 VR 摄像机方案,采用基于奥林巴斯 M4/3 成像系统的 4K 相机,针对不同的应用场景采用三目、九目及 3D 三款不同形式的摄影机,并搭配 4K@60fps 实时 VR 全景缝合工作站,如图 5-12 所示。

图 5-12　强氧科技全景缝合工作站

强氧科技还有一款能够直播与记录 360º 全景视频的摄影机——ArgusPro。该摄像机拥有 4K60P 直播、8K30P 记录(后期)的广播级色彩质量,具备全光纤信号传输功能,是大型活动、演唱会、体育比赛全景直播的利器。

(5)极图科技直/录一体化摄像机 Upano XONE

极图科技的直/录一体化摄像机 Upano XONE,如图 5-13 所示。Upano XONE 不仅可以拍摄 6K 分辨率的高质量 360°3D 视频,还具有芯片级机内实时拼接、一键无线 VR 直播、VR 眼镜实时监看等功能,被广泛应用到影视、旅游、教育、体育等行业。

图 5-13　极图科技直/录一体化摄像机 Upano XONE

5.3 VR 全景漫游的制作

VR 全景漫游不是真正的 VR，而是三维全景技术的应用，即 360°（或称 720°）照片。这些照片并不是虚拟合成的，而是真实的影像资料的拼接，拼接的画面有时会有一定程度的弯折或断裂。

下面介绍 VR 全景漫游的制作过程。

5.3.1 制作流程

VR 全景漫游的制作步骤分别是：素材拍摄、导入修图、全景图拼接、设置交互热点，这样即可生成 VR 全景漫游作品。

1. 素材拍摄

全景图像素材用相机、手机均可拍摄，根据拍摄镜头、辅助设备和拍摄地点的不同，拍摄照片的数量和要求等也不相同。

（1）拍摄照片数量

在拍摄距离不变的情况下，拍摄 VR 全景所使用的镜头视角越大，拍摄的张数越少。

如果使用手机拍摄，手机镜头的等效焦距为 28 毫米，对应的视角是 75°。想要将 360°×180°的画面记录完整，且还要保证每相邻两张照片有 25%的重合，记录横轴方向 1 圈就至少需要镜头每旋转 36°就记录 1 张照片，合计记录 10 张照片。竖边的视场角为 60°，需要上仰 45°、水平 0°、下俯 45°拍摄 3 圈，每 1 圈旋转 36°就拍摄 1 张照片，每 1 圈共拍摄 10 张照片，还需要进行垂直补天和补地拍摄，合计需要拍摄 3 圈共 30 张照片+补天两张照片+补地两张照片=34 张照片，才能拼合成一个完整的 VR 全景图。

使用 24 毫米半画幅相机并安装 18 毫米镜头进行拍摄，通常需要水平拍摄、斜上拍（上仰 45°）、斜下拍（下俯 45°）拍摄 3 圈共 30 张照片+上仰 90°垂直拍摄两张照片+垂直向下拍摄 1 张照片+补地拍摄 1 张照片=34 张照片。

如果使用 15 毫米鱼眼镜头拍摄，则只需水平方向每间隔 60°拍摄 1 张照片，顺时针旋转 1 圈拍摄 6 张照片即可获得水平方向 360°的影像。再上仰 90°垂直拍摄两张照片，垂直向下拍摄 1 张照片+补地拍摄 1 张照片，共计 10 张照片。

不同焦距的镜头拍摄 VR 全景照片对应的拍摄张数见表 5-1。

表 5-1 不同焦距的镜头拍摄 VR 全景照片对应的拍摄张数

镜头类型	360°需要拍摄张数/张	每张拍摄转动角度/°
8 毫米鱼眼镜头	4	90
12 毫米鱼眼镜头	5	72
14 毫米鱼眼镜头	6	60
15 毫米鱼眼镜头	6	60
16 毫米鱼眼镜头	6（一圈）	60
18 毫米鱼眼镜头	8+8+8（三圈）	45
24 毫米直线镜头	10+10+10（三圈）	36

（2）拍摄方式

1）手持拍摄设备拍摄全景照片时，要确保站在同一个点；当转身拍每张照片时，要让照相机非常靠近身体。拍摄时要竭力去模仿有三脚架的环境，尽量把照相机端平端稳，绕着一个点旋转。拍摄的张数可以在表 5-1 的数值基础上适当多拍摄 1～2 张，提高重合度以便拼接。

2）使用普通三脚架（无全景云台）拍摄全景照片时，要保持在一个水平面上旋转照相机，建议用一个水准器检测，尽可能地让三脚架的顶部保持水平。室内的拍摄高度一般为人站立后的眼睛高度（相机镜头与摄影师的眼睛齐平即可），但根据场景的不同，机位也要相应地调整。一般说来，开阔的地方建议机位高一些，空间狭小的地方建议机位低一些。旋转拍摄时，注意观察取景框中的参照物，保证每张照片与前一张照片具有一定的重合区域。

3）使用三脚架+全景云台拍摄全景照片时，首先要进行全景云台的调节和设置。通过全景云台的分度台进行定位，分度台一般具有多个档位，如 5°、11.5°、18°、30°、36°、45°、60°、72°、90°等。全景云台调节完以后，按照使用普通三脚架的拍摄注意事项进行拍摄即可。

（3）补地拍摄

在向下倾斜拍摄和垂直拍摄时，镜头可能会记录下带有三脚架或全景云台的画面，这时 VR 全景的地面就被三脚架和全景云台遮挡了，需要通过一些补地方法将被三脚架和全景云台遮挡的画面记录下来，便于后期照片拼接时进行修补。这是全景拍摄中的难点和重点。

补地拍摄通常有外翻补地和手持补地等方法。

1）外翻补地拍摄，是指利用三脚架和全景云台进行外翻补地拍摄；适用于无明显影子的室内场景或阴天的室外场景，拍摄质量相对较高。外翻补地拍摄时通常在三脚架的中心位置放置一个标志物，如镜头盖，以便使三脚架平移后相机对准原来中心位置，如图 5-14 所示。三脚架平移操作通常分别向左、向右各平移一次，拍摄两张补地图像。

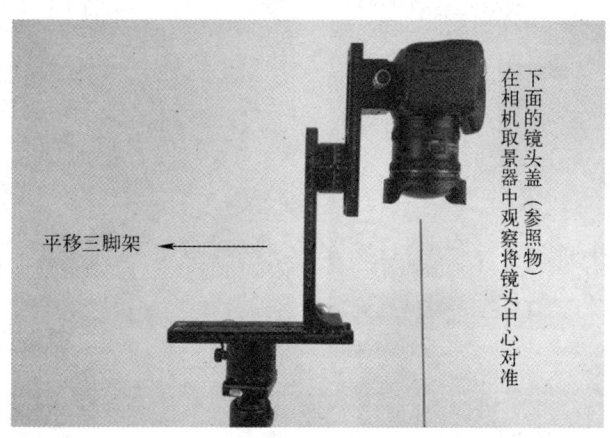

图 5-14 外翻补地拍摄示意图

2）手持补地适用于户外地面无反光的情况和快速拍摄的场景。取下相机挪开三脚架，在保证画面完整的情况下，垂直向下拍摄，尽可能最少地记录被自己遮挡的画面，手持位置尽量与正常拍摄节点位置重合。操作方式如图 5-15 所示。

如果没有进行补地拍摄时，也可通过后期制作工具中的补地遮罩进行遮挡，或使用 Photoshop 软件中的工具（智能填充、仿制印章等）制作、修补地面，或将地面进行视角锁定，或用 LOGO 图标覆盖等。

（4）拍摄注意事项

全景图的拍摄看似简单，只需要转动相机拍摄场景里的不同区域就可以了。但如果拍摄时不注意一些细节的话，照片很有可能在后期无法拼合起来。

图 5-15　手持补地正确姿势

1）照片的重合度。相邻的照片之间应该有不少于 25%的重合，这样后期软件才能正确地把两张照片合并起来。一些难度较大的场景接片（如银河、大海、拱桥等场景接片），则需要 50%左右的重合度。

当然重合度也不是越高越好，过高的重合度（超过 66%）反而会造成软件难以识别两张图片的差别，造成融合失败。

两张照片的重叠处，最好不要有运动的物体，如车、人、云等，或变形非常明显的物体，如畸变的建筑，以免后期拼接困难。

2）视差（parallax）。视差是很多全景接片融合失败的罪魁祸首。视差就是从有一定距离的两个点上观察同一个目标所产生的方向差异。例如，只睁开一只眼睛，然后伸出一根手指，让手指正好遮住远处的一个物体，如图 5-16 所示的茶壶。转动脖子后再看茶壶，会发现原来和手指在一条直线上的茶壶，竟然发生了偏移，也就是物体间的相对位置发生了变化，这种现象就叫作视差。

图 5-16　视差示意图

视差对后期接片会产生破坏性的效果，造成物体合成错位甚至无法拼接，因此需要通过调节节点和距离来消除或减弱。

视差的成因是转动轴和所谓的"节点"（无视差点）不在同一直线上，图5-16所示的例子中节点是眼睛，但转轴却是脖子。眼睛和脖子之间的距离，就造成了所看到的视差。照相机的节点一般在镜头中间的某个地方，可通过专门的全景吊臂来让转轴和节点重合。把相机放在三脚架和云台上，如图5-17所示，视差会比手持要小。如果手持拍摄，可以尝试打开相机背屏，然后把相机放在一只手上，以那只手为转轴转动，而不是举着相机，用身体为转轴来转动。

除了节点外，视差还跟景物的远近有关。越近的物体，其视差效应会越明显；而中景和远景，视差几乎可以忽略。因此拍摄时要注意保持和前景物体的距离。

图5-17 照相机与全景云台

3）镜头畸变和透视形变。超广角镜头会带来大量的边缘畸变和透视形变，造成两张照片难以拼合，或拼出来的图像变形严重。当然，也可以让前景是水面、草地、泥土、云雾等特征不太明显的物体，这样就很难发现其中的变形。

4）相机的曝光（光圈、快门、ISO）、对焦点及白平衡。虽然很多后期软件可以自动调节并合成曝光、白平衡不一样的照片，但前期的统一更能保证后期拼接时的万无一失。

锁定白平衡，只需要把白平衡模式从自动调成某个固定模式，如"阴影""白天"等。锁定对焦，只需要在对焦完成后，把镜头或相机的对焦转盘，转到M手动对焦模式。锁定曝光，则是在测光完成后，调至M模式并调整光圈快门到相应参数；如果光比过大，可以使用包围曝光拍摄（后期时先合成HDR，再全景合成）。

5）横向转动拍摄时，要保持相机水平，否则会出现地面歪斜，波浪状天际线，或拼接后需要裁掉大量像素的情况。建议在拍摄时采用全景云台或带有水平仪的云台。如果是普通云台或手持拍摄，可以打开相机的内置水平线，或以天际线、海平面等为参考，在转动时不断调整水平状态。

2．导入修图

将照片导入计算机，并使用Photoshop、Lightroom等软件对照片素材适当处理，统一尺寸、色调、对比度等，对有缺陷的照片进行修补。

3．全景图拼接

Photoshop中photomerge接片系统的合成结果是以图层+蒙版的形式显示，方便手动修改拼接结果和检查错位的接缝，但速度非常慢，而且生成的不是RAW格式，功能不如更专业的软件强大。

PTGui Pro、Autopano Giga是两款业界常用的拼图工具，提供了更精细的手动调整和更复杂的算法。许多在ACR和Photoshop中会拼接失败的照片，也能在这两款中拼合成功。

4．设置交互热点

使用 720 云平台或 Pano2VR 等软件设置热点链接、媒体和浏览模式等，然后生成 VR 全景漫游，导出并发布。

5.3.2 全景拼图软件 PTGui 的基本操作

PTGui 是全景制作工具 Panorama Tools 的一个图形用户界面。PTGui 通过为全景制作工具（Panorama Tools）提供图形用户界面（GUI）来实现对图像的拼接，从而创造出高质量的全景图像。PTGui 支持 Windows 和 Mac 操作系统，提供免费试用版，试用版输出的作品会有 PTGui 的水印。目前正式版软件有 PTGui（普通版）和 PTGui Pro（增强版）两个版本。

PTGui 最重要的功能就是对相应的图片进行拼接处理，在拼接的过程中，它会智能化地对图片进行对齐、校准，并且会对相邻两张图片的接缝进行融合，使其更加自然。通过 PTGui 拼接出的图片还可以生产并输出多种类型的全景图投影模式，如直线、柱面、全帧鱼眼、立体投影、墨卡托投影、等效视图、球面、小行星 300°立体投影等，如图 5-18 所示。

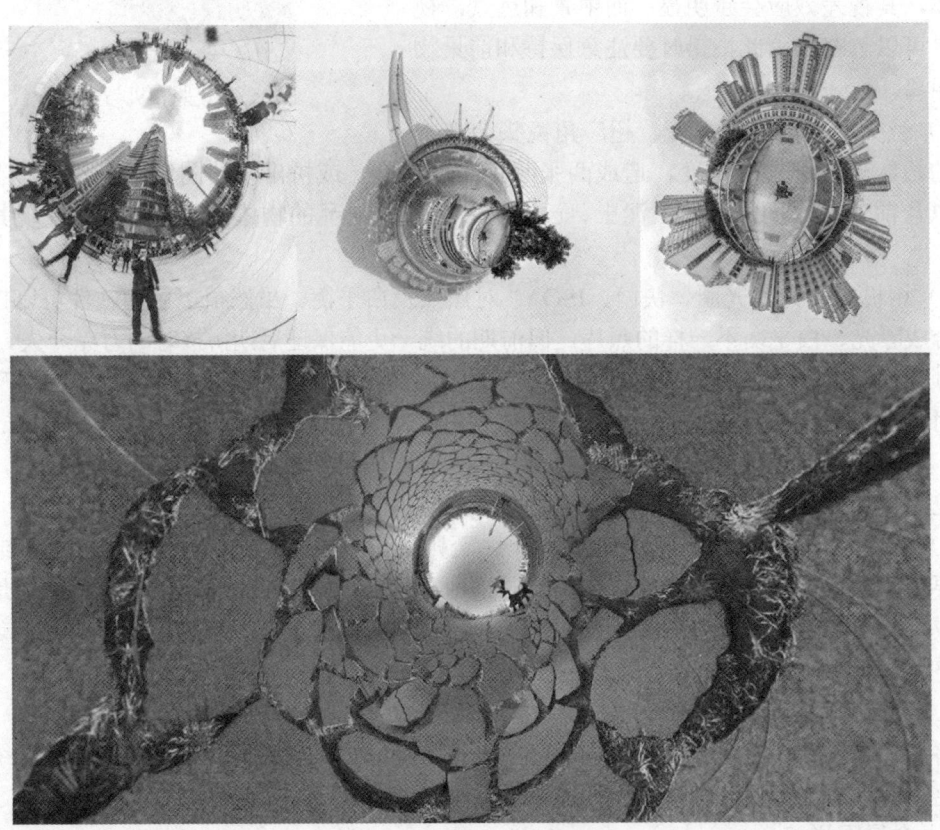

图 5-18　全景图的多种导出效果

【例 5.1】 使用 PTGui 对拍摄的照片素材进行拼接。

1）PTGui 主界面如图 5-19 所示。全景图的拼接主要有三大步骤：加载图像、对准图像和创建全景图。

例 5.1

第 5 章 三维全景技术

图 5-19 PTGui 主界面

2）单击"加载图像"按钮，弹出"添加图像"对话框，如图 5-20 所示，导入照片时可以查看缩略图，确定要合成的照片是否正确。

图 5-20 PTGui "添加图像"对话框

3）导入成功后会显示调整界面，如图 5-21 所示，如果导入后照片出现颠倒或反向等情况，可以单击右侧的"旋转"按钮进行调整。

此时还可以选择"源图像"选项查看并调整每一副源图像素材，如图 5-22 所示。如果软件未能识别镜头参数，也可以选择"镜头设置"选项打开相应的对话框进行设置，如图 5-23 所示。

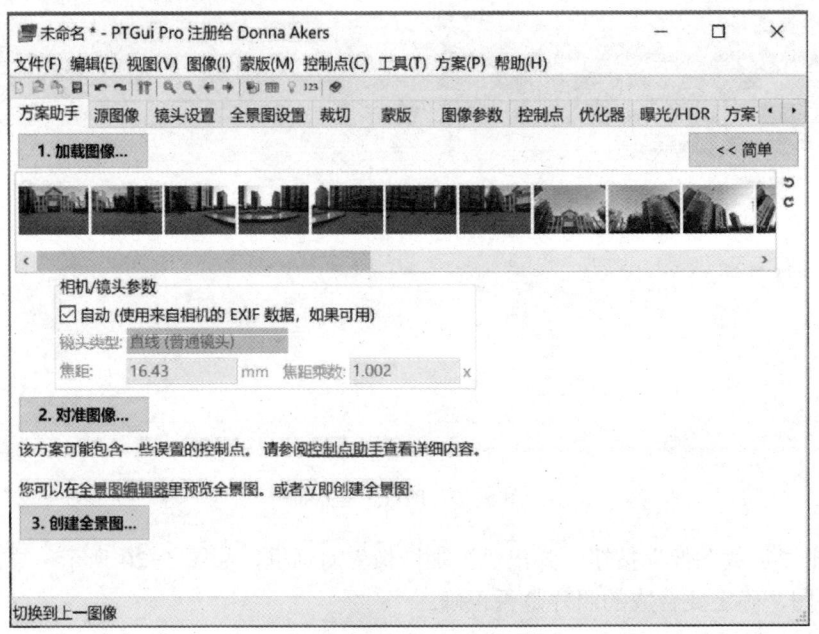

图 5-21　PTGui 对图片素材进行调整

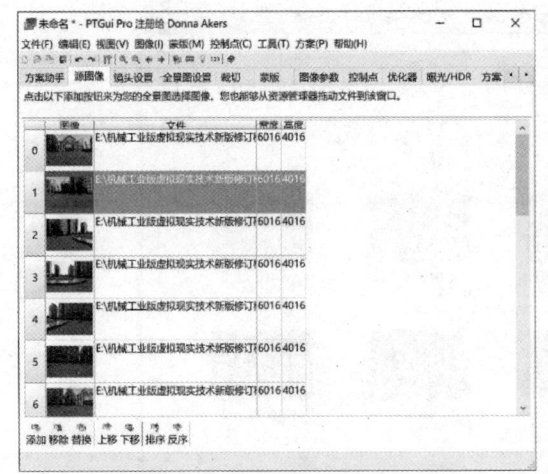

图 5-22　"源图像"窗口

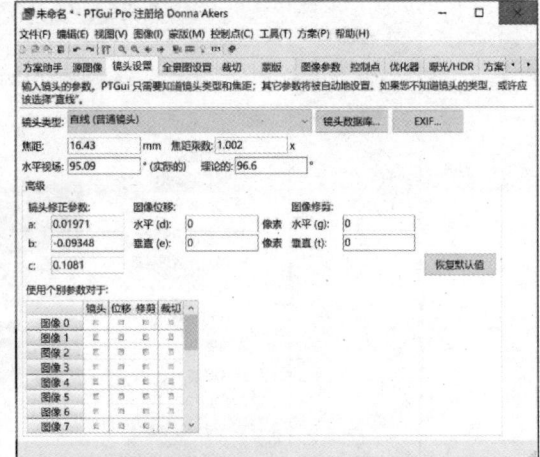

图 5-23　"镜头设置"窗口

调整完毕后选择"方案助手"选项返回主界面，然后单击"对准图像"按钮，进行照片的定位。还可以单击"全景图编辑器"选项，打开"全景图编辑器"窗口，预览合成后的结果，以便对全景图做调整，如图 5-24 所示。

4）在"全景图编辑器"窗口中，单击"编辑个别图像"按钮可查看每一副原图的拼接区域，如图 5-25 所示。

在拍摄全景图时，相邻图片至少有 25% 的重叠部分，PTGui 依据相邻图片重叠的部分，通过自动或手动方式添加、调整控制点来识别拼接图片。所以，控制点的准确度直接影响了拼接的效果。

第 5 章 三维全景技术

图 5-24 对准图像完成后生成的全景图及编辑器窗口

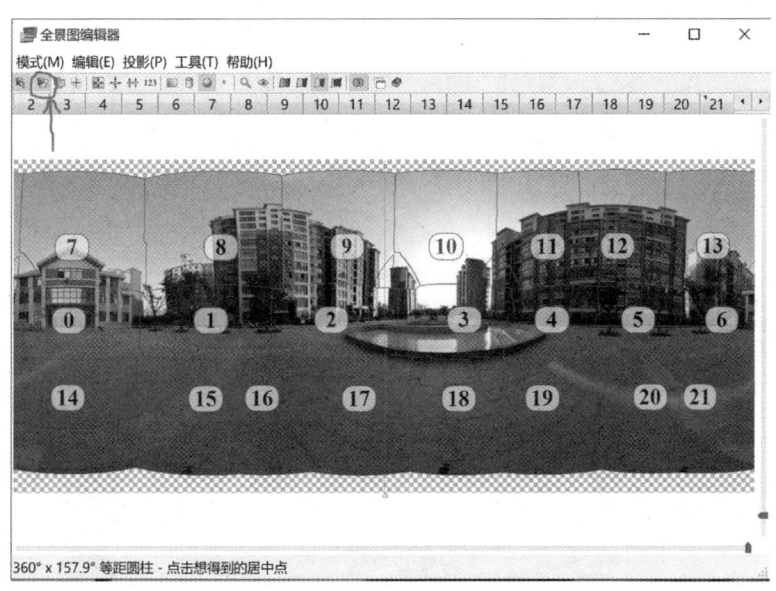

图 5-25 "全景图编辑器"窗口

如果发现个别图像拼接错误，可以选择"控制点"选项，打开"控制点"调整窗口，如图 5-26 所示。其中左侧是编号为 0 的源图，右侧是编号为 1 的相邻源图，两个图中的彩色方块编号是目前软件自动识别的相同位置的控制点，左右两边分别对应。而图标号中加粗字体的标号是这些标号所在的源图与标号为 0 的源图有重叠部分的控制点。

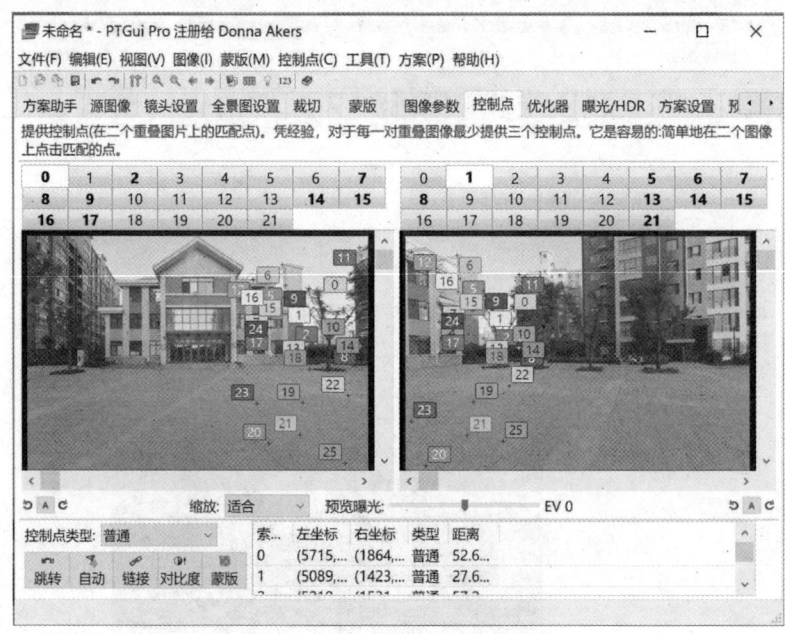

图 5-26 "控制点"调整窗口

通过观察,在"控制点"调整窗口中添加、删除、移动控制点,以确保拼接的正确性。如果对自动生成的控制点有所调整,则必须选择"优化器"选项进行优化后,新的控制点才会生效,如图 5-27 所示。

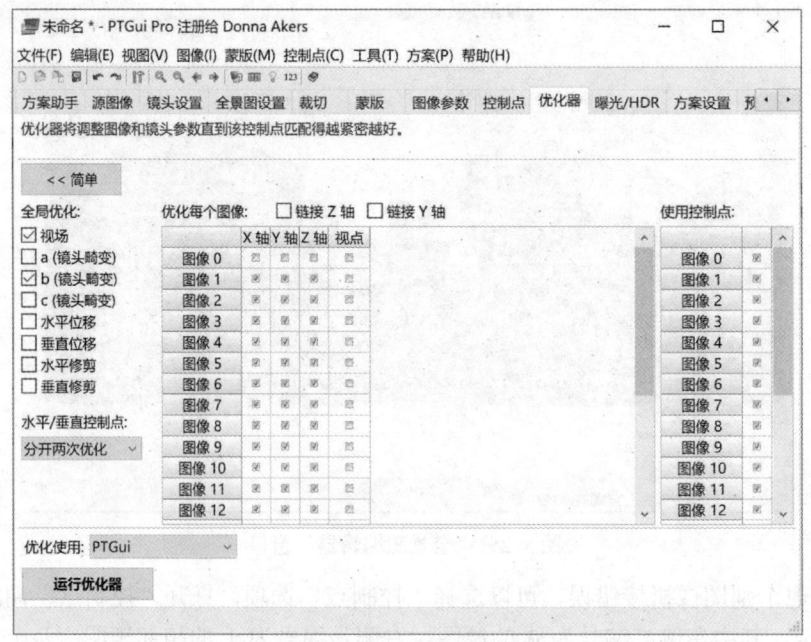

图 5-27 控制点"优化器"窗口

5）选择"全景图设置"选项，打开"全景图设置"窗口，如图 5-28 所示。PTGui 默认导出全景图的投影模式为等距圆柱（适用球面全景图），也可根据不同需求选择柱面、立体投影、墨卡托等投影模式。

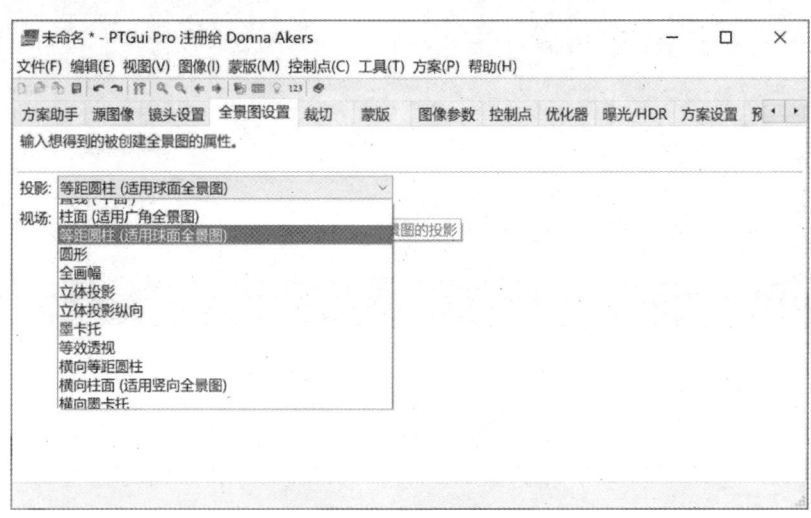

图 5-28　"全景图设置"窗口

6）单击"创建全景图"按钮，打开"创建全景图"窗口，如图 5-29 所示。设置全景图尺寸（一般宽高比为 2∶1）、品质（100%）、格式（通常为.jpg）、图层（设置为仅混合全景图）和输出文件的存放路径。设置完成后单击"创建全景图"按钮，弹出创建进度条，进度条加载完毕即成功创建全景图。输出的全景图效果如图 5-30 所示。

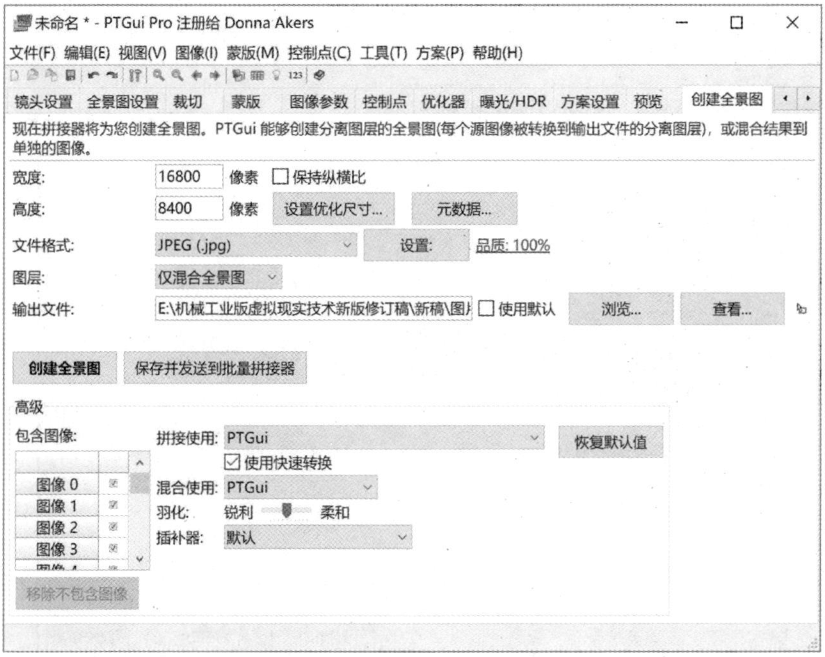

图 5-29　"创建全景图"窗口

图 5-30 生成的全景图

此时生成的全景图即可使用 DevalVR Player、Panini 等播放器播放浏览，也可以使用 Pano2VR 等软件，或在 720 云平台添加交互热点，设置浏览模式及效果，导出生成 VR 全景漫游并发布。

但是，由于这里使用的源图素材缺少补天、补地的照片，因此生成的全景图天空和地面会有一部分缺失（黑色区域），后期需要使用 Photoshop 等软件进行补天、补地的处理。

7) 转换导出 QTVR/立方体，为补天、补地做准备。

选择"工具"→"转换到 QTVR/立方体"选项，打开"转换到 QTVR/立方体"对话框，如图 5-31 所示。单击"添加文件"按钮，将上述生成的全景图文件导入，选择"投影"模式为"等距圆柱"，"输出"类型为"立方体表面，6 个单独的文件"，立方体表面名称使用默认值。

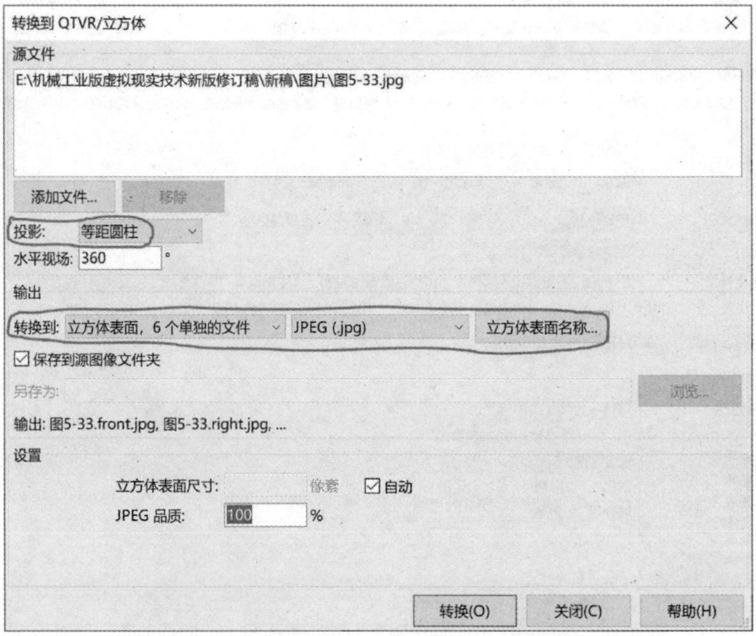

图 5-31 "转换到 QTVR/立方体"对话框

单击"转换"按钮,生成 6 个单独的六面体文件如图 5-32 所示。

图 5-32 转换后的 6 个单独六面体文件

8)在 Photoshop 中使用工具对顶部(top)和底部(bottom)文件进行修补,完成后如图 5-33 所示。

图 5-33 修补以后的 6 个单独六面体文件

5.3.3 使用 Pano2VR 生成 VR 全景

Pano2VR 可把拼接后的全景图处理生成 swf 格式的 VR 全景图，便于在计算机、手机中浏览。

【例 5.2】 使用 Pano2VR 对单一全景图进行编辑，添加声音、作者信息等元素并生成 VR 全景图。

（1）导入准备好的全景图

启动 Pano2VR 软件，在打开的界面中单击"选择输入"按钮，打开"输入"对话框，如图 5-34 所示。软件支持输入的文件类型可以是矩形球面投影、立方体面片、柱形、平板图等，通常选择系统自动识别文件类型即可。

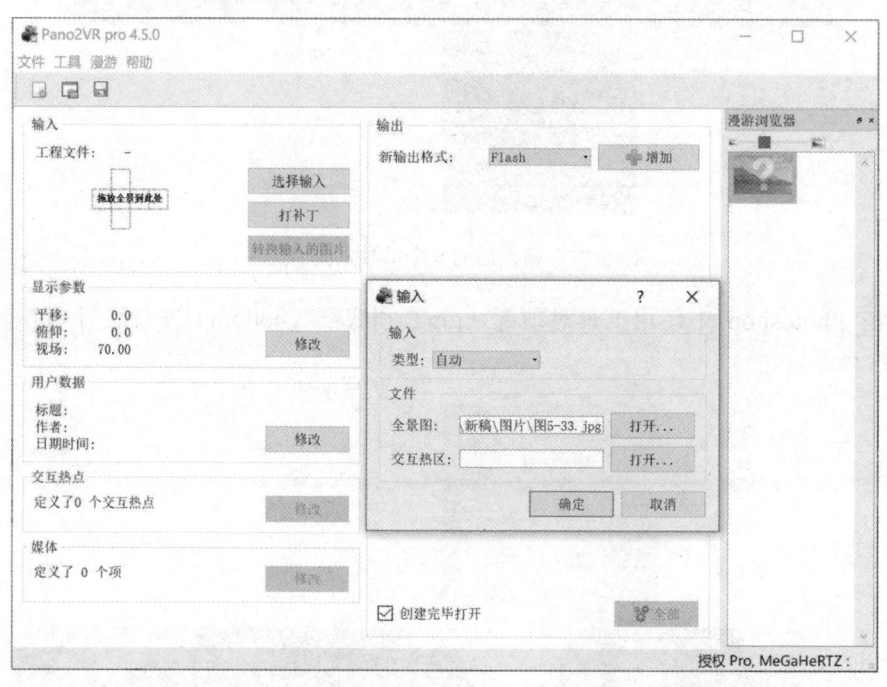

图 5-34　Pano2VR 的"输入"对话框

导入的文件如果是 6 个单独的立方体面片文件且按默认方式命名，则任意导入其中的一个文件，其他文件系统可以自动识别并导入。也可将拼接好的全景图直接拖放到窗口的指定位置，这种拖放方式可以同时输入多个文件。

（2）修改显示参数

单击 Pano2VR 界面中"显示参数"选项组的"修改"按钮，打开"全景显示参数"对话框，如图 5-35 所示。在对话框中调整全景图初始显示画面，然后单击"显示参数/限制"选项组中的"设定"按钮，确认画面初始位置。这里设置摄影机平摇为 151.0，摄影机俯仰为 6.0，FoV 为 100。

选中"视图限制"选项组中的"显示限制标记"选项，右侧预览区中显示限制标记，调整并设定左右、上下的视域范围。经限制后的全景图只能浏览到指定范围的区域。

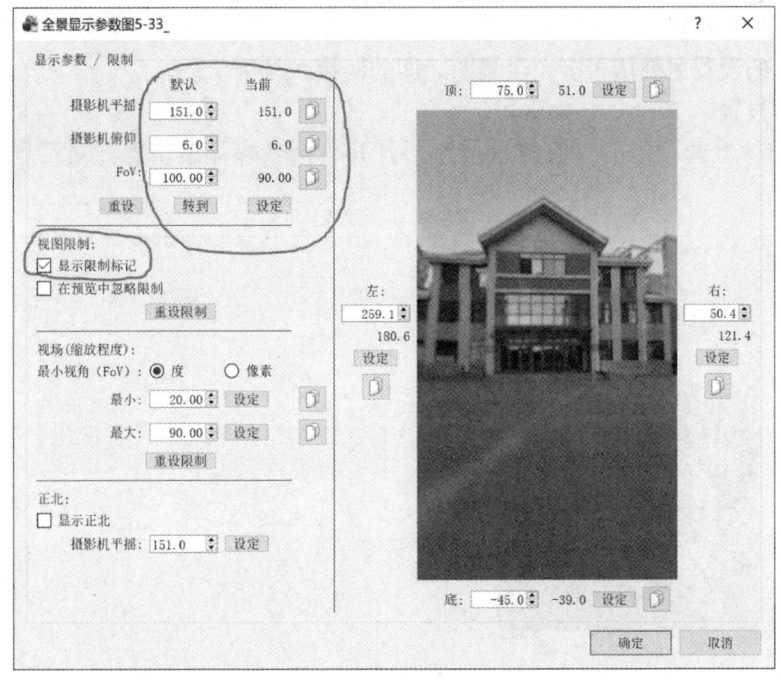

图 5-35 "全景显示参数"对话框

视场（缩放程度）可以设置缩放的程度，如果选中"显示正北"选项则可以标注正北方向。

（3）设置用户数据

单击 Pano2VR 界面中"用户数据"选项组的"修改"按钮，打开"用户数据"对话框，进行用户信息的设置，如果处于联网状态，还可以设置作品的经纬度，如图 5-36 所示。

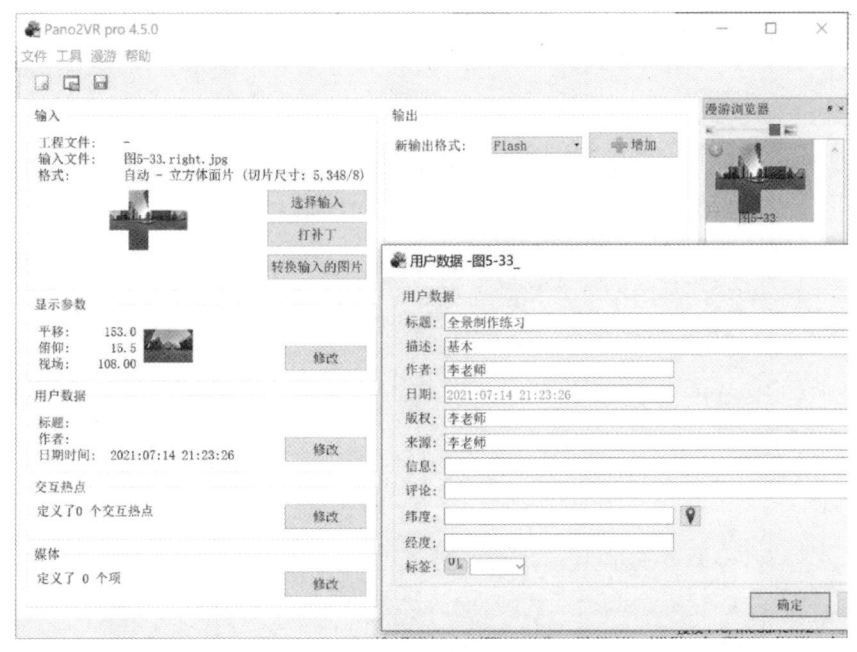

图 5-36 "用户数据"对话框

（4）交互热点设置

交互热点的设置主要用于多个全景图之间的链接，见例 5.3。

（5）媒体设置

单击"媒体"选项组的"修改"按钮，打开"全景媒体编辑器"对话框，如图 5-37 所示。

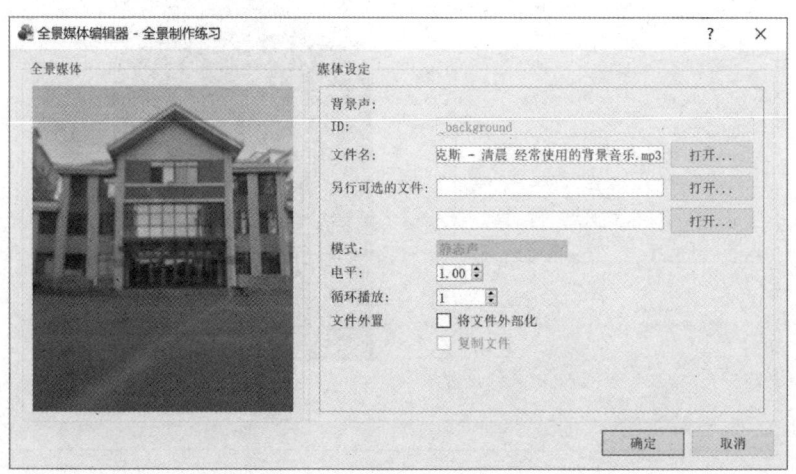

图 5-37 "全景媒体编辑器"对话框

（6）生成全景漫游图

单击"输出"选项组的"增加"按钮，打开"Flash 输出"对话框，如图 5-38 所示。在该对话框中可以设置输出文件路径、窗口尺寸、皮肤样式等基本参数，还可以进行"视觉效果""高级设置""多重分辨率渐进浏览""HTML"等设置。

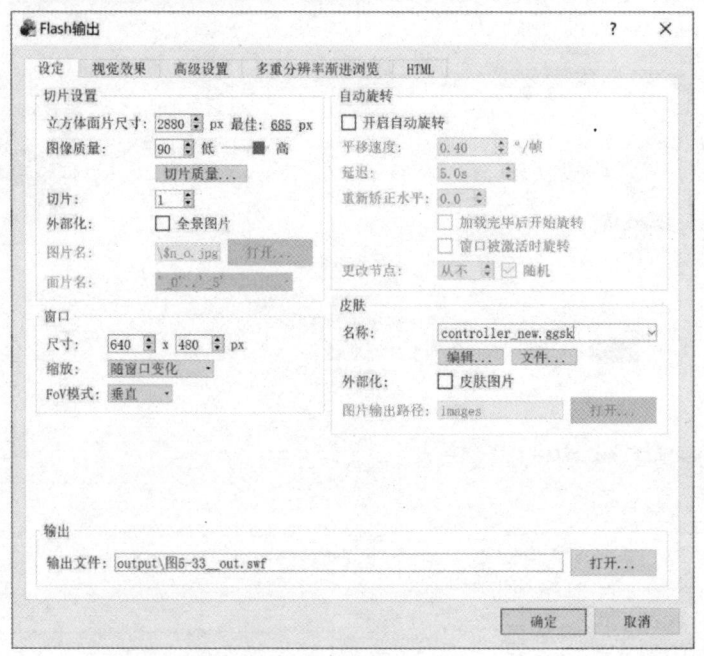

图 5-38 "Flash 输出"对话框

最后，单击"确定"按钮即可生成 VR 全景图，文件扩展名为.swf。

【例 5.3】 使用 Pano2VR 软件对多个全景图进行编辑，添加链接热点，设置交互操作。

例 5.3

（1）导入全景图

启动 Pano2VR 软件，将客厅、餐厅、厨房、卧室、书房、卫生间 6 个拼接好的室内全景图素材拖入窗口指定区域，如图 5-39 所示。

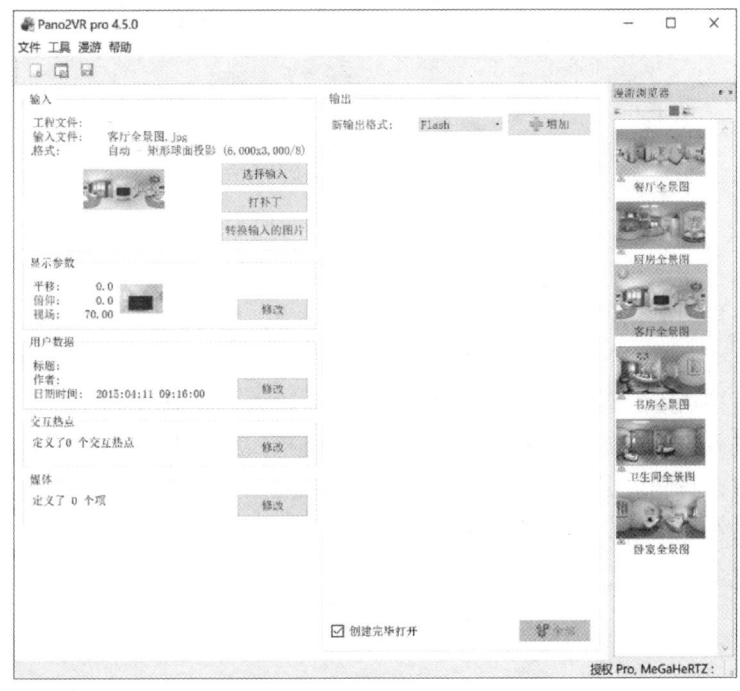

图 5-39 Pano2VR 软件主界面

在右侧"漫游浏览器"窗口中选择"客厅全景图"并右击，在弹出的快捷菜单中选择"初始场景全景"选项，将该图设置为初始场景全景，且该图上会出现①标志。

（2）用户信息及显示设置

依次选择每幅全景图，分别打开"全景显示参数"和"用户数据"对话框进行相应设置。

（3）交互热点设置

在 Pano2VR 界面选择"客厅"全景图，单击"交互热点"选项组的"修改"按钮，打开"交互热点"对话框，如图 5-40 所示。

交互热点类型分为点型和多边形交互热区两种。本例选择"点型"，然后在餐厅位置处双击添加一个热点，在对话框中输入标题，选择链接 URL 到餐厅的全景图，单击目标后的⊙按钮，浏览并确认目标图像，则客厅到餐厅的热点链接设置完成。在通往卧室的门口位置继续双击，添加客厅与卧室的热点链接。

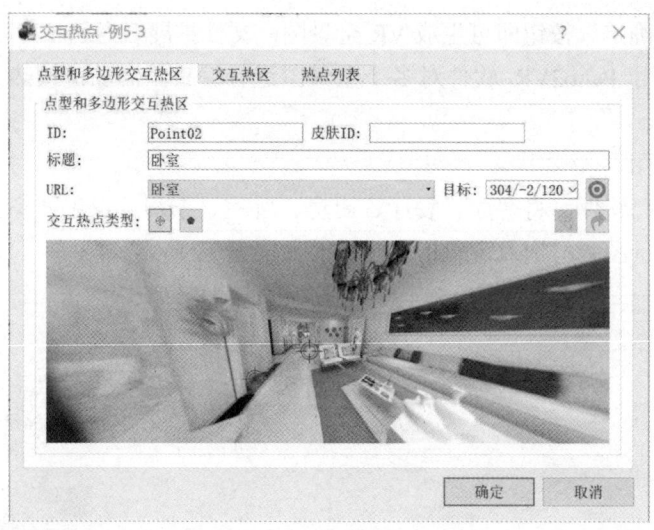

图 5-40 "交互热点"对话框

客厅与各个房间的热点链接完成后,依次选择卧室、餐厅、厨房、书房、卫生间的全景图,分别单击"交互热点"选项组的"修改"按钮,在"交互热点"对话框中设置每个房间与其他房间的链接热点。正常情况下,除了客厅只有进入到其他房间的热点以外,其他房间均应该既有"进入"热点链接,也有"出去"热点链接,如果哪个房间缺少"进入"或"出去"的链接,则在右侧该房间的缩略图上会有一个黄色三角形的!号。图 5-41 所示的厨房全景图缺失"进入"或"出去"热点链接。

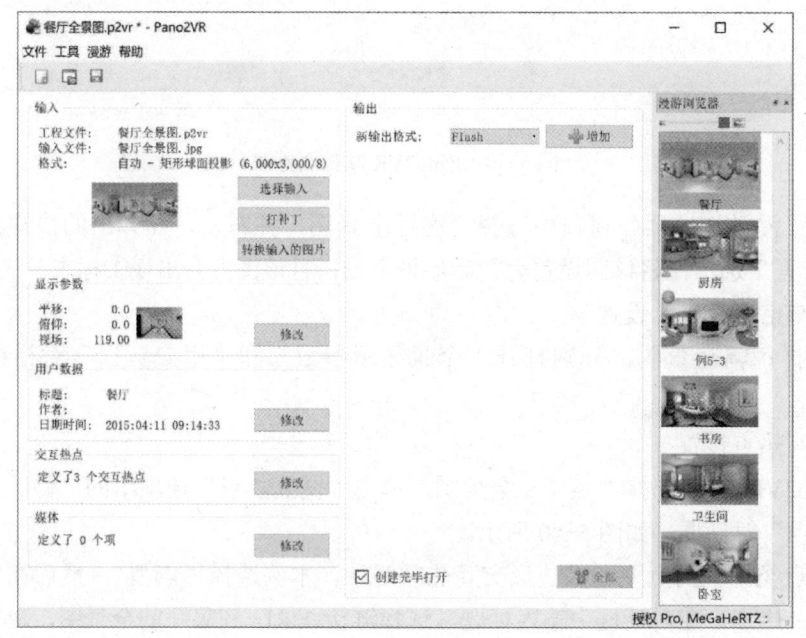

图 5-41 厨房全景图缺少"进入"或"出去"热点链接

(4)添加设置媒体信息

在 Pano2VR 界面选择客厅全景图,然后在"媒体"选项组中单击"修改"按钮,打开

"全景媒体编辑器"对话框，如图 5-42 所示。这时在"全景媒体"列表中调整到客厅的电视机画面，在电视机上双击，即可打开"媒体浏览输入"对话框，选择一个"楼盘广告宣传片"视频文件导入，"媒体类型"设置为"视频"，调整视频"尺寸"为 160×90 像素，"模式"选择"矩形 3D 指向性音频"（"模式"选项用于设置媒体音频的视听效果，根据需要选择即可），其他参数选择默认值。

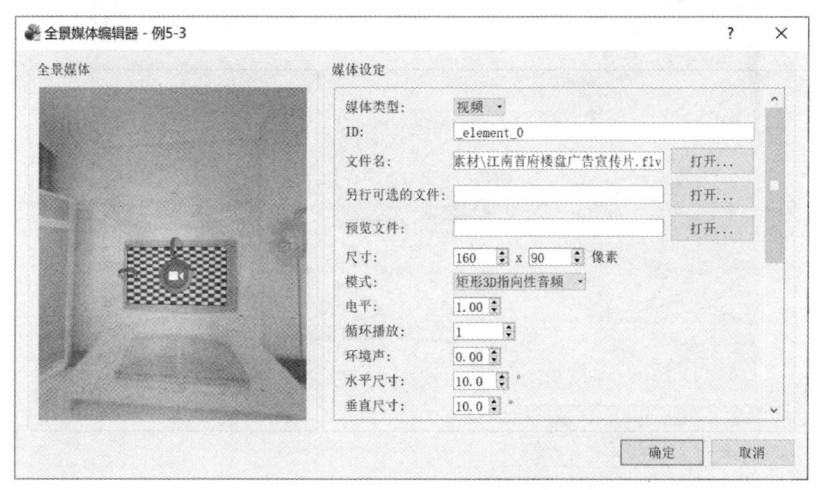

图 5-42 "全景媒体编辑器"对话框

（5）设置视频播放模式

在"全景媒体编辑器"对话框中，向下拖动右侧的滚动条，可以看到更多参数设置，如图 5-43 所示。本例设置"鼠标点击模式"为"100%弹出"（"鼠标点击模式"选项提供了多种视频播放模式，可根据需要选择）。

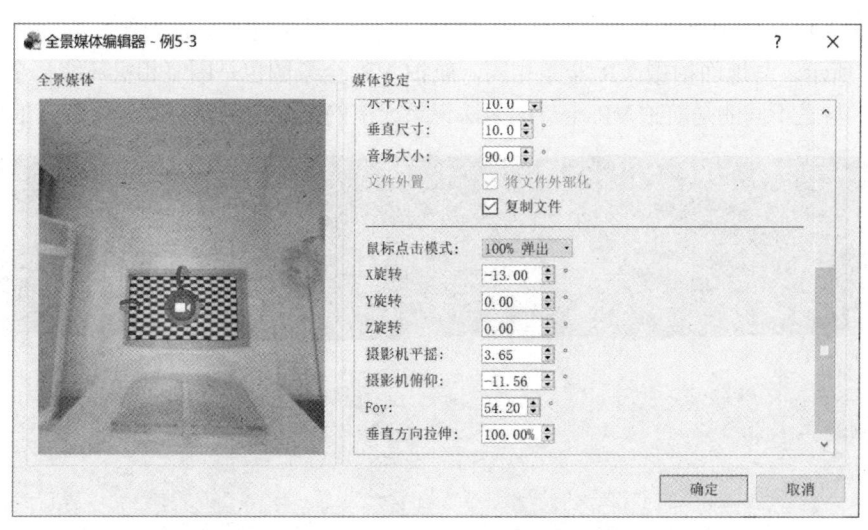

图 5-43 设置"鼠标点击模式"为100%弹出

（6）输出 VR 全景漫游作品

在 Pano2VR 界面单击"输出"选项组的"增加"按钮，打开"Flash 输出"对话框，进行相应设置。最后"全部"按钮，开始创建全部全景漫游图像，完成后的作品，如图 5-44 所示。

图 5-44　完成后的室内 VR 全景漫游作品

5.3.4　全景航拍的基本操作

通过无人机空中拍摄影像后,使用全景制作软件拼接而成的全景影像,称为全景航拍,如图 5-45 所示。与地面拍摄 VR 全景相同,航拍 VR 全景图也是围绕相机环绕一个圆心进行 360°拍摄,与之不同的是航拍 VR 全景图无法记录天空的画面,需要后期进行补天的操作。

图 5-45　拼接后的全景航拍

部分无人机搭载的相机具有"一键全景"功能（如大疆御 2Pro），可自动合成并自动补天，制作 VR 全景图很方便。下面以没有"一键全景"功能的无人机拍摄为例，介绍 VR 全景制作过程。

1．飞行前环境检查及相机参数设置

飞行前要做好规划，选择适当的时间和安全区域进行拍摄。飞行前对飞行器进行全面检查并设置好相机参数，其中相机参数的设置可参考如下数据。

1）拍照模式：【M】手动模式。

2）光圈：航拍相机通常使用固定光圈 F2.8。

3）快门速度：根据曝光标尺的提示或直接通过查看遥控器面板确定快门速度。

4）感光度：白天条件下建议设置 ISO 值为 100，傍晚可根据曝光组合设置，但尽量不要超过 1600。

5）白平衡：白天日光条件下建议将白平衡参数设置为 5300K。

6）照片尺寸比例：3∶2。

7）照片格式：JPEG+RAW。

无人机的设置参考以下几点。

1）校准罗盘。正确地校准罗盘是非常重要的，每次飞行前都要进行这一操作，特别是在一个新的地点进行航拍时，校准罗盘有助于确保无人机的安全。飞行时要远离金属物件和手机信号发射塔等可能会对罗盘产生干扰的建筑物。

2）设置返航 GPS 坐标。在校准罗盘的同时，飞行控制器也锁定了能够接收信号的卫星，通常它会自动设定好返航的 GPS 坐标。有些无人机也可能有单独的 GPS 锁定功能。

3）设置云台俯仰。在无人机设置中打开"扩展云台俯仰轴限位至上 30 度"选项，可以使云台上仰 30°，以便拍摄更多的天空，有利于后期补天操作。

2．拍摄过程

1）水平拍摄。无人机每旋转 40°拍摄 1 张照片，拍摄 8～10 张照片即可首尾相接。

2）向下俯拍第 2 层。无人机每旋转 50°拍摄 1 张照片，拍摄 7～9 张照片即可首尾相接。

3）向下俯拍第 3 层。无人机每旋转 90°拍摄 1 张照片，拍摄 4 张照片即可首尾相接。

4）最后垂直向下俯拍 1 张照片。

3．拼接全景图

打开 PTGui 软件，导入航拍的照片素材，依次进行"加载图像""对准图像""创建全景图"操作，即可生成图 5-45 所示的全景图片。

4．天空修补

如果已经拍摄有天空素材，则此步骤可以忽略，否则需要在 Photoshop 中对全景图天空进行修补。修补前可以准备好若干漂亮的天空图片素材，用于天空修补和替换。

5．生成 VR 全景漫游并发布

将制作完成的全景图导入 Pano2VR 或 720 云平台进行 VR 全景漫游制作并发布。

5.3.5　使用 720 云平台生成 VR 全景

720 云是国内优秀的全景互动在线编辑工具，为全景创作者、用户提供了可视化编辑界面，可以为"全景漫游 H5"添加各类交互、介绍、媒体等功能，然后生成 H5 链接，支持转发到微信等社交应用；也可通过网页浏览器、嵌入 APP、嵌入微信小程序进行观看。另外，还支持生成 H5 离线包，私有化部署到自己或甲方的服务器上，触摸屏、Pad 等设备也可以在无网络情况下，访问观看全景漫游。

【例 5.4】 使用 720 云平台制作"河南工程学院"校园 VR 全景漫游作品。

1. 720 云平台注册并登录

打开浏览器（建议使用谷歌浏览器），输入 www.720yun.com 进入 720 云首页。单击右上角"注册"按钮输入手机号验证注册；如果已经注册过 720 云账号，请单击右上角"登录"按钮，输入手机号及密码或使用微信扫码登录。

2. 上传已经拼接好的全景图素材

登录成功后进入首页页面，选择"发布-全景漫游"选项，进入发布页面。页面显示"支持 2:1 与六面体全景图片素材，其中 2:1 最大支持 120MB 以内的全景图片，六面体每张最大支持 60MB 以内的图片"，如图 5-46 所示。

单击"从本地文件添加"按钮，根据具体需要选择是否在即将要上传的 2:1 或六面体全景图片中加入 720yun 水印，如需要单击"上传并打水印"按钮，不需要则单击"上传但不打水印"按钮。

单击上传后将自动打开本地文件夹，可单选或多选本地作品，单击"打开"按钮即可上传。

图 5-46 720 云平台添加素材页面

全景图片上传完毕，通过鼠标拖拽移动全景图片顺序，此顺序即为作品中场景显示顺序，之后也可通过作品编辑修改；还可为全景图片重命名，重命名后的名称将同步至作品及素材库中，方便管理；可预览场景是否完整，对全景图片进行移除。

单击右上角账户名称，进入后台，选择"素材库"，已上传的所有素材都保存在此处，如图 5-47 所示。可在素材库进行素材管理，同时也可以进行素材上传。在素材库上传素材的优点是速度相对较快、较稳定，缺点是上传完毕后并不会直接生成作品，需要单击"发布"按钮，进入发布页面，选择"从素材库添加"命令，选择刚刚上传的作品，添加即可。同样，在发布时也可以同时选择从素材库添加老素材，从本地文件夹增加新素材，便于更好地创作。

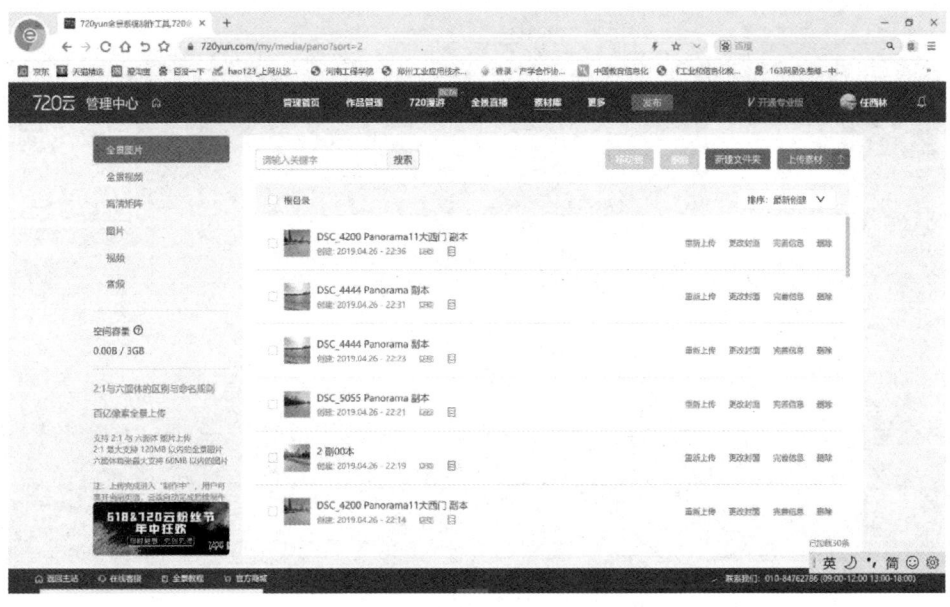

图 5-47　素材库页面

3．填写作品基本信息

完成素材的上传后，填写作品标题、作品分类等（红色*为必填项），再单击"发布作品"按钮即可，如图 5-48 所示。

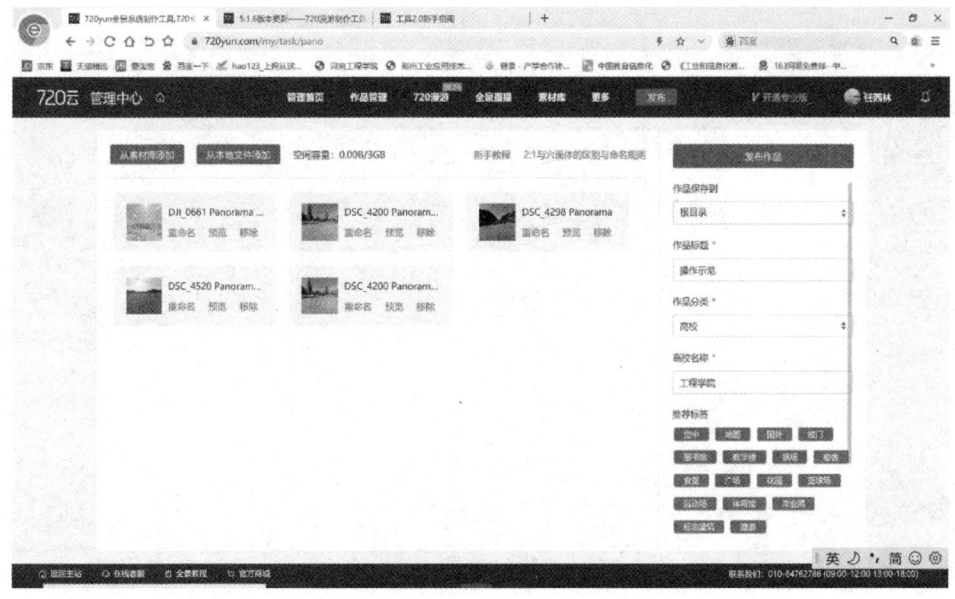

图 5-48　添加作品基本信息及发布页面

4. 全景漫游图编辑

作品发布成功后，可进入全景漫游图编辑制作的页面，编辑作品，如图 5-49 所示。其中部分功能为 VIP 功能，但免费开放的功能已经能够满足多数用户的需求。

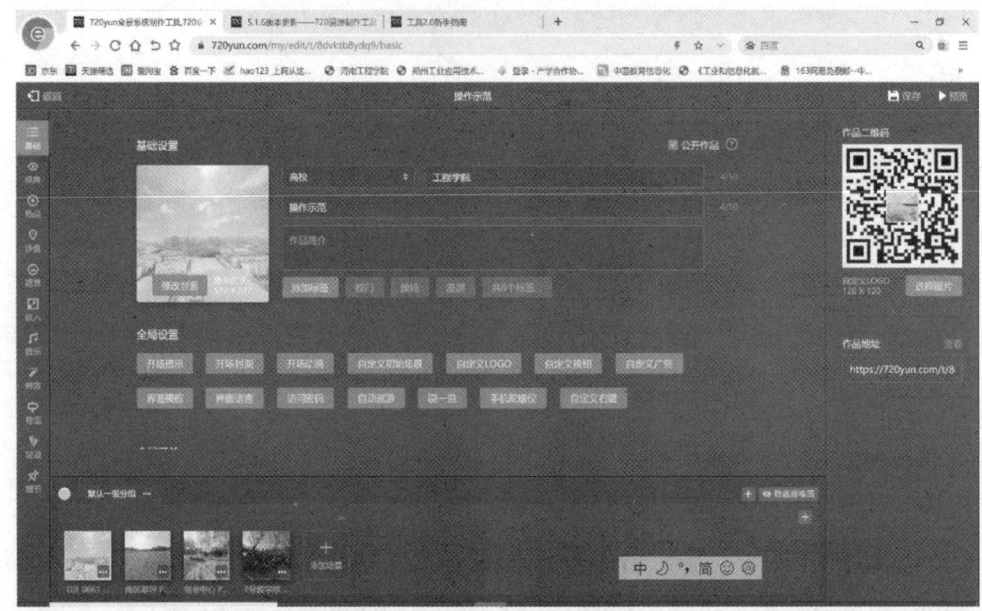

图 5-49　全景漫游图编辑制作页面

5. 全景漫游图基础设置

选择左侧"基础"菜单命令，打开的界面如图 5-50 所示。

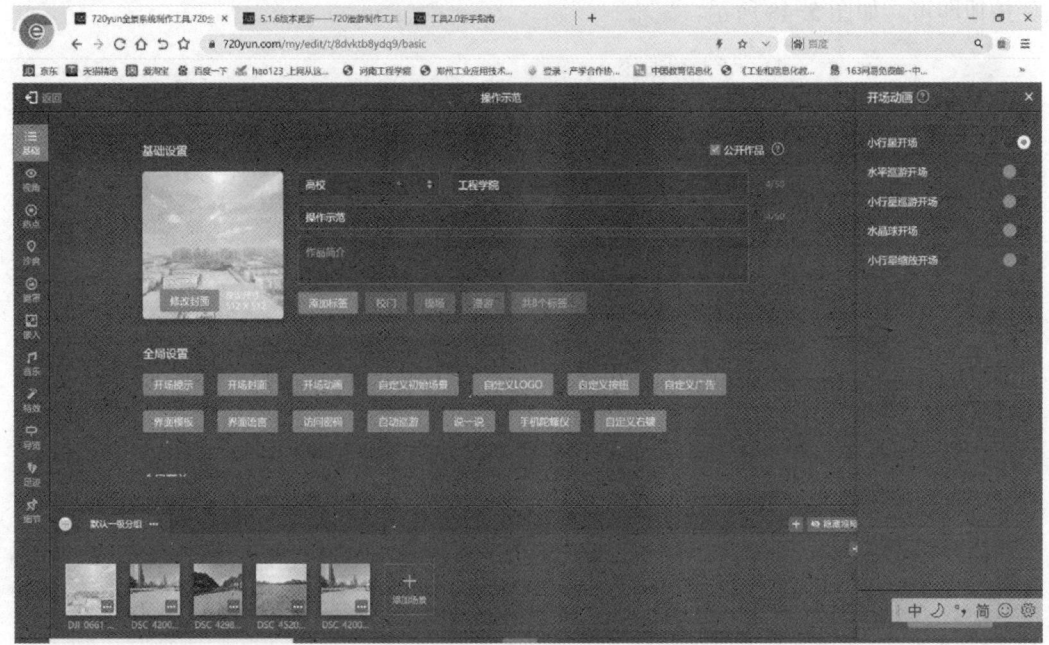

图 5-50　全景漫游图的基础设置

(1) 基础信息设置
- 封面：全景 H5 微信分享时，分享卡片上显示的小图。
- 作品分类：有助于作品快速进入分类频道；在网站搜索"分类作品"时，作品分类可帮助作品在相应频道下被显示出来。
- 作品标题：H5 显示的网页标题或微信分享卡片上的标题（大字部分内容）。
- 作品简介：界面按钮"简介"中的内容或微信分享卡片上的描述语部分（小字部分内容）。
- 添加标签：为作品添加标签，在网站搜索"关键词"时，可在搜索结果中出现该作品。
- 公开作品：控制该作品是否在账户的个人主页上展示、搜索结果中出现，获取到该作品链接的人，均可正常访问。

(2) 全局设置
- 开场提示：用于提示该全景如何进行交互，可换成自己的 logo、品牌露出等图片。可拖拽右侧的控制条控制开场提示的显示时间。
- 开场封面：【VIP 功能】用于设置一张平面图（jpg、png、gif 格式）作为 H5 的开场封面，建议用 png 格式，背景色选用系统提供的纯色，这样可以让封面图片适配到各类屏幕上，不被拉伸变形，影响观看。
- 开场动画：用于切换全景的开场动画效果，或关闭开场动画效果，以小行星开场设置居多。
- 自定义初始场景：【VIP 功能】用于设置分享后浏览者第一个看到的场景。
- 自定义 LOGO：【VIP 功能】根据用户需要来设置。
- 自定义按钮：【VIP 功能】用于为作品添加全局显示的按钮，最多支持 3 组，每组 5 个，共计 15 个；按钮类型支持链接（一键跳转到指定网页链接）、电话（手机号码、固定电话号码）、导航（一键进入地图导航，地图接口由高德地图提供）、图文（图文音频结合展示）、文章（支持文字、图片、视频等内容）、视频（支持第三方 HTTPS 协议视频分享通用代码、本地上传视频）。
- 访问密码：【VIP 功能】用于设置观看作品的密码。
- 界面模板：用于更改 H5 界面的 UI 样式，免费模板有 3 组及 VIP 界面模板。
- 自动巡游：设置全景画面在没有交互的情况时，按指定时长画面自动巡游展示，主要应用在大屏展示设备上。
- 说一说：对作品进行留言、评论，不支持回复，需登录账号才能进行留言。
- 标清/高清：设置默认的加载清晰度，以及控制按钮的显示与否。
- 手机陀螺仪：控制重力感应是否开启，以及控制按钮的显示与否。注意，部分设备由于自身无该硬件配置，可能会导致该功能不能生效。
- 自定义右键：【VIP 功能】在计算机端右键或手机端长按画面时，会弹出隐藏列表，最多支持添加 3 条自定义链接。

(3) 全局开关设置
- 创作者名称：控制是否显示账号昵称。
- 浏览量：控制是否显示作品人气数。
- 场景选择：控制是否在初始加载页面后，展开全景缩略图列表，默认为展开。

- 足迹：控制是否显示全景图片的拍摄位置。
- 点赞：控制是否显示点赞功能。
- VR 眼镜：控制是否显示切换作品 VR 状态（双目模式，用于搭配 VR Box 使用）。注意，苹果手机的微信浏览器不支持该功能，可用外部浏览器打开。
- 分享：控制是否显示提示分享的按钮。
- 视角切换：控制是否显示切换观看全景画面的视角状态，不同视角状态下，画面会进入不同的畸变模式，在某些画面场景下，可能会有意想不到的效果。一般不建议开启该功能。
- 场景名称：控制显示在每切换到一个新的全景场景时，屏幕上方是否临时显示该场景的名称。

（4）底部场景选择

该部分为场景的缩略图列表控制区，可通过添加分组对全景图片进行分组、重命名场景名称、替换缩略图封面、甚至隐藏部分缩略图（可通过场景切换热点访问到隐藏场景，加强引导性）。也可为"场景选择"控制按钮更换图标、重命名图标文字。

6. 全景漫游图视角设置

选择左侧"视角"菜单，打开的界面如图 5-51 所示。

图 5-51 全景漫游图的视角设置

- 当前初始视角：在界面中将画面用鼠标拖曳或键盘方向键控制到想要场景的角度，单击"设置"按钮即可。
- 视角（FOV）范围设置：设置默认加载初始画面可缩放的最远和最近画面。
- 垂直视角限制：控制可观看的画面范围，如果不想展示顶部或地面的部分，可通过控制这个参数，来控制显示的范围（注意，该功能在陀螺仪开启的状态下不生效）。

手机端因为设置有回弹效果,会导致画面可以观看到限制区域。
- 自动巡游时,保持初始视角:设置在无交互状态下,画面进行自动巡游时,是否将画面的垂直高度巡游到初始视角的高度。如果最后的交互让画面停留在地面/天空位置,则必须开启该功能,特别是使用大屏幕设备时。

7. 全景漫游图热点设置

选择左侧"热点"菜单,界面如图 5-52 所示。这是链接多个全景图的关键设置,可以选择静态或动态(GIF 格式)的图标,也可以自定义图标或设置多边形图标,添加在全景图的适当位置,以便链接全校的各个区域。

热点的类型如下所示。
- 全景切换:单击切换到指定场景。
- 超链接:单击跳转到超链接页面。
- 图片热点:单击弹出图片内容。
- 视频热点:【VIP 功能】单击弹出视频内容,视频内容支持来自第三方视频或本地视频。
- 文本热点:单击弹出文字介绍内容。
- 音频热点:单击播放音频内容。

图 5-52 全景漫游图热点设置

- 图文热点:单击弹出图片、文字、音频结合的内容;展示界面有两套模板供选择。
- 环物热点:单击弹出序列图片内容,可通过左右拖拽来切换观看不同的图片,用于展示环物图片素材组、状态切换图片素材组。
- 文章热点:单击弹出文章内容,文章支持文字、图片、视频混排。

8. 全景漫游图沙盘设置

选择左侧的"沙盘"菜单,界面如图 5-53 所示。

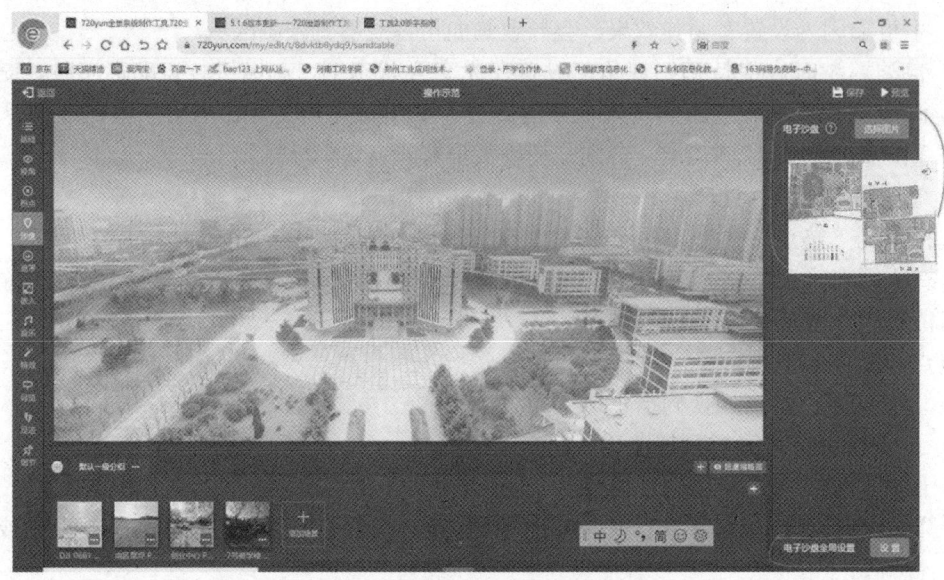

图 5-53　全景漫游图沙盘设置

电子沙盘可为项目添加平面户型图、总体结构平面示意图等，以及在图上添加定位点，快速定位到目标场景。

9. 全景漫游图遮罩设置

选择左侧"遮罩"菜单，界面如图 5-54 所示。

- 天空遮罩：在场景顶部的位置添加图片，从而遮盖顶部或展示 LOGO、品牌等信息。
- 地面遮罩：在场景地面的位置添加图片，从而遮盖底部或展示 LOGO、品牌等信息。

图 5-54　全景漫游图遮罩设置

10. 全景漫游图嵌入设置

选择左侧"嵌入"菜单，界面如图 5-55 所示。在图 5-55 中在创新创业中心的建筑物附近添加了文字介绍信息，还可以在全景图中嵌入以下类型的对象。

第 5 章 三维全景技术

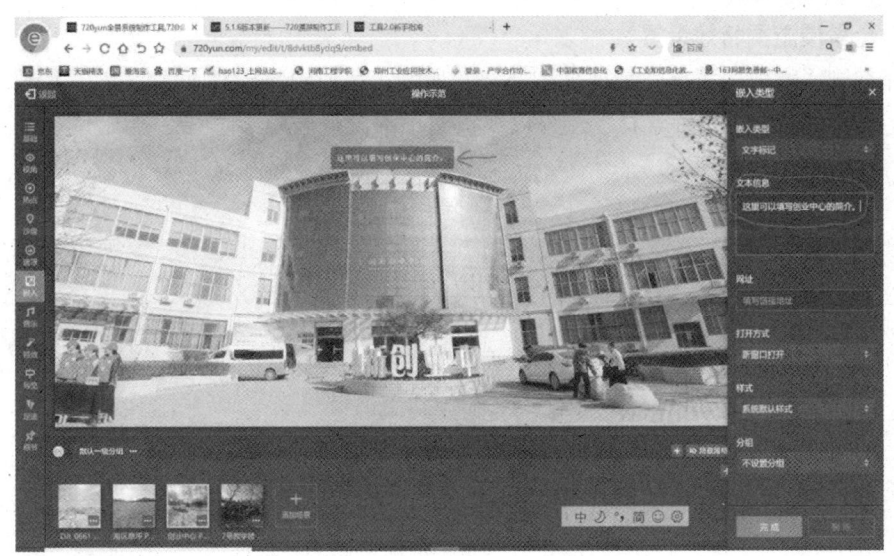

图 5-55 全景漫游图嵌入设置

- 文字标记：可对全景图上的建筑、物品等内容进行文字标注、场景说明。
- 图片素材：可插入单张、多张图片，嵌入到全景图中，循环播放图片，实现动态场景的效果。
- 序列帧：可插入序列帧图片（帧动画的帧图片序列），实现动态场景的效果。序列帧是比 gif 更为稳定的动画展现形式，适合播放 png 格式的素材。
- 视频：【VIP 功能】可插入跟随场景转动的平面视频，实现动态场景的效果。
- 标尺：可对场景内建筑、物品进行尺寸标注。

11. 全景漫游图音乐设置

选择左侧"音乐"菜单，界面如图 5-56 所示。既可为场景添加背景音乐，也可为场景添加解说音频。

图 5-56 全景漫游图音乐设置

135

12. 全景漫游图特效设置

选择左侧"特效"菜单，界面如图 5-57 所示。可以给场景添加太阳光、下雨、下雪等特效，甚至可以自定义图片素材。还可以在页面顶部设置循环滚动文字等。

图 5-57　全景漫游图特效设置

13. 全景漫游图导览设置

选择左侧"导览"菜单，界面如图 5-58 所示。可以录制预设动画路径，观看者可一键开启自动导览介绍，介绍内容包含角度转动、场景切换、文字及音频内容等。

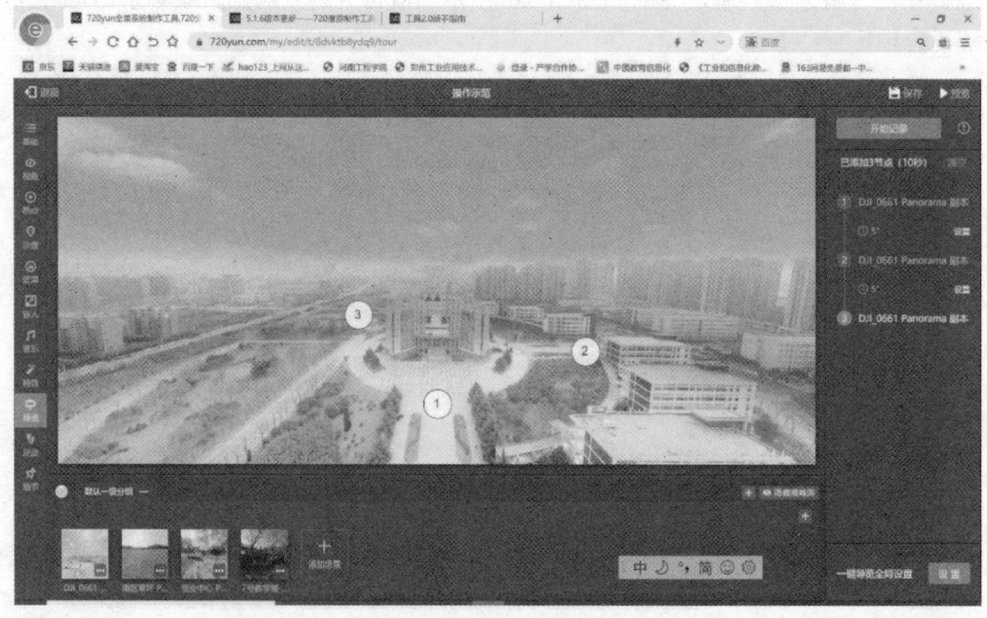

图 5-58　全景漫游图导览设置

14. 全景漫游图足迹设置

可以为每张图片添加拍摄地址/物理地址，该功能适合合集类图片作品使用。

15. 全景漫游图细节设置

用于快速定位和展示画面需要突出的细节位置或者重点要展示的位置，也可用于大像素全景的细节或重点位置的快速定位展示。

16. VR 全景漫游图发布分享

完成以上设置后，单击"保存"按钮，就可预览效果，并发布分享。

习题

一、简答题

1. 什么是三维全景？
2. 简述拍摄三维全景图的注意事项。
3. 简述使用 PTGui 拼接全景图的一般流程。
4. 简述 VR 全景漫游制作的主要步骤。
5. 简述未来的三维全景技术的特点。

二、操作题

1. 使用数码相机，拍摄 3 套用于制作全景图的照片素材。
2. 利用 PTGui 软件拼接制作一个全景图，导出全景图投影模式为等距圆柱，比例为 2∶1 图片。
3. 利用 PTGui 软件拼接制作一个全景图，导出全景图投影模式分别为全帧鱼眼、立体投影、墨卡托投影、球面、小行星 300°立体投影。
4. 利用 PTGui 软件拼接制作一个全景图，导出全景图投影模式为等距圆柱，输出文件为 6 个单独的六面体图片，采用软件默认文件名。如果缺少补天和补地的照片，请使用 Photoshop 等软件进行补天、补地操作。
5. 参考例 5.3，利用本书配套资源提供的全景图片及音乐、视频素材，使用 Pano2VR 制作一个 VR 全景漫游作品。
6. 参考例 5.4，利用本书配套资源提供的全景图片及音乐、视频素材，通过 720 云平台制作一个 VR 全景漫游作品。

第 6 章　Unity 开发基础

学习目标
- 掌握 Unity 窗口界面组成
- 掌握物理引擎和碰撞检测
- 熟悉并掌握 Unity 各种资源
- 熟悉并掌握 UGUI 常用控件的使用
- 熟悉并掌握旧版动画系统和 Mecanim 动画系统
- 熟悉 AI 漫游和 Navigation 导航寻路系统

Unity 是由 Unity Technologies 开发的，使开发者轻松创建虚拟实现、增强现实、建筑可视化、模拟仿真、3D 游戏、2D 游戏等交互内容，支持多平台的全面整合的专业开发引擎。

6.1　初识 Unity

随着计算机处理能力的提升、人们审美欣赏水平的提高，2D、3D 数字产品追求更加酷炫的界面效果和更丰富的功能，开发者不再从底层一行行代码进行开发，而开始采用更快捷的开发方法和流程，游戏引擎很好地满足了这种需求。

游戏引擎简单说就是一套用于开发游戏的工具，是一些已编写好的可设计开发游戏系统或实时交互式图像应用程序的核心组件，它为游戏设计者提供各种编写游戏所需的工具，使游戏设计者能快速开发出游戏而不用从零开始。常用的游戏引擎有 Unity、Unreal、Cocos2D、Virtools 等。

6.1.1　Unity 发展历史

2004 年，Unity 诞生在丹麦的阿姆斯特丹。2005 年，Unity 将总部移至美国的旧金山，并发布了 Unity 1.0 版本。起初 Unity 只能应用于 Mac 平台，主要针对 Web 项目和 VR（虚拟现实）的开发。此时，Unity 并没有引起人们的关注，直到 2008 年推出 Windows 版本，并开始支持 iOS 和 Wii，它逐步从众多的游戏引擎中脱颖而出，并因为顺应移动游戏的潮流而变得炙手可热。2009 年，Unity 的注册人数达到了 3.5 万，荣登 2009 年游戏引擎的前五名。2010 年，Unity 开始支持 Android，继续扩大影响力，2011 年开始支持 PS3 和 XBOX360，其全平台的构建基本完成。如今，Unity 可发布游戏至 iOS、Android、Windows Phone 8、Tizen（操作系统）、Windows、Windows Store 应用程序、Mac、Linux/Steam OS、网络播放器、WebGL（网页硬件 3D 加速渲染标准）、PlayStation3、PlayStation4 和 Morpheus（索尼 PS4 配套头戴式显示器）、PlayStation Vita 版、Xbox one、Xbox 360、Wii U、Android TV、Samsung Smart TV、Oculus Rift（Oculus VR 公司头戴式显示器）、Gear VR（三星虚拟现实眼镜)、Windows Hololens（全息头盔眼镜）等众多平台和虚拟现实设备。

从 2005 年 6 月发布 Unity 1.0 版本开始，历经了 Unity 4.x、Unity 5.x、Unity 2017、Unity 2018、Unity 2019 等版本，并不断进行更新。

6.1.2 Unity 安装

为方便不同类型用户使用 Unity 引擎进行学习、开发和商用，Unity 提供了不同的软件版本。Unity 将用户分为两大类：个人用户和团队用户。个人用户可以使用的版本包括 Unity Student（学生版）和 Unity Personal（个人版），团队用户使用的版本有 Unity Plus（加强版）、Unity Pro（专业版）、Unity Enterprise（企业版），如图 6-1 所示。作为初学者，一般选择 Unity Personal 版本。

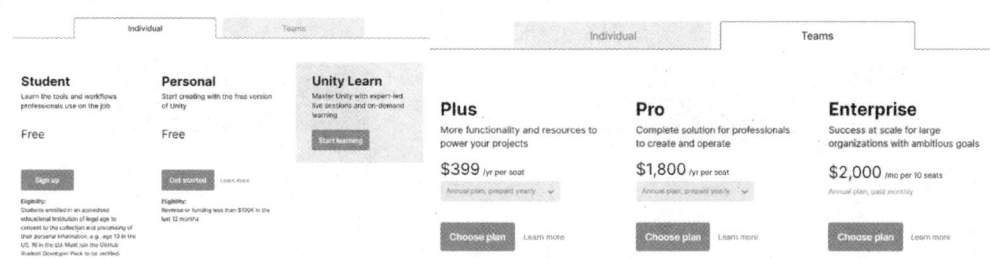

图 6-1 Unity 不同安装版本

可以通过两种方法安装 Unity：通过 Unity Hub 在线安装；下载安装软件 Unity-Setup64.exe，然后离线安装。Unity 5.6 以前的版本仅支持离线安装，Unity 2017 以后版本可以通过 Unity Hub 实现 Unity 软件安装和 Unity 项目的管理。下面分别介绍两种方法的安装步骤。

1．通过 Unity Hub 在线安装 Unity

通过 Unity Hub 在线安装 Unity 的具体安装步骤如下。

1）打开 Unity 中文官网https://unity.cn/，单击"下载 Unity"按钮，如图 6-2 所示。

图 6-2 Unity 中文官网

2）在打开的页面下方，找到各下载版本，单击"从 Hub 下载"按钮，在弹出的"提示"对话框中，单击"Windows 下载"按钮，如图 6-3 所示。

3）在弹出的"登录"对话框中，进行注册登录，注册登录方法有 Connect 登录和账户登录两种方式。Connect 登录需要注册 Unity ID，手机下载安装 Unity Connect App，然后通过 App 扫码登录，如图 6-4 所示。账户登录可以通过手机号、电子邮箱、微信等登录。以微信登录为例，选择"账号登录"→"电子邮件登录"命令，然后在下方的微信图标上单击，如图 6-5 所示，绑定手机如图 6-6 所示，弹出微信登录二维码，使用微信扫描登录。

图 6-3 下载 Unity Hub

图 6-4 Unity Connect 登录界面　　　　图 6-5 Unity 账户登录界面

图 6-6 微信登录绑定手机

4) 登录成功后，重复第 2) 步，单击"Windows 下载"按钮，开始下载 UnityHubSetup.exe 安装文件，下载完成后，安装 Unity Hub。

5) 安装成功后，运行 Unity Hub，选择左侧的"安装"选项，即可添加已安装版本或安装需要的 Unity 版本，如图 6-7 所示。

6) 在图 6-7 中的蓝色文字"安装"上单击，打开"添加 Unity 版本"对话框，选择一个需要安装的 Unity 版本，这里选择"Unity2018.4.31f1(LTS)"，如图 6-8 所示。LTS（长期支持版）适用于希望长期持续开发和发布游戏内容，并期望长时间保持稳定版本的用户。

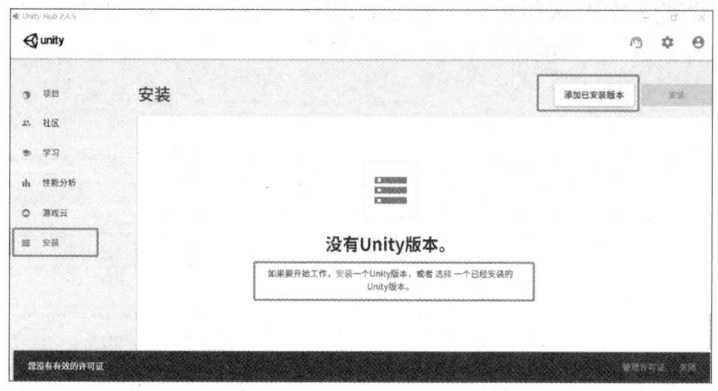

图 6-7 Unity Hub 安装 Unity 窗口

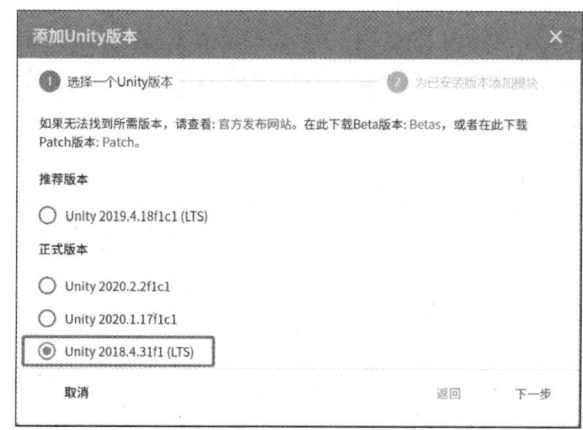

图 6-8 添加 Unity 版本

7）单击"下一步"按钮，在打开的界面为安装的 Unity 添加模块，这里添加开发工具"Microsoft Visual Studio Community 2017"，发布平台可以选择安装，也可以以后需要时再安装，如图 6-9 所示。如果选择安装"Documentation"模块，则可离线查看 Unity 帮助文档，如果不安装，则只能在线查看帮助文档，如图 6-10 所示。

图 6-9 添加安装模块 1

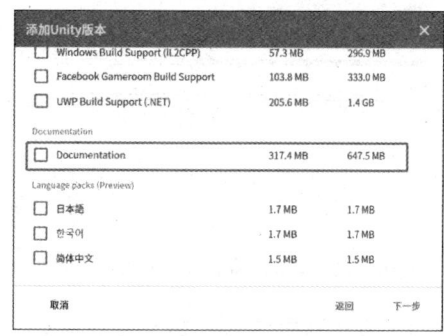

图 6-10 添加安装模块 2

8)添加模块后,单击"下一步"按钮,在打开的"最终用户许可协议"对话框中,选中"我已阅读并同意上述条款和条件"选项,如图 6-11 所示,对话框中的蓝色网址链接是"微软软件许可条款",如图 6-12 所示。

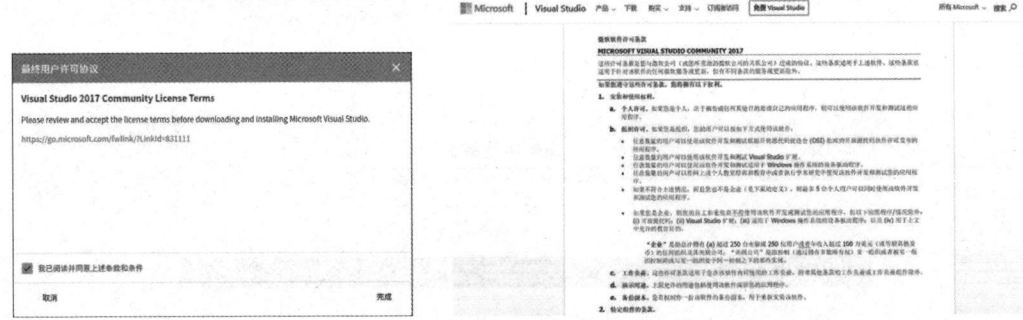

图 6-11 "最终用户许可协议"对话框　　　　图 6-12 微软软件许可条款

9)单击"完成"按钮,Unity Hub 会先下载 Unity 安装文件,可在安装界面通过"安装进度条"查看下载进度,如图 6-13 所示。下载完成后安装 Unity,如图 6-14 所示。Unity 2018.4.31f1(LTS)版本安装完成后,Unity Hub 显示效果如图 6-15 所示。

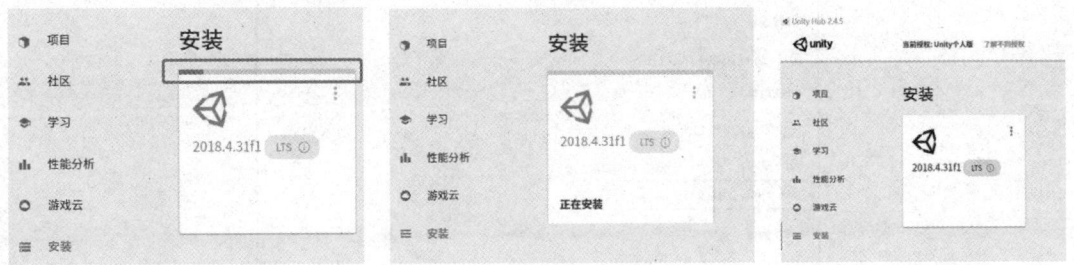

图 6-13 Unity 安装软件下载　　　图 6-14 Unity 正在安装　　　图 6-15 Unity 安装完成

10)Unity 安装完成后,自动开始下载安装 Visual Studio Installer。Visual Studio Installer 下载和安装界面如图 6-16 和图 6-17 所示。

 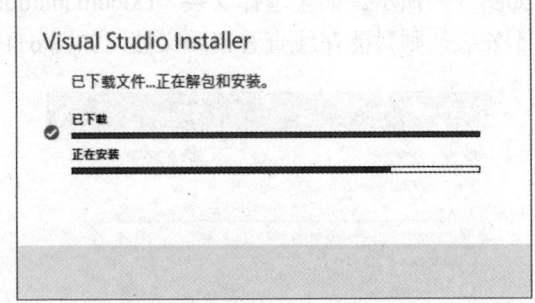

图 6-16 Visual Studio Installer 下载　　　　图 6-17 Visual Studio Installer 安装

11)继续自动下载安装 Visual Studio Community 2017,Visual Studio Community 2017 下载安装界面如图 6-18 所示。

图 6-18 Visual Studio Community 2017 下载安装

12）运行 Unity 2018，启动界面如图 6-19 所示，然后打开 Unity Hub，通过 Unity Hub 新建和管理项目。

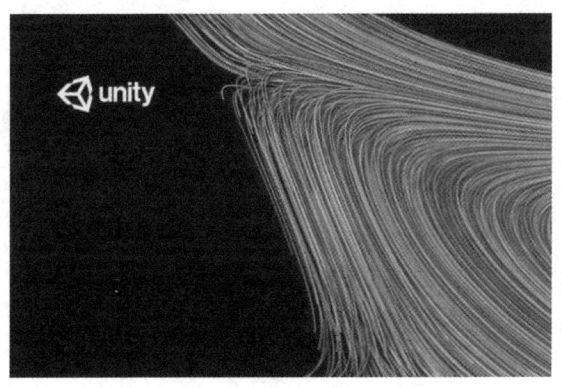

图 6-19 Unity 2018 启动界面

13）要通过 Unity Hub 新建和管理项目，需要先登录 Unity 服务器，在右上角的"用户"头像上单击，在弹出的菜单中选择"登录"命令，如图 6-20 所示。弹出"Unity Hub Sign In"对话框，如图 6-21 所示，如果通过微信登录，账号没有绑定邮箱，需要绑定邮箱。

图 6-20 Unity Hub 登录

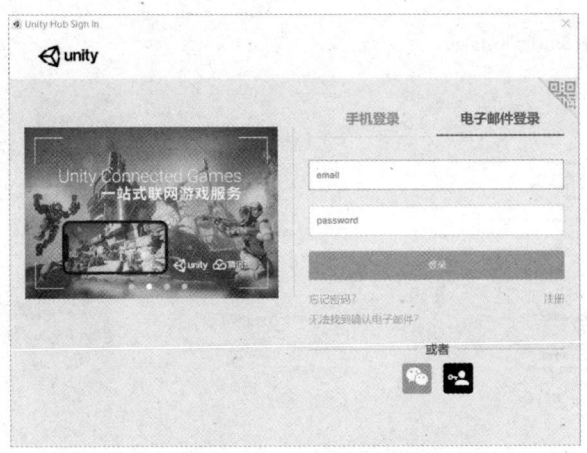

图 6-21 "Unity Hub Sign In"对话框

14）登录后需要激活许可证，在右上角的"用户"头像上单击，在弹出的菜单中选择"管理许可证"命令，如图 6-22 所示。弹出"偏好选项"窗口，在"许可证管理"中单击"激活新许可证"按钮，如图 6-23 所示。

图 6-22 管理许可证

15）在弹出的"新许可证激活"对话框中，选择"Unity 个人版"→"我不以专业身份使用 Unity"选项，单击"完成"按钮，自动完成许可证激活，如图 6-23 所示。

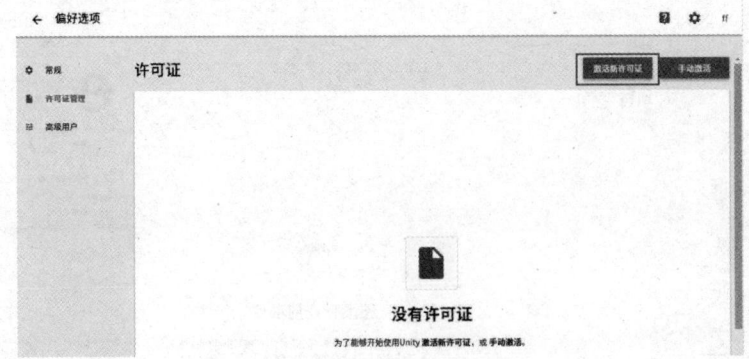

图 6-23 "偏好选项"窗口

第 6 章　Unity 开发基础

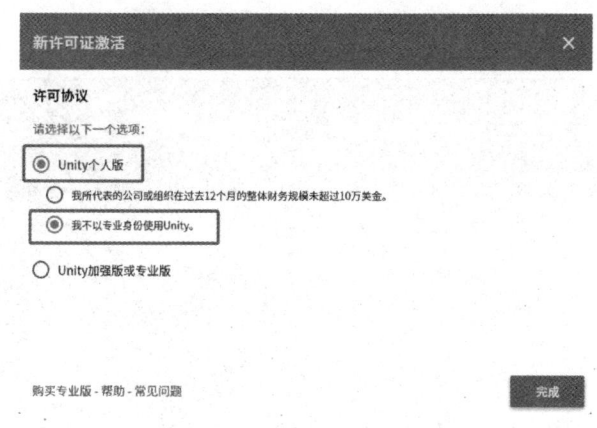

图 6-24　"新许可证激活"对话框

16）许可证激活后，许可证管理界面如图 6-25 所示。同时，在 C 盘的 C:\Program Data\Unity 文件夹下（如果 C 盘看不到 ProgramData 文件夹，则设置资源管理器的隐藏文件和文件夹为显示状态），会生成一个许可证文件 Unity_lic.ulf，以后再次运行 Unity，会再次自动激活许可证，该文件会被覆盖。

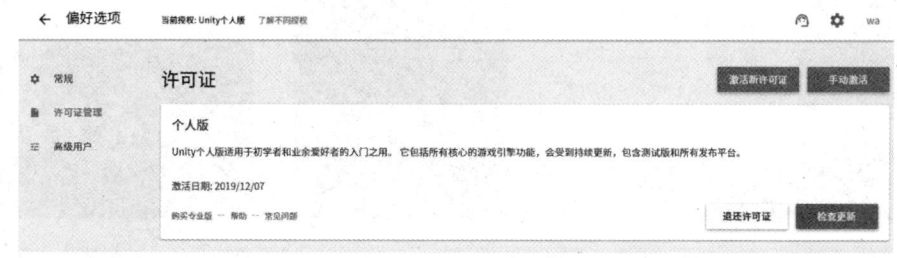

图 6-25　许可证激活后界面

17）许可证激活以后就可以新建 Unity 项目了。单击"新建"按钮，在弹出的"创建新项目"窗口中，选择项目模板"3D"，设置项目名称和项目存储位置，单击"创建"按钮，如图 6-26 所示，即可创建一个 Unity 项目，如图 6-27 所示。

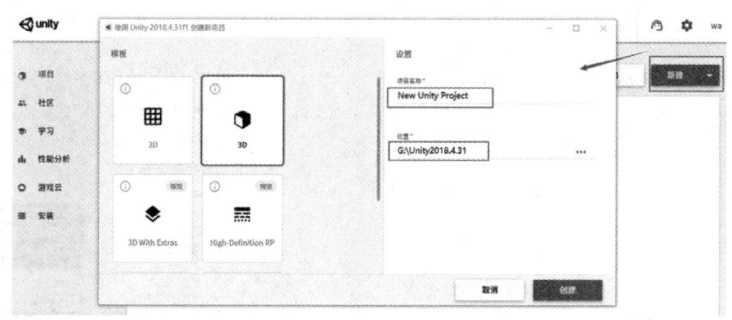

图 6-26　"创建新项目"窗口

18）在"Project"面板中"Assets"选项旁的空白处右击，在弹出的快捷菜单中选择"Create"→"C#Script"命令，如图 6-28 所示，创建一个 C#脚本文件，命名为"test"，如

145

图 6-29 所示。

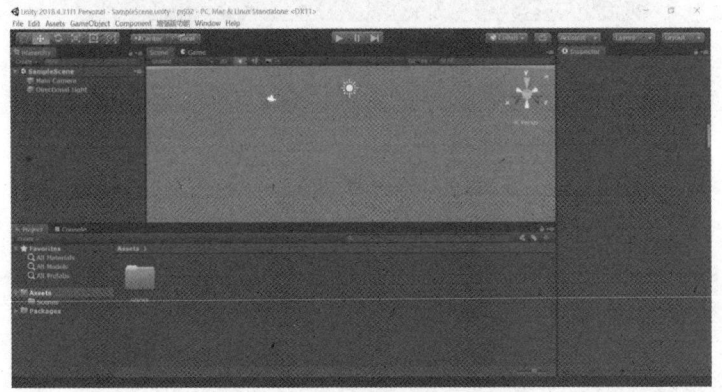

图 6-27 Unity 新建项目

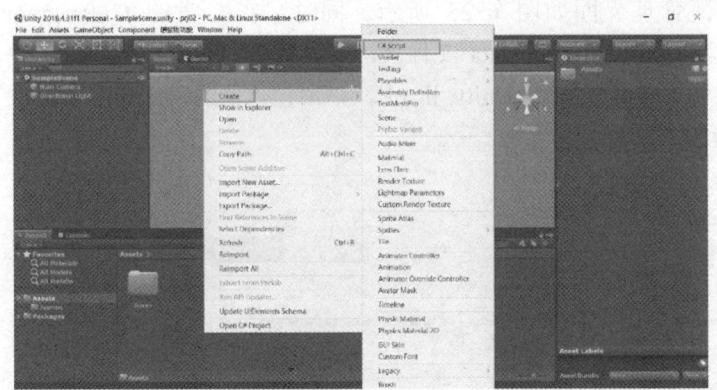

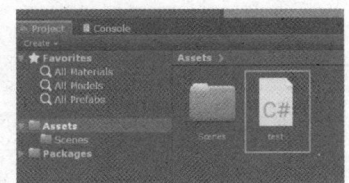

图 6-28 新建 C#脚本　　　　　　　　　图 6-29 重命名 C#脚本文件名

19）双击"test"文件，打开 Visual Studio Community 2017 编辑该脚本文件。在 Visual Studio "欢迎"对话框中，不用登录，单击"以后再说"选项，如图 6-30 所示。在打开的"设置"对话框中，可以设置 Visual Studio 的颜色主题，然后单击"启动 Visual Studio(S)"按钮，如图 6-31 所示即可打开 Visual Studio。

图 6-30 Visual Studio "欢迎"对话框　　　　图 6-31 Visual Studio "设置"对话框

20）在 Visual Studio 编辑界面中，在代码编辑界面找到 Start()方法并输入"print("Hello world!");"语句，保存 test.cs 文件，如图 6-32 所示。

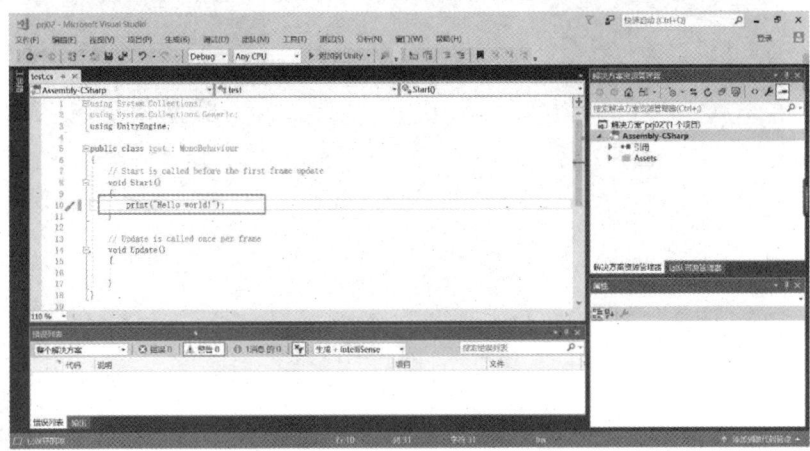

图 6-32　Visual Studio 界面

21）返回 Unity，在 Unity 中将 test.cs 脚本文件拖动到"Main Camera"选项上，在"Inspector"面板上会添加 test 脚本组件，如图 6-33 所示。

图 6-33　在 Unity 中将脚本赋给主摄像机

22）单击窗口上方的"播放"按钮，运行项目场景，控制台 Console 中即输出"Hello world!"，如图 6-34 所示。

2．离线安装 Unity

Unity 5.6 以前版本离线安装步骤如下。

1）打开 Unity 中文官网 https://unity.cn/，登录 Unity，然后下载 Unity 5.6.7 安装文件 UnitySetup64.exe。

2）双击 UnitySetup64.exe 开始安装 Unity，根据提示安装即可。

3）安装完成，运行 Unity，按提示注册 Unity ID，就可以开始使用 Unity 了。

建议通过 Unity Hub 安装管理 Unity，Unity Hub 可管理多个版本的 Unity 及其不同版本 Unity 创建的项目。

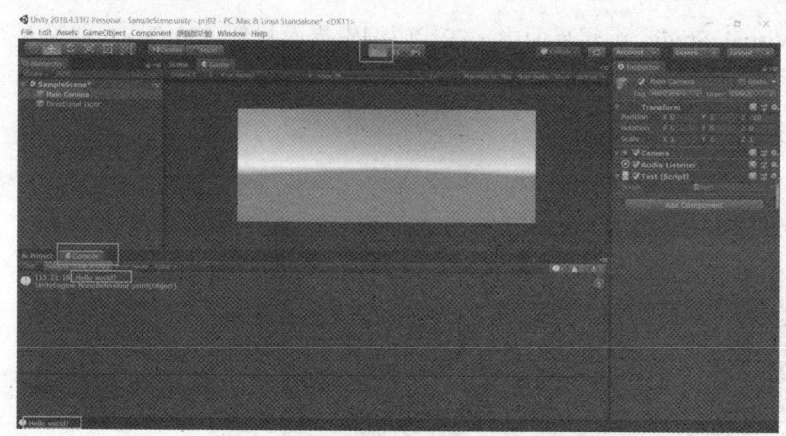

图 6-34 脚本运行效果

6.1.3 Unity 简单案例

6.1.3 Unity 简单案例

下面通过一个简单实例来了解 Unity 强大便捷的开发功能。本实例首先创建一个立方体，为立方体添加材质和纹理，然后通过代码实现立方体旋转，并通过快捷键控制立方体的移动，具体操作步骤如下。

1) 启动 Unity，单击"新建"按钮，打开"创建新项目"窗口，在该窗口中选择"3D"模板，并将其命名为"CubePrj"。

2) 单击"创建"按钮，系统自动创建一个"Scene"场景，在"Hierarchy"面板中，可以看到默认创建一个"Main Camera"（为场景提供观察视角，相当于人的眼睛）和一个"Directional Light"（为场景提供平行光照明）对象。

3) 选择"Hierarchy"面板左上方的"Create"菜单，在弹出的菜单中选择"3D Object"→"Cube"命令，如图 6-35 所示，即可在"Scene"面板中创建一个默认的立方体。该立方体长宽高分别为 1m、1m、1m，位置坐标 x、y、z 分别为 0、0、0，在"Inspector"面板的"Transform"组件的"Position"属性中查看到。在"Hierarchy"面板中可以看到创建出来的立方体对象名称为"Cube"，如图 6-36 所示。

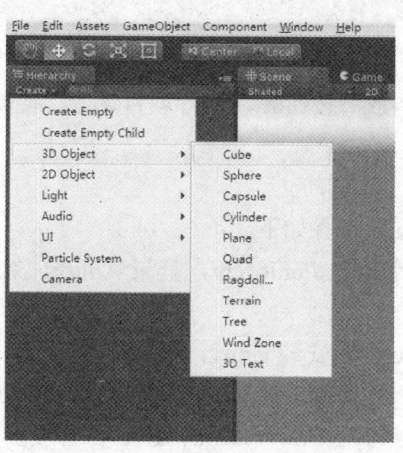

图 6-35 创建对象菜单

第 6 章 Unity 开发基础

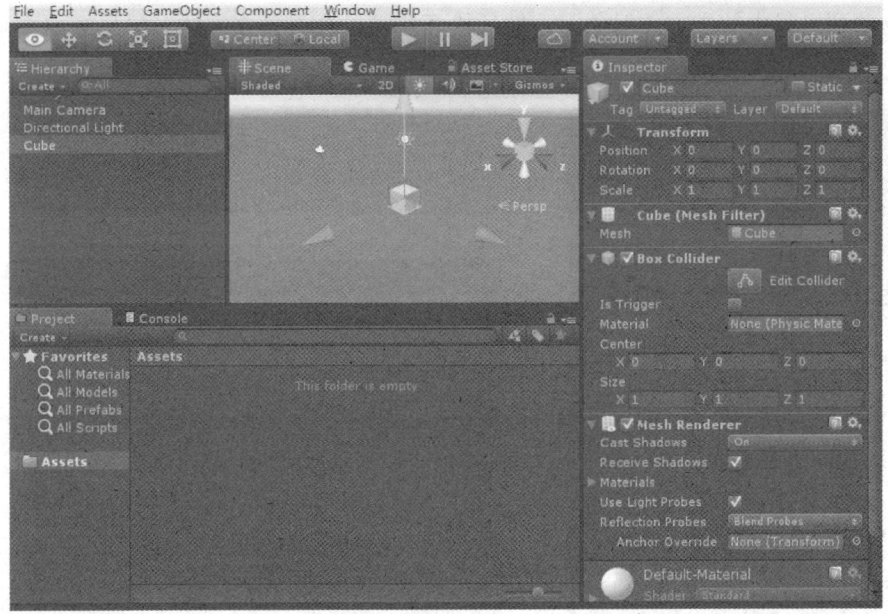

图 6-36 创建一个立方体对象

4）观察"Scene"面板中的立方体对象，显示为白色。在"Project"面板的"Assets"选项上右击，在弹出的快捷菜单中选择"Create"→"Material"命令，如图 6-37 所示，即可在"Assets"面板中创建一个新材质，重命名为"red"，如图 6-38 所示。

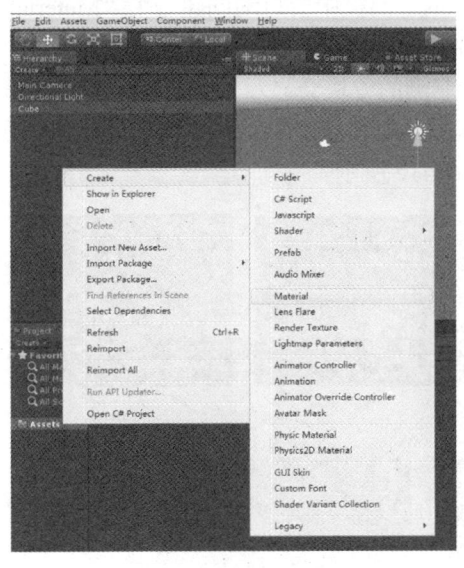

图 6-37 新建材质菜单图

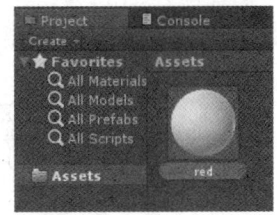

图 6-38 Assets 面板中的新材质

5）在"Inspector"面板的"Main Maps"中单击"Albedo"（反射属性，这是表现物体表面材质和纹理的最基本属性）属性后的色块，在弹出的"Color"对话框中将颜色设置为红色，这时材质已经修改为红色，如图 6-39 所示。

6）将 red 材质赋给立方体对象。选中"Assets"面板中的 red 材质后，按住鼠标左键将

149

材质球拖动到场景中的立方体对象上，然后松开左键，会看到立方体对象已经由原来的白色变为红色，如图 6-40 所示。

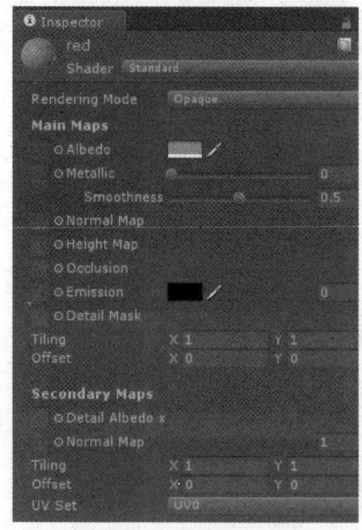

图 6-39 修改材质颜色

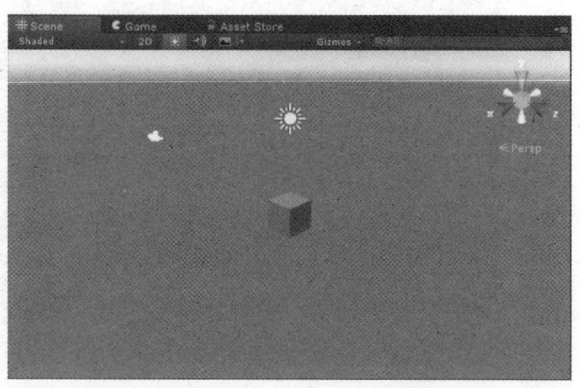

图 6-40 将 red 材质赋给立方体对象

7）为立方体添加纹理。在资源管理器中任意选中一幅图片（如 tu.jpg），按住鼠标左键将图片拖动到计算机桌面的 Unity 图标上，等待 Unity 窗口打开，继续拖动鼠标到"Assets"面板，然后松开左键，就将图片添加到"Assets"面板中了，如图 6-41a 所示。将"Assets"面板中的 tu.jpg 拖动到立方体上，此时在"Assets"面板中会自动创建一个"Materials"文件夹，如图 6-41b 所示。打开"Materials"文件夹，Unity 创建了一个名称为"tu"的材质，如图 6-41c 所示。"Inspector"面板"Albedo"左侧的方块会显示 tu.jpg 预览图，表示 tu 材质包含一个 tu.jpg 纹理图，如图 6-41d 所示。这时，观察场景中的立方体，会看到立方体的每个面都被贴上了 tu.jpg 文件对应的图片，如图 6-41e 所示。

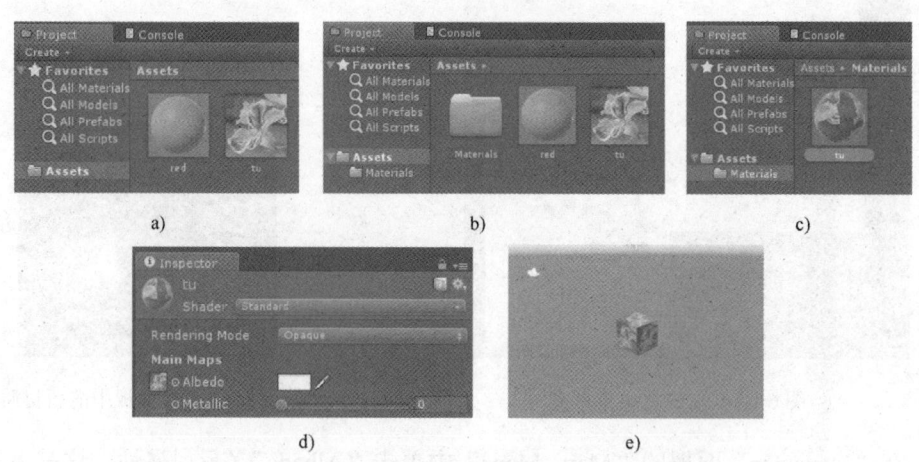

图 6-41 为立方体添加材质纹理

a）将图片添加到"Assets"面板 b）图片赋给对象，自动创建"Materials"文件夹 c）自动创建的 tu 材质
d）"Inspector"面板的"Albedo"属性 e）立方体添加材质后效果

8）使立方体旋转。在"Assets"面板上右击，在弹出的快捷菜单中选择"Create"→"C# Script"命令，如图 6-42a 所示，创建一个新的 C#脚本，将其命名为"rotate"，如图 6-42b 所示。将 rotate 脚本直接拖动到立方体上，将脚本赋给立方体。在"Hierarchy"面板中单击立方体，在"Inspector"面板中会看到 rotate 脚本已经添加好了，如图 6-42c 所示。双击"rotate"脚本，打开 MonoDevelop 编辑器，如图 6-42d 所示。

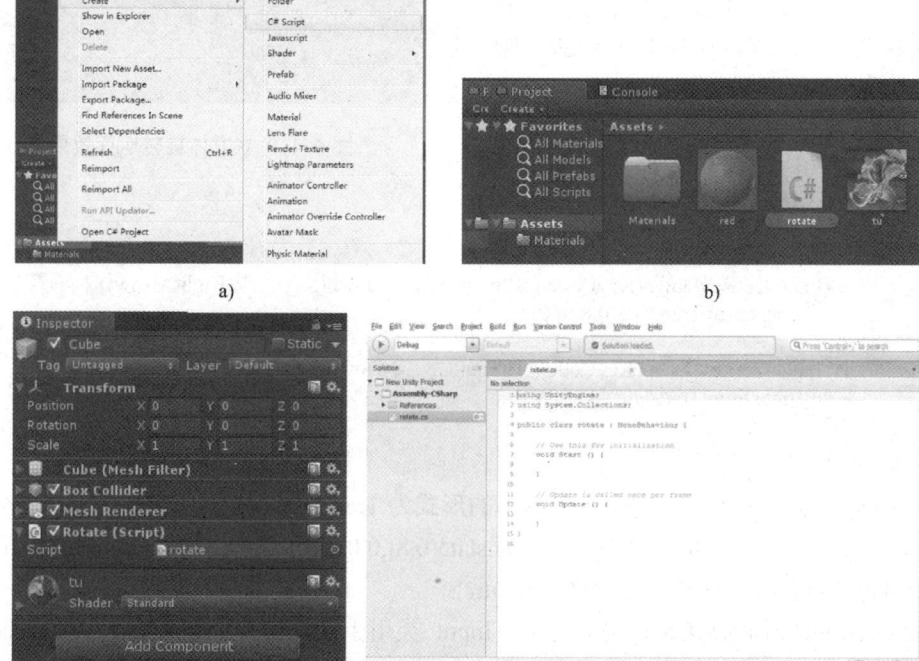

图 6-42 新建 C#脚本

a) Assets 右键菜单 b) 重命名新创建的 C#脚本
c) 立方体添加脚本后的"Inspector"面板 d) 在 MonoDevelop 编辑器中打开脚本

9）在"rotate.cs"脚本的 Update()方法中添加如下代码。

```
void Update () {
    transform.Rotate (0,5,0);
}
```

Update()方法是 Unity C#脚本中最重要的方法，Unity 会按照固定时间间隔调用 Update()方法（根据用户设备 Unity 程序运行的速率即帧频来调用，通常是每秒钟 60 次）。代码中的 transform 表示控制对象基本变换操作（移动、旋转、缩放）的 Transform 组件，控制对象移动的方法是 Translate()方法，控制对象旋转的方法是 Rotate()方法。Rotate()方法有多个重载方法，最简单的形式为 Rotate(x,y,z)，参数 x、y、z 分别表示绕 x 轴、y 轴、z 轴旋转的角度值。Rotate(0,5,0)表示运行时按照帧频被调用执行，每执行一次，对象就绕 y 轴旋转 5°，连续执行该方法对象就旋转起来了。

代码输入完成后保存，返回 Unity（系统会自动编译脚本，如有错误会有提示）。单击上方的"播放"按钮▶运行场景，自动从"Scene"窗口切换到"Game"窗口，此时立方体已经旋转起来了，如图 6-43 所示。

10）实现当按下某个按键，立方体向右侧或左侧移动一定距离。将脚本 rotate.cs 删除，按照第 8）步的方法，再新建一个 C#脚本 move.cs，并将脚本赋给立方体。打开 MonoDevelop 编辑器，在 Update()方法中添加如下代码。

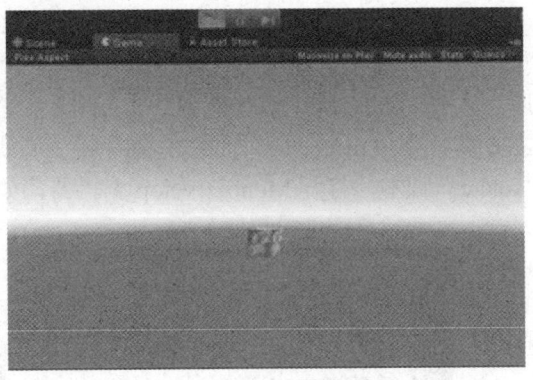

图 6-43　立方体旋转运行效果

```
void Update () {
    if (Input.GetKeyDown(KeyCode.D)||Input.GetKeyDown(KeyCode.RightArrow)) {
        transform.Translate(0.8f,0,0);
    }
    if (Input.GetKeyDown(KeyCode.A)||Input.GetKeyDown(KeyCode.LeftArrow)) {
        transform.Translate(-0.8f,0,0);
    }
}
```

Translate()方法有多个重载方法，最简单的形式为 Translate (x,y,z)，参数 x、y、z 分别表示沿 x 轴、y 轴、z 轴移动的距离，Translate(0.8f,0,0)表示沿 x 轴正方向移动 0.8m，Translate(-0.8f,0,0)表示沿 x 轴负方向移动 0.8m。

Input.GetKeyDown(KeyCode.D)语句中，Input 类用于获取用户的键盘、鼠标、控制杆等输入设备的输入；Input 对象是应用程序和用户之间交互的桥梁，通常用在 Update()方法中，每帧监听用户是否有相关的输入。关于键盘输入有 3 个方法：Input.GetKey()方法，当对应键盘按键按住时，返回 true，每帧都会被监听到；Input.GetKeyDown()方法、Input.GetKeyUp()方法，只有对应按键被按下或弹起时返回 true，只有在该帧才会被监听到。当缓慢按下一个按键并弹起时，Input.GetKeyDown()方法和 Input.GetKeyUp()方法只会执行一次，而 Input.GetKey()方法可能会执行多次。这 3 个方法的参数为 KeyCode 枚举类型，KeyCode.D 表示键盘的〈D〉按键，KeyCode.RightArrow 表示向右箭头。

以上代码实现的功能为：程序运行时，每一帧调用 Update()方法，监听是否有对应的按键按下，当按下〈D〉键或向右箭头时，立方体会向右侧移动 0.8m，当按下〈A〉键或向左箭头时，立方体会向左侧移动 0.8m。从默认的 Main Camera 角度观察场景，x 轴正方向水平向右，y 轴正方向垂直向上，z 轴正方向纵深指向屏幕内部。程序运行效果如图 6-44 所示。

图 6-44　按键控制立方体移动运行效果

读者可修改以上代码实现，当按下〈W〉键时，立方体向屏幕深处远离用户移动 1m，当按下〈S〉键时立方体向用户移动 1m，当按下〈R〉键时，立方体绕 y 轴旋转 10°，当按下〈O〉键，立方体恢复到（0，0，0）的位置（参考代码，transform.position = new Vector3(0, 0, 0);)。

6.2 Unity 窗口界面

开发一个 Unity 产品，首先需要创建 UnityProject（Unity 项目）。Unity 项目创建好后，可以打开 Unity Editor（Unity 编辑器）进行编辑，Unity 编辑器界面包含有 Scene（场景编辑面板）、Game（预览面板）、Hierarchy（对象层级面板）、Project（工程资源面板）、Inspector（组件属性面板）、Animator（动画控制器编辑面板）、Animation（动画编辑面板）、Control（控制台）等多个面板。

6.2.1 创建 Unity 项目

一个游戏项目就是一个工程（Project），对应一个文件夹，项目所创建的所有关卡场景及使用的资源，全部存放在该文件夹下。新建工程时，通过 Unity Hub 设置好工程名和工程存储的文件夹即可；创建好的工程，可以再次打开进行编辑和修改。

6.2.2 Scene 与场景漫游

一个项目可以包含多个场景，项目运行时，可以在这些场景间切换，每个场景可以创建和编辑多个对象，对象的操作和编辑在"Scene"（场景）面板中进行。场景面板的编辑包括对象编辑、场景面板漫游和视图编辑。

1．对象编辑

（1）场景/对象操作工具栏

场景/对象操作工具栏包括 6 个按钮，如图 6-45 所示，其中第一个按钮是对场景进行操作，其余 5 个按钮是对场景中的对象进行操作。

图 6-45 场景操作工具栏

场景平移，快捷键〈Q〉　　　对象移动，快捷键〈W〉
对象旋转，快捷键〈E〉　　　对象缩放，快捷键〈R〉 
2D 对象操作，快捷键〈T〉 
3D 对象移动、旋转、缩放（3D 对象操作综合），快捷键〈E〉 

（2）对象操作

对象的 3 种基本变换操作，包括移动、旋转和缩放，分别改变对象的位置、角度和大小，如果要沿着某个坐标轴操作，需要注意坐标轴的锁定，x、y、z 坐标轴分别对应红色、绿色和蓝色。3 种基本变换的操作控制框如图 6-46 所示。

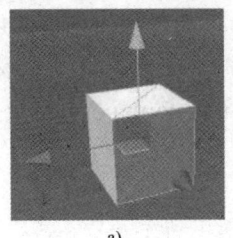 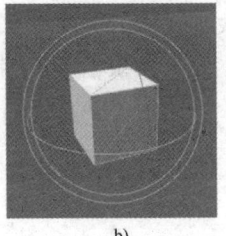 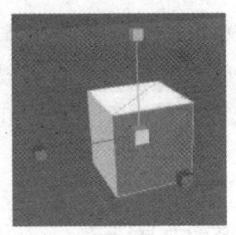

　　　　a)　　　　　　　　　b)　　　　　　　　　c)

图 6-46　3 种基本变换的操作控制框

a)移动　b)旋转　c)缩放

2．场景操控及漫游

为调整用户观察场景的视角，以方便对场景中对象的观察和编辑，可以平移、环视、缩放场景视图，还可以使场景中的对象最大化显示，模拟用户在场景中漫游。

（1）平移场景

1）平移按钮按下后，按住鼠标左键拖动；2）按住鼠标滚轮（或中键）拖动。

（2）环视场景

1）按住鼠标右键拖动；2）按〈Alt〉键+鼠标左键拖动。

（3）缩放场景

1）滚动鼠标滚轮；2）按〈Alt〉键+鼠标右键拖动。

（4）聚焦对象

对象聚焦即对象最大化，在"Hierarchy"面板中选中对象（GameObject），再将鼠标悬停在"Scene"面板，按下〈F〉键，或者双击对象均可实现聚焦。

（5）场景漫游

按住鼠标右键后，分别按下〈W〉、〈S,〉〈A〉、〈D〉键，可以实现向前、后、左、右 4 个方向的漫游。场景漫游，是用户视角发生变化，对象在场景中的位置并没有变化。

3．视图编辑

Unity 的场景视图分为 2D 投影视图和 3D 立体视图两大类。

（1）2D 投影视图

2D 投影视图包括 Front 前视图、Back 后视图、Left 左视图、Right 右视图、Top 顶视图、Bottom 底视图 6 种视图。

（2）3D 立体视图

3D 立体视图包括 Perspective 透视图（Persp）、Orthographic 正交视图（Iso）两种视图。

（3）视图切换方法

2D 投影视图和 3D 立体视图可以单击场景视图右上角的坐标轴架，或者在坐标轴架的右键菜单中选择相应的视图两种方法来实现视图切换，如图 6-47 所示。

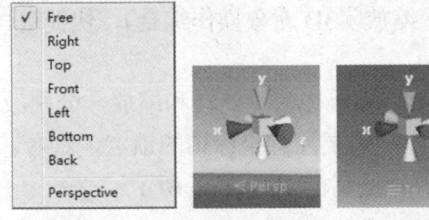

图 6-47　2D 投影视图和 3D 立体视图控制

6.2.3 Hierarchy 面板与场景搭建

1. Hierarchy 面板

"Hierarchy"（层级）面板按名称列出了场景中的所有对象，当在场景中创建或删除对象时，"Hierarchy"面板将同步更新。当在场景中不易找到或选中对象时，可以在"Hierarchy"面板通过名称选择对象。对象间存在父子层级关系时，在"Hierarchy"面板中可以清晰地查看对象父子关系。

2. 简单场景搭建

创建 Unity 项目，通常需要创建复杂的模型对象（场景模型、角色模型、道具等辅助模型）和动画。这些模型对象可以在专业的 3D 软件（3ds Max、Maya）中创建，也可以使用 Unity 提供的 2D、3D 模型对象和其他特殊对象。

在 Unity 中创建对象是通过"Hierarchy"面板的"Create"菜单实现的，如图 6-48 所示。

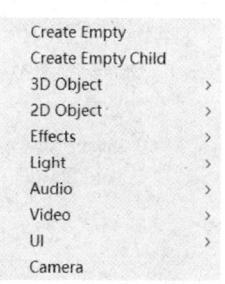

图 6-48 新建对象菜单

【例 6.1】 简单场景搭建。

使用 Unity 提供的 3D 对象搭建场景，结合对象的移动、旋转和缩放 3 种基本变换和场景视图操作进行编辑修改，最终效果如图 6-49 所示。

例 6.1

图 6-49 简单场景搭建

3. 使用脚本创建对象

Unity 支持 3 种脚本语言 Javascript（UnityScript）、C#和 Boo。2014 年，Unity 宣布放弃在编辑器与文档、教程中对 Boo 语言的支持，Unity 5.0 取消"创建 Boo 脚本"的菜单选项。由于 UnityScript 使用度不高，Unity 2018 及后续版本已经不支持 UnityScript。

Unity 2017 之前版本自带脚本语言集成开发环境 MonoDevelop，Unity 2017 以后使用 Microsoft Visual Studio 作为脚本编辑器，可以通过以下设置切换这两种编辑器。选择"Edit"→"Preferences"→"External Tools"→"External Script Editor"→"Microsoft Visual Studio"选项即可。从 Unity 2018.1 开始，不再把 MonoDevelop-Unity 与 Unity 一起捆绑发行，并且在 Unity 2018.1 及后续版本中，不再支持使用 MonoDevelop-Unity 进行开发。

（1）生成基本 3D 对象

GameObject 类的静态方法 CreatePrimitive()可以生成基本 3D 对象。

```
public static GameObject CreatePrimitive(PrimitiveType type);
```

PrimitiveType 基本类型如下

PrimitiveType.Cube　　　　　　立方体

PrimitiveType.Sphere	球体
PrimitiveType.Capsule	胶囊体
PrimitiveType.Cylinder	圆柱体
PrimitiveType.Plane	平面
PrimitiveType.Quad	正方形

（2）实例

【例 6.2】 创建 5×5 的墙体。

例 6.2

本例实现生成一堵 5×5 的墙体，墙体基本组成元素为标准 cube 对象。

1）编写脚本 Wall.cs。

```
int k=0;                                  //定义变量 k，表示 cube 对象名称序号
int startPos = -2;                        //定义变量 startPos，表示每一行 cube 的起始位置
void Start () {                           //在 Start()方法中创建墙体
    for (int i=0; i<5; i++) {             //定义 5 行
        startPos=-2;                      //每一行初始，将 startPos 值重置为-2
        for (int j=0; j<5; j++) {         //一行创建 5 个 cube
            GameObject cube = GameObject.CreatePrimitive (PrimitiveType.Cube);
                                          //创建一个 cube 对象
            cube.transform.localScale=new Vector3(0.95f,0.95f,0.95f);
                                          //将 cube 三个轴向的大小设置为 95%
            cube.transform.position = new Vector3 (startPos++, i, 0);
                                          //设置 cube 的 x、y、z 坐标
            cube.name = "cube" + k++;     //为 cube 按序号命名
        }
    }
}
```

2）将脚本 Wall.cs 挂载在主摄像机 Main Camera 上，运行效果如图 6-50 所示。

6.2.4 Project 与资源管理

"Project"（项目资源）面板列出了开发者创建或导入的所有资源，包括场景、脚本、模型、材质、贴图、音频、预制对象等，通常这些资源被分门别类地放置在不同的文件夹中，而所有资源又被放置在"Assets"文件夹中。"Project"面板的资源与资源管理器中的组织方式一样，左侧是树形导航窗格，右侧是浏览窗格，如图 6-51 所示。

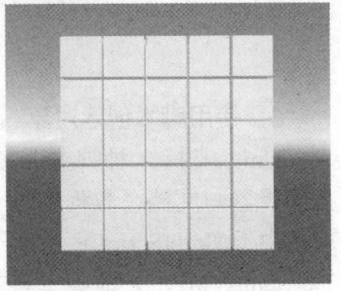

图 6-50 运行效果

图 6-51 "Project"面板

"Project"面板的资源与资源管理器中的文件一一对应，在"Project"面板中对文件的修改，会实时反应在资源管理器中，反之亦然。

6.2.5 Inspector 与组件管理

1. Unity 项目框架

一个 Unity 项目文件包含多个场景，项目运行时，可以在这些场景间切换。每个场景中可以创建多个游戏对象，场景就是由游戏对象组成的。游戏对象的特性和功能被细分成不同的组件，游戏对象需要什么特性和功能，添加相应的组件即可。Unity 项目的框架结构如图 6-52 所示。

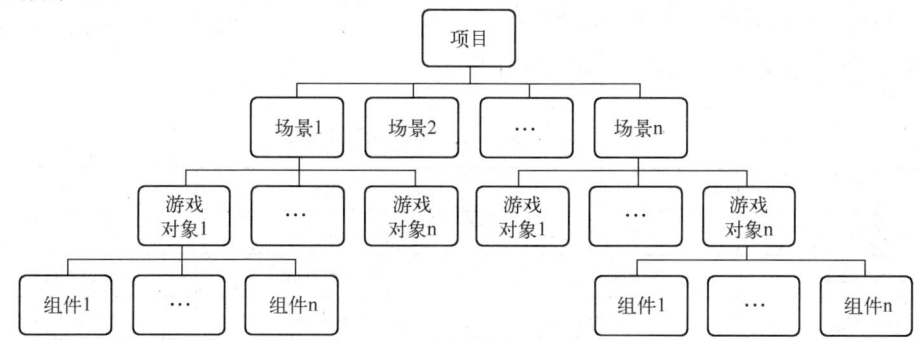

图 6-52　Unity 项目框架结构

2. 组件

游戏对象由多个组件组合而成，游戏对象就是各种组件的容器，选择不同的组件就可以组合出不同的游戏对象。最基本的游戏对象是 Empty GameObject，它只有一个 Transform 组件。需要创建哪种对象或增加什么特性，只需要添加相应的组件即可，例如，碰撞器添加 Collider 组件、刚体添加 Rigidbody 组件、摄像机添加 Camera 组件、灯光添加 Light 组件等。脚本也是一种组件，游戏对象需要挂载脚本，添加相应的脚本即可。

3. Inspector 面板

组成游戏对象的组件全部显示在该游戏对象的"Inspector"（组件属性）面板中。在"Inspector"面板中各组件上方有一些通用属性，如是否激活复选框、Name 名称、Tag 标签和 Layer 层级设置等。

"Inspector"面板实现组件的添加、移除，以及组件属性的查看、编辑。

4. Transform 组件

每个游戏对象都有一个 Transform 组件，当创建一个游戏对象时，会自动为该对象创建 Transform 组件。Transform 是一个类，某个游戏对象上的 Transform 组件是一个实例，用小写 transform 表示。Transform 组件主要通过 Position、Rotation 和 Scale 属性来控制游戏对象的移动位置、旋转角度和缩放比例，如图 6-53 所示。

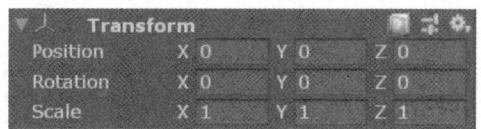

图 6-53　Transform 组件

可以直接在场景中操作游戏对象，或者在"Inspector"面板中设置游戏对象属性，或者编写脚本挂载在游戏对象上，这些方法均可实现对游戏对象的控制。

5．Vector3 类

既有大小又有方向的量叫作向量（亦称矢量）。3D 项目开发中经常用到向量和向量的运算，Unity 为向量和向量的运算提供了完整的向量和向量操作方法。在 Unity 中，向量就是类，包括平面空间的二维向量 Vector2 类和立体空间的三维向量 Vector3 类。

Vector3 类表示三维空间的向量，包括 x、y、z 三个坐标。Vector3 类可以在实例化时进行赋值，也可以实例化后分别给 x、y、z 三个分量赋值。Vector3 实例可以作为参数进行传递。例如：

```
transform.Translate(new Vector3(1.0f,0,0));
```

Vector3 类中定义了一些常量，如表 6-1 所示。

表 6-1 Vector3 类中的常量

常量	值	常量	值
Vector3.forward	Vector3(0,0,1)	Vector3.left	Vector3(-1,0,0)
Vector3.back	Vector3(0,0,-1)	Vector3.right	Vector3(1,0,0)
Vector3.up	Vector3(0,1,0)	Vector3.zero	Vector3(0,0,0)
Vector3.down	Vector3(0,-1,0)	Vector3.one	Vector3(1,1,1)

6.3 物理引擎和碰撞检测

Unity 引擎中内置了 Nvidia 公司的 PhysX 物理引擎，通过该物理引擎可模拟真实的物理运动。模拟对象间的碰撞和相互间力的作用，离不开碰撞器和刚体组件，碰撞器可以模拟对运动物体的阻挡作用，刚体可以模拟物体的施加力和受力情况。碰撞检测是游戏和虚拟现实等交互式开发中很重要的内容，也是开发的重点和难点。本节介绍 Unity 内置的物理引擎和 Unity 提供的碰撞检测实现方法。

6.3.1 碰撞器

碰撞器用于检测游戏场景中的游戏对象是否互相碰撞，最基本的功能是可以阻挡物体，使得物体之间不能穿越，还可以用于检测某个对象是否碰到了另外的对象，例如，用于检测子弹是否碰到了敌人，以便进行后续操作。

碰撞器是包围在游戏对象外围的虚拟区域，该区域在运行时不会显示出来。在计算对象是否碰撞时，是根据该包围区域的形状，而不是由对象的形状来决定的，而且通常比对象的形状要简单。

1．碰撞器分类

游戏在进行碰撞检测的过程中，需要消耗很多的运算资源，所以应尽量简化碰撞器的形状，以此来降低检测过程中的资源消耗。在 Unity 中提供了各种基本形状的碰撞器组件，包括盒子碰撞器、球体碰撞器、胶囊碰撞器、网格碰撞器、车轮碰撞器、地形碰撞器 6 种，如

图 6-54 所示。原则上一般使用与游戏对象外形接近的碰撞器。为进行 2D 项目开发，Unity 还提供了 2D 碰撞器，如图 6-55 所示。

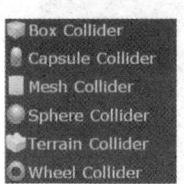

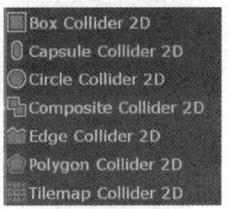

图 6-54 3D 碰撞器类型   图 6-55 2D 碰撞器类型

2．添加碰撞器

碰撞器也是一种组件，所以添加碰撞器的方法与添加其他组件一样，方法如下。

1）选择"Component"→"Physics"→"Box Collider"命令，即可添加碰撞器。

2）在"Inspector"面板中，单击"Add Component"按钮，选择"Physics"→"Box Collider"命令，即可添加碰撞器。

3）脚本添加。

```
GameObject obj = GameObject.Find ("box");             //实例化"box"类型的对象 obj
obj.gameObject.AddComponent <BoxCollider>();          //为 obj 对象添加盒子碰撞器组件
```

6.3.2 物理引擎和刚体

1．物理引擎

现实生活中的物体遵循自然界的物理现象和物理定律，计算机软件中对物理自然现象的模拟通过物理引擎来实现。物理引擎通过为刚性物体赋予真实的物理属性（动量、扭矩、摩擦力或弹性）的方式来计算运动、旋转和碰撞反应。并不是每个游戏都需要使用物理引擎，例如，简单的物理现象（如加速和减速）可以通过编程或编写脚本来实现，不必使用物理引擎。然而，当游戏中存在复杂的物体碰撞、滚动、滑动或弹跳时（如赛车类游戏或保龄球游戏），通过编程或编写脚本很难实现，这就需要使用物理引擎了。

物理引擎的作用，就是使虚拟世界中的物体运动符合真实世界的物理定律，以使项目更加富有真实感。物理模拟计算需要非常强大的整数和浮点计算能力，物理处理具有高度的并行性，需要多线程计算，演算非常复杂，需要消耗很多资源。

Unity 内置的 PhysX 物理引擎，如图 6-56 所示，该引擎是目前全球三大物理引擎（PhysX、Havok 和 Bullet）之一。PhysX 的读音与 Physics 相同。PhysX 可以由 CPU 计算，但其程序本身在设计上还可以调用独立的浮点处理器（如 GPU 图形渲染处理器和 PPU 物理运算处理器）来计算，所以可以轻松地完成大计算量物理模拟计算。

2．刚体

刚体在物理学中的定义是形状不会发生改变的理想化模型，即在受力之后其大小、形状和顶点相对位置都保持不变的物体，例如，铅球落到地上时其形状是基本不变的。刚体是相对于软体和流体而言的。在虚拟世界中刚体常作为物理模拟的基本对象。

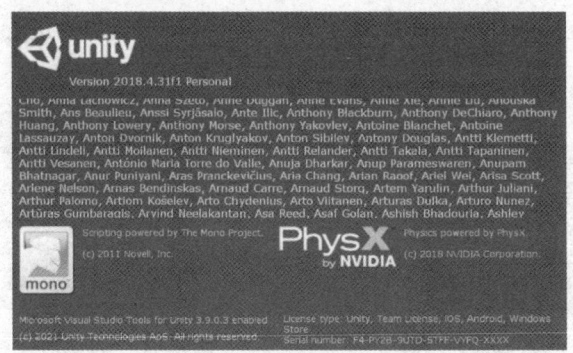

图 6-56　PhysX 物理引擎

刚体使物体能在物理控制下运动，通过力与扭矩，使物体像现实世界一样运动。任何物体想要受重力影响，受脚本施加的力的作用，或通过 NVIDIA PhysX 物理引擎来与其他物体交互，都必须包含一个刚体组件，如图 6-57 所示。

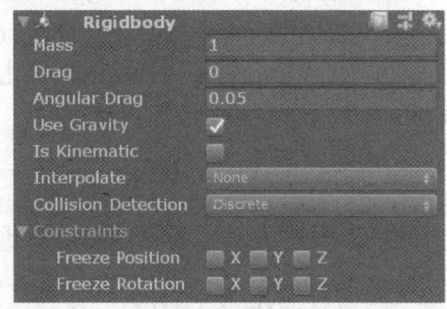

刚体让物体在物理引擎控制下运动，通过力来操控物体，例如，可以通过真实碰撞来实现开门，实现各种类型的关节及其他逼真的行为。与直接通过变换 transform 的运动不同，刚体在物理引擎作用下的运动更加真实。通常情况下，对同一物体，要么通过刚体操控，要么通过变换操控，通过刚体与通过变换操控物体，最大的不同在于使用了力。

图 6-57　刚体组件

3．刚体的添加

刚体组件的添加方法有以下 3 种。

1）选择"Component"→"Physics"→"Rigidbody"命令。

2）在"Inspector"面板中单击"Add Component"按钮，选择"Physics"→"Rigidbody"命令。

3）脚本添加。

```
GameObject obj = GameObject.Find ("box");           //实例化"box"类型的对象 obj
obj.gameObject.AddComponent <Rigidbody>();          //为 obj 对象添加刚体组件
```

4．给刚体施加力

给刚体施加力可以通过 AddForce()方法实现，代码如下：

```
obj.GetComponent<Rigidbody>().AddForce(new Vector3(0,0,force));//为 obj 对象在 z 轴上施加 force 大小的力
```

6.3.3　碰撞检测

虚拟场景中，当主角与其他游戏对象发生碰撞时，需要进行一些操作或完成一些功能，这时，就需要检测到碰撞现象，即碰撞检测。碰撞检测的实现方法有以下几种。

1．碰撞信息检测

碰撞信息检测要求是实体碰撞，适用于两个物体的运动碰撞检测。碰撞信息检测可以在

3个时间段实现，分别是进入、离开和逗留，对应3个方法。

（1）OnCollisionEnter(Collision collisionInfo)方法

当碰撞器/刚体进入另一个刚体/碰撞器时 OnCollisionEnter()方法被调用。

（2）OnCollisionExit(Collision collisionInfo)方法

当碰撞器/刚体离开另一个刚体/碰撞器时 OnCollisionExit()方法被调用。

（3）OnCollisionStay(Collision collisionInfo)方法

当碰撞器/刚体逗留在另一个刚体/碰撞器时 OnCollisionStay()方法被调用。

相比 OnTriggerEnter()方法，OnCollisionEnter()方法传递的是 Collision 类而不是 Collider 类。Collision 是个类变量，是对碰撞的描述，携带碰撞检测结果信息，碰撞后返回的数据存储在这个 Collision 中。通过 Collision 可以获得所碰撞目标的属性及碰撞点信息和碰撞速度等，例如，Collision.collider.某个组件或脚本。Collision 中包含碰撞检测到的 collider 实例，和 Collider 类没有直接联系。

两个物体发生碰撞，如果要检测到碰撞信息，那么两个物体必须都是碰撞器（Collider），且其中必有一个物体是刚体碰撞器（Rigidbody Collider，既带有碰撞器组件，又带有刚体组件），且检测碰撞信息的脚本通常附在带有刚体的碰撞器上。

2．触发信息检测

触发信息检测可以是非实体碰撞，适用于范围（碰撞盒大小范围）检测。碰撞器如果选中"Is Trigger"复选框，就变成了触发器。触发器取消了碰撞器的阻挡作用，但保留了碰撞检测的功能。触发器的工作原理和碰撞器的工作原理相似，只是没有了阻挡作用。

触发碰撞检测可以在3个时间段实现，分别是进入、离开和逗留，对应3个方法。

（1）OnTriggerEnter(Collider other)

当碰撞器 other 进入触发器时 OnTriggerEnter()方法被调用。

（2）OnTriggerExit(Collider other)

当碰撞器 other 离开触发器时 OnTriggerExit()方法被调用。

（3）OnTriggerStay(Collider other)

当碰撞器 other 逗留触发器时 OnTriggerStay()方法被调用。

Collider 是一个组件，是所有碰撞器的基类。Collider 类继承父类的成员变量 gameObject，所以可以通过 other.gameObject 获取碰撞到的对象，通过 other.gameObject.name 获取碰撞到对象的名称。

以上6个方法都是 MonoBehaviour 的接口，新建的脚本都默认继承 MonoBehaviour 类，所以在脚本里面可以实现这6个接口。

3．射线碰撞信息检测

射线碰撞检测是从一个对象发射出一条射线，在场景中扫描，可以检测出射线碰触到的对象，适用于稍远距离（射线覆盖范围）碰撞检测。

（1）Physics.Raycast()

射线碰撞检测通过 Physics 类的 Raycast()方法实现。

```
public static boolean Raycast(Vector3origin, Vector3direction, out RaycastHit hitInfo, float maxDistance = Mathf.Infinity);
```

进行射线碰撞检测，有碰撞返回 true，没有碰撞则返回 false。RaycastHit 为从投射光线返回的碰撞信息。out 关键字在调用 Raycast()方法时传递实参，不能省略。

注意：ref 和 out 都是 C#中的关键字，所实现的功能也差不多，都是使参数按照引用传递，传递实参时 ref 和 out 关键字不能省略。区别：ref 传进去的参数必须在调用前初始化，out 则不必。

例如：

```
Physics.Raycast (this.transform.position, Vector3.left, out hit, Mathf.Infinity);
//从对象当前位置水平向左（x 负方向）发射一条无限远的射线，碰撞信息保存在参数 hit 中
```

（2）Debug.DrawRay()

为方便观察，Unity 提供了 Debug 类的 DrawRay()方法，实现碰撞射线的绘制。

```
public static void DrawRay(Vector3 start, Vector3 dir, Color color= Color.white, float duration = 0.0f, bool = true depthTest);
```

例如：

```
Debug.DrawRay(transform.position,Vector3.forward,Color.red);
```

DrawRay()方法绘制的射线，运行时在 Scene 面板中可见，在 Game 面板中不可见。

4．实例

【例 6.3】 射线碰撞检测。

1）搭建场景：创建一个平面 Plane、一个球体 Sphere、一个立方体 Cube、一个圆柱体 Cylinder 和一个第三人称角色 Third Character，如图 6-58 所示。

例 6.3

2）编写脚本。

```
public RaycastHit hit;
void Update () {
Debug.DrawRay (transform.position, transform.forward, Color.red);
if (Physics.Raycast (transform.position, transform.forward, out hit, 10f)) {
    Debug.Log(hit.collider.gameObject.name);      //控制台打印输出碰撞对象名称
    }
  }
}
```

3）将脚本添加给第三人称角色。

4）运行，观察控制台输出，如图 6-59 所示。

图 6-58　搭建场景

图 6-59　射线碰撞运行效果（Scene 面板）

【例 6.4】 碰撞器碰撞检测。

1）搭建与例 6.3 类似的场景，为 Cube 对象添加刚体组件。

2）编写脚本。

例 6.4

```
void OnCollisionEnter(Collision hit){
    if (hit.gameObject.name!= "Plane") {
        Debug.Log (hit.gameObject.name);
    }
}
```

3）将脚本添加给 Cube 对象。

4）选 Scene 面板中拖动 Cube 对象碰撞 Cylinder 和 Sphere 对象，观察碰撞效果和控制台输出。

【例 6.5】 触发器碰撞检测。

1）搭建与例 6.3 类似的场景，为 Cube 对象添加刚体组件。

2）编写脚本。

例 6.5

```
void OnTriggerEnter(Collider hit){
    if (hit.gameObject.name != "Plane") {
        Debug.Log (hit.gameObject.name);
    }
}
```

3）将脚本添加给 Cube 对象。

4）选中 Cylinder 对象的碰撞器组件中的"is Trigger"复选框，这样 Cylinder 对象的碰撞器就成了触发器。

5）在 Scene 面板中拖动 Cube 对象碰撞 Cylinder 和 Sphere 对象，观察碰撞效果和控制台输出。

6.4 Unity 资源

设计开发 3D 游戏，需要众多资源的支持和聚合。Terrain 地形系统可以快速创建逼真地形，进行简单模型的制作，复杂模型可以从建模软件导入。Terrain 地形系统中的材质贴图为创建好的模型赋予颜色花纹图案。灯光为 3D 游戏场景提供照明效果和特殊氛围效果，摄像机为用户提供观察视角和画中画、分屏、第一第三人称视角切换等特殊效果，音频可以模拟真实世界声音音效、烘托环境气氛、突出故事情节、辨别对象位置等。

6.4.1 Terrain 地形系统

在虚拟现实和 3D 游戏开发过程中，地形是不可或缺的重要元素。Unity 提供了一个功能强大、制作灵活的地形系统 Terrain，可以实现快速创建各种地形，如添加草地、山石等材质，添加树木、花草等对象，从而创建出逼真自然的地形环境。

1．导入资源包

制作地形，需要导入 Terrain 资源包。资源包是 Unity 开发的可以供用户使用的各种资源，也可以是第三方开发的各种资源（免费或收费），包括 3D 模型、贴图和材质、环境、粒子系统、摄像机、着色器、音频、动作、脚本等，资源包扩展名为.unityPackage。Unity 标准资源包 Standard Assets.unitypackage 可以到 Unity Asset Store 下载。

导入资源包有以下几种方法。

（1）创建新工程时导入（适用于 Unity 5.6 以前版本）

创建新工程时，单击"Asset packages"按钮，如图 6-60 所示，弹出"Asset packages"对话框，选择需要的资源选项（前提是安装 Unity 软件时，已经安装了标准资源包），如图 6-61 所示。这种方法只能导入标准资源包。

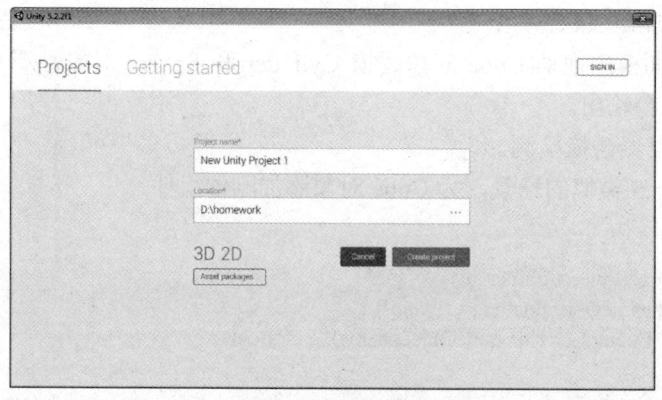

图 6-60　新建工程

（2）菜单导入

创建工程时，也可暂时不导入资源包，在以后需要时，选择"Assets"→"Import Package"→"…"命令。这种方法可以导入用户自定义的资源包"Custom Package"和标准资源包（图 6-62 所示各选项，适用于 Unity 5.6 以前版本）。

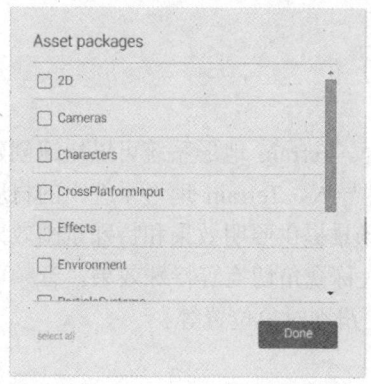

图 6-61　"Asset packages"对话框

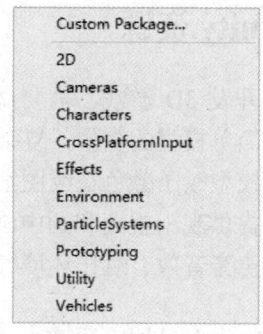

图 6-62　导入资源包菜单

（3）在"Project"面板中导入

在"Project"面板的"Assets"项目上或在"Assets"子面板中右击，在弹出的快捷菜单中选择"Import Package"→"Custom Package 选项"。

（4）双击资源包导入

这种方法是启动 Unity 后，找到要导入的资源包的存储路径，直接双击资源包文件，Unity 会自动导入该资源包。

(5)直接将资源包拖动到 Unity 中

将要导入的资源包,直接拖到 Unity 的"Project"面板的"Assets"子面板中。

2. 创建地形

Terrain 是 Unity 自带的地形编辑器工具。选择"GameObject"→"3D Object"→"Terrain"命令,在场景中创建一个 Terrain 对象。同时在"Assets"文件夹中创建一个默认名为"New Terrain"的文件,用于保存 Terrain 的相关数据,扩展名为".asset"。

Terrain 对象包括 3 个组件:Transform 组件、Terrain 组件和 Terrain Collider 组件,如图 6-63 所示。Terrain 默认平面大小为 500 米×500 米,而且不能通过"Transform"中的"Scale"属性修改大小,需要通过"Terrain"的"地形设置"中的"Terrain Width"和"Terrain Height"属性进行设置。Terrain 组件对地形进行编辑和修改,Terrain Collider 组件属于物理引擎方面的组件,实现地形对象的物理运动模拟,如碰撞检测等。

图 6-63 Terrain 地形对象的组件

3. 绘制和编辑地形

在"Hierarchy"面板中选中 Terrain 地形,在"Inspector"面板中查看信息。"Terrain"中的 4 个横排按钮是绘制地形的工具,分别为"Paint Terrain""Paint Trees""Paint Details"和"Terrain Settings",如图 6-64 所示。

(1)绘制地形(Paint Terrain)

单击"Paint Terrain"按钮 ,在下拉列表中可以看到有 6 个绘制工具选项,如图 6-65 所示,各绘制工具功能如下。

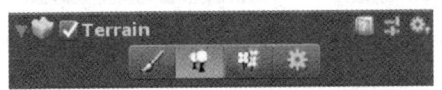

图 6-64 "Terrain"中绘制地形的工具

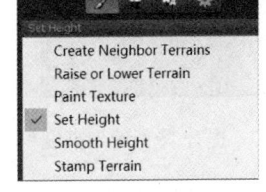

图 6-65 绘制地形工具下拉列表

1)创建相邻地形(Create Neighbor Terrains)。选择"创建相邻地形"选项后,Unity 会突出显示所选"地形"图块周围的区域,指示可以在其中放置新的连接图块的空间。单击区域,将自动生成一片空白的地形,并在"Assets"文件夹中生成一个新的 assets 文件,如图 6-66 所示。

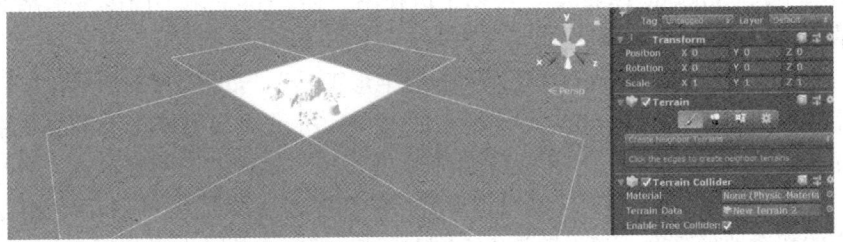

图 6-66 创建相邻地形

2）提升/降低地形高度（Raise or Lower Terrain）。该工具可以提升或降低（按〈shift〉键）地形高度，有各种画笔可以选择，并可以设置画笔的大小和透明度，如图 6-67 所示。

3）绘制纹理（Paint Texture）。为山峰增加草地、泥土地、小路等纹理，该工具需要资源支持，使用前需要预先导入相关资源包（Terrain Assets.unityPackage）。可以添加多种纹理，需要什么纹理，绘制前选择相应的纹理进行绘制即可。要配置该工具，首先在图 6-68 所示的"Paint Texture"面板中单击"Edit Terrain Layers"按钮，在下拉列表中选择"Create Layer"选项，以添加"地形图层"。然后弹出图 6-69 所示的"Select Texture2D"对话框，从列表中双击需要的草地、岩石或其他纹理，选中的纹理添加给地形，并添加到"Terrain Layers"槽中。添加的第一个纹理图层，将使用选择的纹理平铺填充 Terrain 对象，可以添加多个纹理图层，并可以对纹理图层进行编辑、添加、替换、移除等操作。接下来，选择"画笔"进行绘制，可以从内置画笔中选择或自定义画笔，不同画笔具有不同的形状，笔刷基于纹理在地形上绘制图案。最后在"Terrain"上拖动笔刷创建平铺纹理。

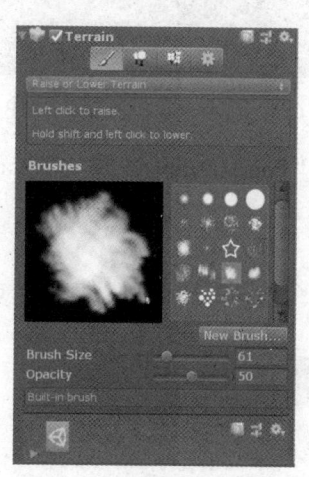 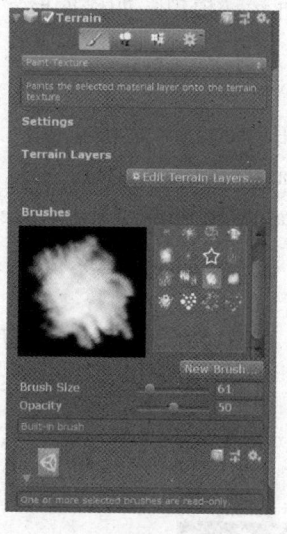 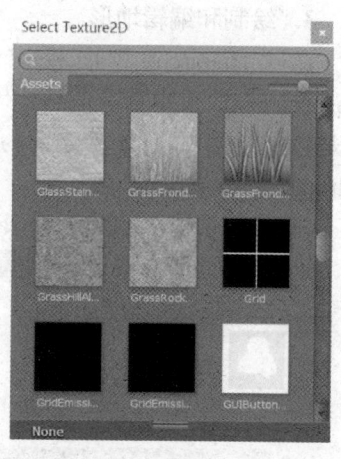

图 6-67　提升/降低地形高度　　图 6-68　绘制纹理贴图面板　　图 6-69　"Select Texture2D"对话框

4）绘制目标高度（Set Height）。该工具和"提升/降低地形高度"工具类似，但增加了一个"Height"（目标高度）属性，可以将地形绘制到"Height"属性设置的高度。使用该工具可以方便地绘制指定高度的平台，或在平台和山峰中绘制凹坑。按〈shift〉键，可以取样鼠标位置处的高度（根据鼠标位置处的高度，设置"Height"属性值），如图 6-70 所示。

5）平滑高度（Smooth Height）。可以平滑使用"提升/降低地形高度"工具创建出来的比较尖锐的山峰，使山峰看起来更加光滑和真实，如图 6-71 所示。

6）邮戳地形（Stamp Terrain）。使用"邮戳地形工具"，如图 6-72 所示，可以根据所选画笔的形状和透明度，在 Terrain 上绘制出图 6-73 所示的与笔刷形状相似的特殊地形。"Stamp Height"用于设置邮戳地形高度，绘制的高度还与笔刷的透明度相关。当两个邮戳地形重叠时，使用"Max<-->Add"选项设置重叠后的高度，当设置为 0（Max）时，取两个邮戳地形中高的那个地形高度，当设置为 1（Add）时，将两个邮戳地形高度相加。

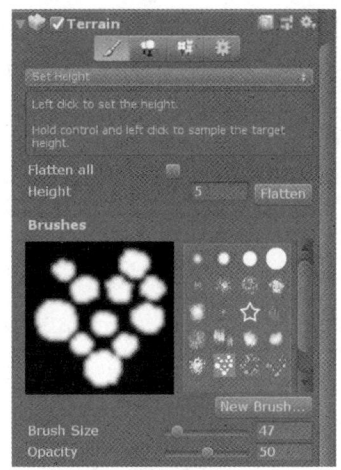

图 6-70 绘制目标高度

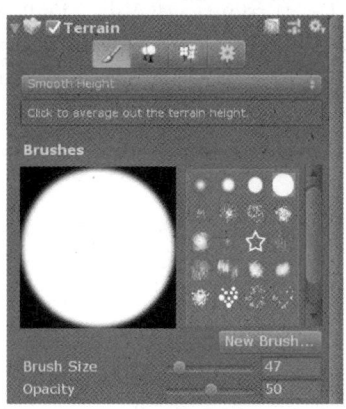

图 6-71 平滑高度

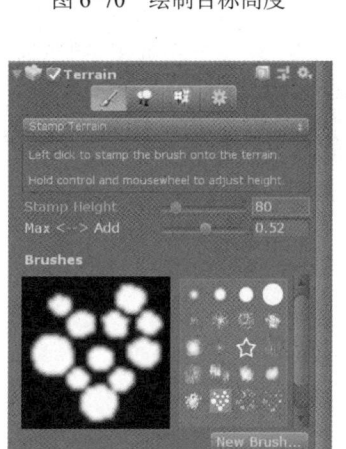

图 6-72 邮戳地形

图 6-73 邮戳地形绘制效果

（2）绘制树木（Paint Trees）

使用"绘制树木"工具需要资源支持，使用前需要预先导入相关资源包（Terrain Assets.unityPackage）。在图 6-74 所示的"Paint Trees"面板中单击"Edit Trees"→"Add Tree"按钮，弹出图 6-75 所示的"Add Tree"对话框，单击右上方"Select"按钮，弹出"Select GameObject"对话框，从列表中选择需要的树木预制对象，树木预制对象添加后的效果如图 6-76 所示。可以使用笔刷在地形上绘制树木，还可以调节笔刷大小、树木密度、随机高度、树木宽高比、颜色随机变化程度等，使得绘制的树木可以有所变化，而不是整齐划一，从而提高真实感。

（3）绘制花草等细节（Paint Details）

"Paint Details"工具需要资源支持，使用前需要预先导入相关资源包。该工具可以添加多种花草，实现地形的更多细节。在图 6-77 所示的"Paint Details"面板中，单击"Edit Details"按钮，弹出图 6-78 所示的"Add Grass Texture"（添加花草纹理）对话框，单击右上方的"Select"按钮，在弹出的"Select Texture2D"（选择 2D 纹理）对话框中选择一个

2D 花草纹理，关闭"Select Texture2D"对话框，返回"Add Grass Texture"对话框。单击"Add"按钮，在图 6-77 所示的"Paint Details"面板中会添加上刚才选择的 2D 纹理。重复上述操作，可以添加多种花草纹理如图 6-79 所示，选择不同的花草纹理，使用笔刷在地形上拖动，会在地形上添加对应的花草。

图 6-74 "Paint Trees"面板

图 6-75 "Add Tree"对话框

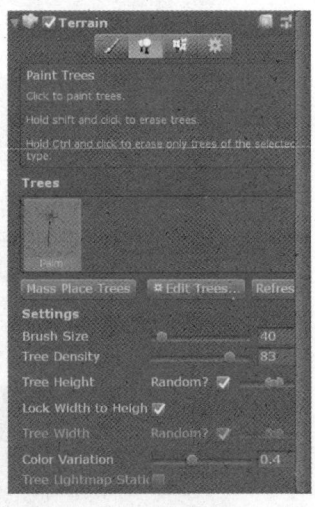
图 6-76 树木预制对象添加后效果

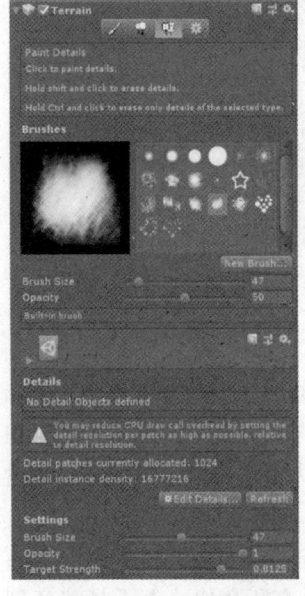
图 6-77 "Paint Details"面板

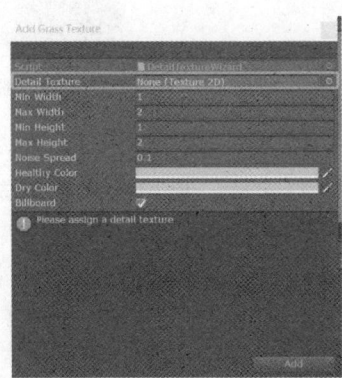
图 6-78 "Add Grass Texture"对话框

图 6-79 添加多种花草纹理

（4）地形设置（Terrain Settings）

"Terrain Settings"工具可以为地形设置全局属性，如图 6-80 所示。

【例 6.6】 创建地形。

创建 Terrain 地形对象，使用地形编辑工具绘制编辑地形，参考效果如图 6-81 所示。

例 6.6

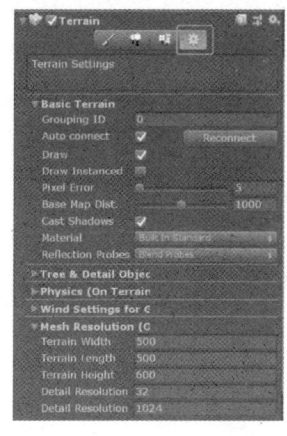

图 6-80 添加多种花草纹理

图 6-81 地形绘制最终效果

6.4.2 3D 模型对象

Unity 默认的系统单位是米,新建一个 Cube 立方体,长宽高分别为 1m×1m×1m,所以在 3ds Max、Maya 等建模软件中创建模型时,最好将单位设置为米或厘米,以方便统一。要将 3ds Max 或 Maya 等建模软件中的 3D 模型导入 Unity,通常先将这些模型导出为 FBX 格式文件。

导入 3D 模型的方法有以下两种。

1)将 FBX 模型和所用到的贴图,拖动或复制到项目对应的文件夹中,打开 Unity,三维模型会自动导入到项目中,并为模型创建材质,贴图也会由 Unity 自动设置好。

2)将 FBX 模型和所用到的贴图,直接拖动到 "Project" 面板的 "Assets" 中。

注意:当 3D 模型添加有 UV 展开贴图时,将模型导入到 Unity 后,先选中对象,在 "Inspector" 面板的 "Model" 选项卡中,选中 "Swap UVs" 复选框,这样 Unity 才能正确识别和处理 UV 展开贴图,否则不能得到正确的贴图效果。

6.4.3 材质贴图

1. 材质

材质是指定给对象的曲面或面,以在渲染时按某种方式出现的数据信息,主要用于描述对象如何反射和传播光线,为对象表面加入色彩、光泽、纹理和不透明度等。材质包含基本材质属性和贴图。

Unity 中材质是一种资源,不是一种可以单独显示的对象,通常赋给场景中的对象,对象表面的色彩、纹理等特性由添加给该对象的材质决定。材质也是类,类名为 Material。

(1)创建材质

创建材质有以下两种方法。

1)选择 "Assets" → "Create" → "Material" 命令,即可创建材质。

2)在 "Assets" 面板右击,在弹出的快捷菜单中选择 "Create" → "Material" 命令,即可创建材质。

（2）为对象指定材质

为对象指定材质有以下两种方法。

1）直接将材质拖动到场景的对象上。

2）将材质拖到"Hierarchy"面板的对象名称上。

2．贴图

贴图是指定给材质的图像。可以将贴图指定给构成材质的大多数属性，从而影响对象的颜色、纹理、不透明度及表面质感等。在 Unity 中，通过 Material 类的 MainTexture 属性来表现对象表面最主要的纹理贴图。

（1）将贴图指定给材质的某个属性

有两种方法可以将一个贴图纹理应用到一个属性。

1）将贴图纹理从"Assets"面板中拖动到方形纹理上。

2）单击"Select"（选择）按钮 ，如图 6-82 所示，然后从出现的对话框中选择纹理。

（2）贴图类型

导入 Unity 中的图片，默认为 Texture 类型，可以直接指定给材质的某个属性，在"Inspector"面板中可以将其设置为其他类型，如 Normal map（法线贴图）、Sprite（精灵贴图）、Cursor（鼠标贴图）等，对于不同应用要将其设置为对应的贴图类型，如图 6-83 所示。

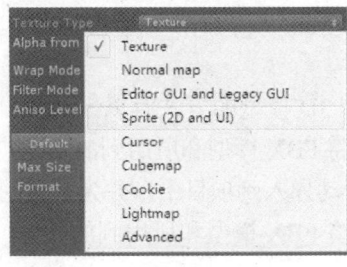

图 6-82　通过"Select"按钮设置主纹理贴图　　　　图 6-83　贴图类型设置

（3）精灵贴图（Sprite）

精灵纹理（TextureType 为 Spirte 的纹理）与非精灵纹理的不同是，"Project"面板中的精灵纹理能直接用鼠标拖入"Scene"面板或"Hierarchy"面板中成为一个精灵对象，而非精灵纹理则不能。精灵纹理是创建 2D 用户界面的重要元素。

将导入的图片转换为 2D 精灵的方法：在"Project"面板中选中该图片，然后在"Inspector"面板中将"TextureType"设置为"Sprite"，再单击右下角的"Apply"按钮即可。

例 6.7

【例 6.7】　能量柜充电。

启动 Unity，打开本书配套资源中的工程项目 06，再打开"Project"面板"Assets"中的"07"文件夹中的场景"07"，场景中已经创建好一个 Plane、一个充电能量柜 generator 模型和一个按钮，"Main Camera"挂载 change_images 脚本。实现功能：当单击按钮时，依次替换能量柜显示面板上的充电图片，当充满时，回到未充电状态，继续重复充电过程。

1）编写脚本 change_images.cs。

public class change_images : MonoBehaviour {

```
public static int charges=0;              //声明静态变量 charges，作为数组下标
public Material chargemeter_mat;          //声明 Material 类型变量 chargemeter_mat
public Texture []chargemeter_imgs ;       //声明 Texture 类型数组变量 chargemeter_imgs
void Awake(){
    chargemeter_mat.mainTexture=chargemeter_imgs[0];
                //脚本唤醒时，设置材质主纹理为数组变量中的第一个元素对应的图片
}
public void change_imgs(){
    if (charges < 4) {
        charges++;
        chargemeter_mat.mainTexture = chargemeter_imgs [charges];
                //设置材质主纹理为数组变量中的第 charges 个元素对应的图片
    } else {
        charges=0;                        //置数组下标 changes 值为 0
        chargemeter_mat.mainTexture = chargemeter_imgs [charges];
                //电充满后，将材质置为未充电状态
    }
}
```

2）在"Inspector"面板中为"Main Camera"挂载的 change_images.cs 脚本中的材质变量 chargemeter_mat 和纹理贴图数组变量 chargemeter_imgs 赋值，为数组变量赋值。首先需要将"size"值设置为数组大小，然后依次为各数组元素赋值，赋值后如图 6-84 所示。

3）运行该工程项目，效果如图 6-85 所示。

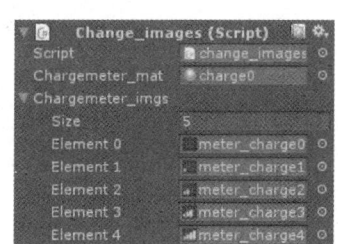

图 6-84　为脚本中数组变量赋值

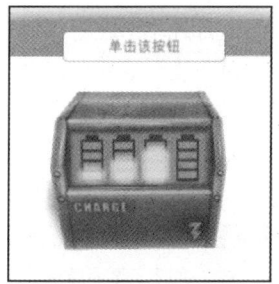

图 6-85　运行效果图

6.4.4　灯光

灯光是模拟真实灯光的对象，例如，建筑内部的各种灯具，以及舞台和电影工作时使用的灯光设备和太阳本身。灯光是一种特殊对象，它不被渲染显示，但可以影响周围物体表面的光泽、色彩和亮度，通常与材质、环境共同作用，增强了场景的清晰度、真实感、层次性。不同种类的灯光对象有不同的投射方法，模拟真实世界中不同种类的光源。

1．灯光分类

Unity 提供了 3 种基本灯光类型：平行光（Directional Light）、点光源（Point Light）和聚光灯（Spot Light）。

平行光是由光源发射出相互平行的光。使用平行光，可以把整个场景都照亮，可以认为平行光是整个场景的主光源，一般用于模拟太阳光或月光等户外光线，如图 6-86 所示。

点光源的光线由光源中心向周围 360°发射，照射区域范围为一个球体。通常用来模拟

灯泡等光源，如图 6-87 所示。

聚光灯的光线投射区范围是一个圆锥体，向一个方向发射。聚光灯可以用来模拟舞台聚光灯或手电筒等光源的灯光，如图 6-88 所示。

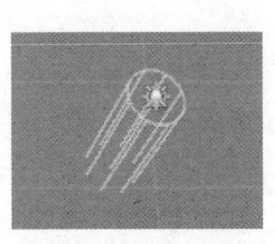 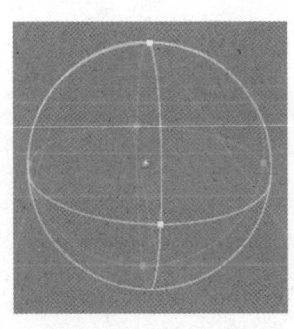 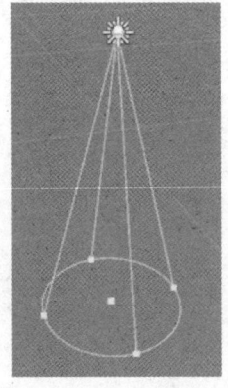

图 6-86　平行光　　　　　图 6-87　点光源　　　　　图 6-88　聚光灯

2．灯光属性

灯光主要属性有 Type（灯光类型）、Range（灯光照射范围）、Color（灯光颜色）、Intensity（灯光亮度）等，如图 6-89 所示。

【例 6.8】 控制场景灯光。

启动 Unity，打开本书配套资源中的工程项目 06，再打开"Project"面板"Assets"中的"08"文件夹中的场景"08"，场景中已经创建好一个 Terrain 地形、一个木屋_woodhouse、木屋的子对象 light_pos 和 4 个按钮，"Main Camera"挂载 light_cont 脚本。实现功能：分别单击 4 个按钮时，实现修改灯光的颜色和亮度。

1）将脚本 light_cont 中的代码补充完整，实现创建一个灯光对象 light_obj，放置在 light_pos 对象位置，定义 4 个方法分别修改灯光的颜色和亮度。

```
public class light_cont : MonoBehaviour {
    public GameObject light_obj;                    //声明灯光对象 light_obj
    public GameObject light_pos;                    //声明灯光位置全局变量
    void Start () {
        light_obj = new GameObject ("myLight");     //light_obj 实例化，设置对象名称属性为myLight
        light_obj.AddComponent<Light>();            //为 light_obj 添加 Light 组件，创建灯光对象
        light_obj.GetComponent<Light>().type = LightType.Point;    //设置灯光类型为点光源
        light_obj.GetComponent<Light>().color = Color.yellow;      //设置灯光颜色属性
        light_obj.GetComponent<Light>().intensity = 5;             //设置灯光亮度属性
        light_obj.GetComponent<Light>().range = 4;                 //设置灯光照射范围属性
        light_obj.transform.position = light_pos.transform.position;
                        //将创建的灯光对象 light_obj 位置属性设置为 light_pos 的位置
    }
    public void change_red(){        //定义方法，修改灯光颜色
        light_obj.GetComponent<Light>().color = Color.red;
    }
    public void change_green(){      //定义方法，修改灯光颜色
        light_obj.GetComponent<Light>().color = Color.green;
    }
    public void change_light(){      //定义方法，修改灯光亮度
        light_obj.GetComponent<Light>().intensity = 8;
```

```
    }
    public void change_dark(){         //定义方法，修改灯光亮度
        light_obj.GetComponent<Light>().intensity = 3;
    }
}
```

2）运行工程项目，分别单击 red、green、light 和 dark 按钮时，实现修改灯光颜色和亮度，效果如图 6-90 所示。

图 6-89 灯光属性

图 6-90 运行效果图

6.4.5 摄像机

每个 3D 场景都有摄像机（Camera）的存在，它相当于眼睛，模仿人的视觉效果。通过摄像机，才能在屏幕上看到 3D 世界，在 3D 场景中至少需要有一台摄像机。Unity 编辑器"Game"窗口中的画面就是由场景中的摄像机捕获的。在 Unity 中新建一个 3D 场景时，就会有一台默认的主摄像机（Main Camera）。

摄像机在场景中是作为对象存在的，可以像普通对象一样对摄像机进行操作和控制。摄像机包含多个组件，因此，摄像机的组件属性也能通过脚本来控制。摄像机默认包含 Transform、Camera、Audio Listener 等组件，如图 6-91 所示。Audio Listener 组件监听音频源中的音频剪辑是否正常播放，该组件没有任何属性。

场景中可以包含多台摄像机，如果采用多摄像机，那么每台摄像机所捕获的内容可以在画面中的不同层次上或不同位置上显示，例如，可以实现同一场景多视角分屏显示。

当场景中有多个摄像机时，渲染效果与每个摄像机的"Depth"属性和"Viewport Rect"属性有关。

（1）Depth（摄像机深度）

Depth 表示摄像机在渲染顺序上的位置。当有多台摄

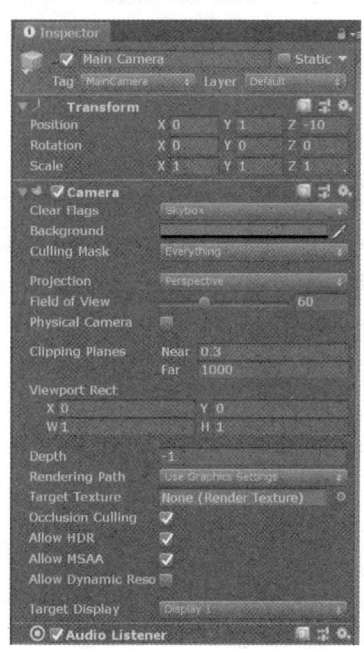

图 6-91 摄像机对象组件

像机时，需要对这些摄像机进行深度排列。数值越小，深度越深，深度较深的摄像机视图会被深度较浅的摄像机视图所覆盖，Main Camera 主摄像机的"Depth"为-1。此设置通常配合规范化的"Viewport Rect"（视口矩形）属性使用。

（2）Viewport Rect（视口矩形）

"Viewport Rect"设置摄像机所渲染的内容在游戏屏幕上所占的区域。有 4 个规范化参数，分别表示摄像机视图左下角位置的 X、Y 坐标（屏幕左下角坐标为（0,0），右上角坐标为（1,1）），和摄像机视图尺寸的 W（宽度）和 H（高度），4 个参数的取值范围遵循归一化设置，即取值范围为 0～1。

【例 6.9】 多摄像机渲染。

为例 6.8 中的"08"场景创建一个小预览视图。

1）打开例 6.8 的"08"场景，创建一个新的摄像机 Camera，"Viewport Rect"和"Depth"属性的设置如图 6-92 所示，使 Camera 渲染的视图位于屏幕左下方，并覆盖主摄像机视图。

2）运行后渲染效果如图 6-93 所示。

图 6-92　摄像机属性设置　　　　图 6-93　多摄像机渲染效果

6.4.6 音频

虚拟现实和游戏是一门多学科综合的艺术，在其中能够给用户带来直接影响的是美术和声音，美术是视觉体验，声音是听觉体验。所以音频是虚拟现实和游戏设计开发流程中不可缺少的一环，通常在创作的最后阶段添加。音频可以起到烘托环境气氛、突出故事情节、辨别对象位置等作用。

1．音频剪辑（Audio Clip）

被导入到 Unity 中的音频文件称为音频剪辑。Unity 支持的音频文件格式有 Wav、Aiff、MP3、Ogg 四种，前两种适用于环境音效，后两种适用于背景音乐。音频资源有压缩和不压缩两种方式，不压缩的音频将采用音频源文件；而压缩的音频文件会先对音频进行压缩，此操作会减少音频文件的大小。在播放压缩了的音频文件时需要额外的 CPU 资源进行解码，所以在制作需要快速反应的音效时，最好使用不压缩的方式，但背景音乐可以使用压缩的音频文件。任何格式的音频文件被导入 Unity 后，在内部均会自动转化成.ogg 格式。

在"Assets"面板中选中一个音频剪辑，在右侧的"Inspector"面板中会显示音频文件导入设置选项，可以对导入的音频文件进行相关设置，如强制单声道、加载是否压缩、压缩格式、采样率设置等，还可以查看音频文件导入 Unity 前后的文件大小和压缩比，如图 6-94 所示。

2．音频组件

音频剪辑需要两个组件来实现音频的监听和播放。

（1）音频监听组件（Audio Listener）

音频监听组件是用于接收声音的组件，音频监听组件配合音频源为虚拟现实和游戏创建听觉体验。该组件

图 6-94　音频文件导入设置

的功能类似麦克风，当音频监听组件挂载到游戏对象上，任何音频源，只要足够接近音频监听组件挂载的游戏对象，都会被获取并输出到计算机等设备的扬声器中输出播放。如果音频源是 3D 音效，监听器将模拟在 3D 世界声音的位置、速度和方向。

音频监听组件默认添加在主摄像机上。该组件没有任何属性，只是标注了该游戏对象具有接收音频的作用，同时用于定位当前的接收位置。

添加音频监听组件的方法：选择"Component"→"Audio"→"Audio Listener"命令。

（2）音频源组件（Audio Source）

音频源组件用于播放音频文件，通常挂载在游戏对象上。通过设置组件的属性来控制音频剪辑的添加和播放方式，例如，添加音频剪辑文件、是否循环、音量大小、多普勒效应、3D 音频源效果等，如图 6-95 所示。如果音频文件是 3D 音效，音频源也是一个定位工具，可以根据音频监听对象的位置控制音频的衰减。Unity 支持立体声到 6.1 环绕声。

图 6-95　音频源组件属性

添加音频源组件的方法：选择"Component"→"Audio"→"Audio Source"命令。

【例 6.10】　背景音乐添加及控制。

本实例为场景添加背景音乐，实现音乐的切换、播放、暂停功能。

1）启动 Unity，打开本书配套资源中的工程项目 06，将资源文件夹中的"bj.wav"和"月光边境-林海.mp3"导入文件夹"10"中。

例 6.10

2）新建一个场景 10，为主摄像机添加"Audio Source"组件，设置音频剪辑"AudioClip"属性为音频文件"月光边境-林海.mp3"（直接将音频文件"月光边境-林海.mp3"拖到"AudioClip"属性栏中），播放该音频文件，听到背景音乐响起。

3）修改相关属性，如 Play On Awake（运行时播放）、Loop（循环）、Volume（音量）等，运行观察效果。

4）运行时通过脚本切换背景音乐和控制音乐的播放、停止、音量等。编写脚本audio_control.cs，代码如下。

```csharp
public class audio_control : MonoBehaviour {
    public GameObject Audio_bj;              //定义添加 AudioSource 组件的游戏对象
    public AudioClip audioclip01;            //定义音频剪辑 1，该变量保存音频文件
    public AudioClip audioclip02;            //定义音频剪辑 2，该变量保存音频文件
    public float MouseWheelSensitivity =0.1f;
    void Update () {
        if (Input.GetKeyDown (KeyCode.P)) {                    //当按下〈P〉键
            Audio_bj.GetComponent<AudioSource>().Play();       //播放音频剪辑
        }
        if (Input.GetKeyDown (KeyCode.O)) {
            Audio_bj.GetComponent<AudioSource>().Stop();//停止音频剪辑的播放
        }
        if (Input.GetKeyDown (KeyCode.Alpha1)) {               //按下数字键〈1〉
            Audio_bj.GetComponent<AudioSource>().clip=audioclip01;
//将音频剪辑设置为 audioclip01，注意：加载音频剪辑后，不会自动播放，按播放键〈P〉即可播放
        }
        if (Input.GetKeyDown (KeyCode.Alpha2)) {               //按下数字键〈2〉
            Audio_bj.GetComponent<AudioSource>().clip=audioclip02;
        }
        if (Input.GetKeyDown (KeyCode.Equals)){                //按下〈=〉键
            Audio_bj.GetComponent<AudioSource>().volume+=0.1f;    //增加音量
        }
        if (Input.GetKeyDown (KeyCode.Minus)){                 //按下〈-〉键
            Audio_bj.GetComponent<AudioSource>().volume-=0.1f;    //降低音量
        }
        Audio_bj.GetComponent<AudioSource>().volume-=Input.GetAxis("Mouse ScrollWheel")
*MouseWheelSensitivity;                                //滚动鼠标滚轮提高和降低音量
    }
}
```

5）将脚本 audio_control.cs 挂载到主摄像机上，并为全局变量赋值，如图 6-96 所示。

图 6-96 为脚本全局变量赋值

6）运行工程项目，通过各按键和鼠标控制音频的播放、停止、剪辑切换、音量增减等。

6.5 Unity 图形用户界面

图形用户界面是软件与用户交互的桥梁。设计高质量 3D 交互式软件产品的图形用户界面，可以提高软件使用的便捷性和舒适度，从而提升用户体验。

6.5.1 GUI

图形用户界面（Graphical User Interface，GUI）又叫图形用户接口。Unity 最初提供的 GUI 必须通过脚本来实现。GUI 的渲染是通过创建脚本并定义 OnGUI()函数来执行的，所有的 GUI 渲染都应该在函数中执行或在一个被 OnGUI()调用的函数中执行。

通过 GUI 来设计和修改用户界面，相对来说都比较麻烦，效率较低，所以随着第三方插件 NGUI 等的开发和 Unity 原生 UGUI 的出现，GUI 已经很少使用。打开 Unity 较早版本项目时，需要把 GUI 组件（GUI Text、GUI Texture 等）转换为新的 UGUI 组件。

6.5.2 UGUI

UGUI 是 Unity 提供的一套原生的可视化用户界面开发工具，从 Unity 4.6 版本开始内置到系统中。UGUI 自带图 6-97 所示的控件，其中 Image 用于显示 Sprite 图像，Raw Image 用于显示 Texture 图像。所有控件都继承自 MonoBehaviour 类，都是由组件组成的，开发者也可以通过组件的组合和组件属性设置来设计漂亮、功能丰富的控件。

1. Button 控件

Button 控件由两个对象 Button 和 Text 组成，Button 对象包含 Image 组件（显示按钮图片）、Button 组件等，实现按钮功能；Text 对象包含 Text 组件等，设置按钮上文字；Text 对象是 Button 对象的子对象，如图 6-98 所示。

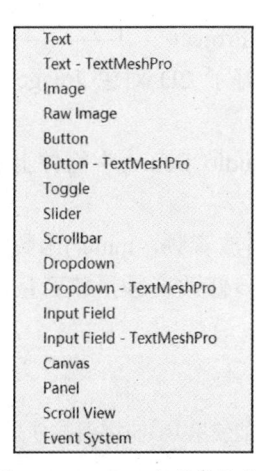

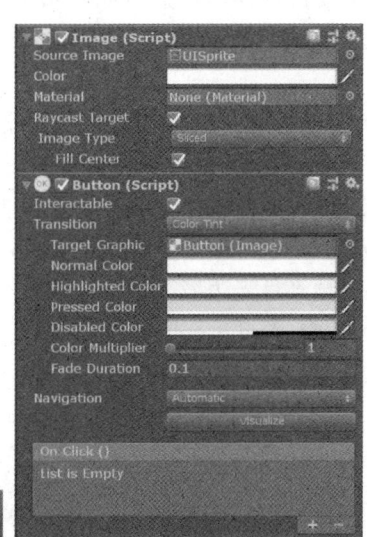

图 6-97　UGUI 自带的控件　　　　　　图 6-98　Button 控件

Button 控件主要执行过渡 Transition 和事件 Event 两个操作。

1)过渡主要设置按钮的状态(默认"Normal"、高亮"Highlighted"、按下"Pressed"、不可用"Disabled"等)过渡效果,有改变颜色"Color Tint"、更换贴图"Sprite Swap"和自定义动画"Animation" 3 个选项,使用起来简单方便,也能利用图像、动画定义更丰富的表现。

2)事件主要响应按钮的单击事件,也就是所见即所得。在"On Click()"列表中可以添加多个命令,包括选择对应的目标、操作和参数。目标可以是任意对象,直接拖动到对象框中。参数分为动态参数"Dynamic"和静态参数"Static","Dynamic"能将控件的参数单向绑定到目标参数,"Static"则将目标参数设置成预设值。Button 控件没有"Dynamic",Toggle、Slider 等控件才有"Dynamic"。

2. Image 控件

Image 控件用来显示 2D 图像,图像就是一个 Sprite。Image 控件的"Image Type"属性提供了 Simple、Sliced、Tiled、Filled 四种图像显示效果,其中"Filled"选项可以设置图像的动态显示效果,如图 6-99 所示。

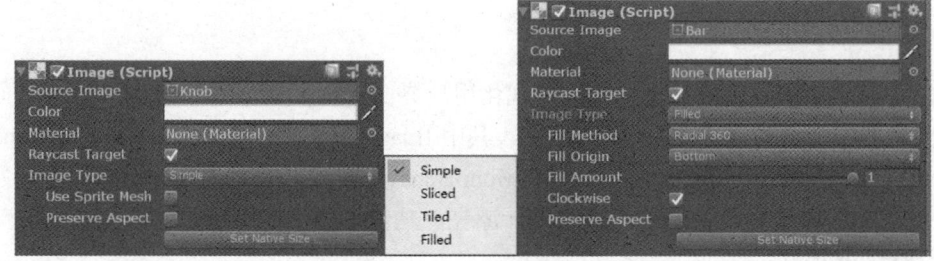

图 6-99 Image 控件

【例 6.11】 音乐播放、暂停和音量控制。

本例实现的功能:通过两个按钮 Image_play 和 Image_mute 分别控制音频的播放、暂停,再通过 Slider 滑动杆控制音频的音量和音量提示文字。

例 6.11

1)启动 Unity,打开本书配套资源中的工程项目 06,打开"Project"面板"Assets"中"11"文件夹中的场景"11",场景中已经创建好了 2D 对象 Image_play、Slider 和 Text_volume,Main Camera 挂载 Audio_control 脚本。

2)为 Main Camera 添加"Audio Source"组件,并设置"Audio Source"组件上的音频剪辑为音频"月光边境-林海.mp3"。

3)编辑 Audio_control 脚本,其中,play_audio()函数实现播放音频,mute()函数实现停止音频播放,change_volume(float bj_volume),函数实现根据形参修改音频播放音量,并将音量显示在文本控件中。Audio_control 脚本代码如下。

```
using UnityEngine;
using System.Collections;
using UnityEngine.UI;                    //引入 UnityEngine.UI,才能使用 UGUI 各种控件
public class Audio_control : MonoBehaviour {
    public AudioSource as01;             //声明 AudioSource 类型变量 as01
    public Text Text_volume;             //声明 Text 类型变量 Text_volume
    void Start () {
```

```
            as01 = GetComponent<AudioSource> ();
                              //从脚本挂载对象 Main Camera 上获取 AudioSource 组件,为 as01 赋值
            as01.loop = true;          //将音频播放循环设置为 true
        }
        public void mute(){
            as01.Stop ();      }      //停止播放音频
        public void play_audio(){
            as01.Play ();              //开始播放音频
        }
        public void change_volume(float bj_volume){
            as01.volume=bj_volume;     //根据形参 bj_volume 的值,控制音频播放音量
            Text_volume.text =" 音量:"+Mathf.Round(bj_volume * 10);
                              //形参 bj_volume 的值取整后,设置文本框 Text_volume 显示文字
        }
    }
```

4)创建 Image 控件 Image_mute,将"Source Image"设置为图片 audio_mute(注意要先将图片设置为精灵图片),添加 Button 组件,添加"On Click"单击事件,将目标对象设置为 Main Camera,将要执行的操作添加到 Audio_control 脚本中的 mute()方法,实现静音效果,如图 6-100 所示。

5)将 Slider 控件的属性"Value"初始值设置为 1,添加"On Value Changed"事件,将目标对象设置为 Main Camera,将要执行的操作添加到 Audio_control 脚本中的 change_volume()方法,如图 6-101 所示(注意:要选择 Audio_control 脚本下级菜单中 Dynamic float 的 change_volume()方法,Slider 控件的"Value"值将作为实参动态地传达给 change_volume()方法),实现当滑动 Slider 控件上的滑块时,修改音频播放的音量,并修改音量提示文字。

图 6-100　Image_mute 控件
"On Click"事件设置

图 6-101　Slider 控件"Value"属性和
"On Value Changed"事件设置

6)运行效果如图 6-102 所示。

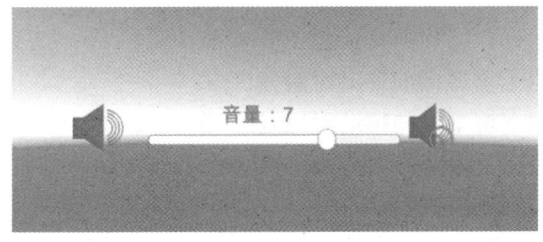

图 6-102　运行效果

6.5.3　常用输入类

Unity 为满足跨平台需求,支持多种输入方式,如鼠标、键盘、触摸屏、加速度、

陀螺仪、按钮等。Unity 项目运行在 iOS 或 Android 设备上时，桌面系统的鼠标左键可以自动切换为手机屏幕上的触屏操作，但多点触屏等操作却无法利用鼠标操作进行。Unity 输入类中不仅包含桌面系统的各种输入功能，也包含了针对移动设备触屏操作的各种功能。

1．Input 类

Input 类用于获取用户的行为输入，Input 对象是应用程序和用户之间交互的桥梁。Input 对象通常用在 Update()方法中，每帧监听用户是否有相关的输入。

2．Input.GetKey()、Input.GetKeyDown()、Input.GetKeyUp()方法

当对应键盘按键按住时，Input.GetKey()方法返回 true，而且每帧都会被监听到。对应按键被按下或弹起时，Input.GetKeyDown()方法、Input.GetKeyUp()方法返回 true，而且只有在该帧才会被监听到。3 种方法的参数为 KeyCode 枚举类型。

3．Input.GetMouseButton()、Input.GetMouseButtonDown()、Input.GetMouseButtonUp()方法

当对应鼠标按键按住时，Input.GetMouseButton()方法返回 true，每帧都会被监听到。对应鼠标按键被按下或弹起时，Input.GetMouseButtonDown()方法、Input.GetMouseButtonUp()方法返回 true，而且只有在该帧才会被监听到。3 种方法的参数为 int 类型，其中，0 表示左键，1 表示右键，2 表示中键（滚轮）。

4．Input.GetButton()、Input.GetButtonDown()、Input.GetButtonUp()方法

这 3 个方法中的 Button 对应虚拟按钮，参数为 string 类型，常用参数有"Fire1"（开火）、"Jump"（跳跃）等。Unity 提供了输入配置方案，可以选择"Edit"→"Project Setting"→"Input"命令，打开输入管理器对虚拟按钮进行设置。通常"Fire1""Fire2""Fire3"映射于键盘的〈Ctrl〉、〈Alt〉、〈Shift〉键或鼠标左右中键或控制器的按钮。

5．Input.GetAxis()、Input.GetAxisRaw()方法

Input.GetAxis()方法返回表示的虚拟轴的值（-1～1 的平滑值），Input.GetAxisRaw()方法返回没有经过平滑滤波器处理的虚拟轴的值（-1、0、1）。Input.GetAxis()方法可以使脚本代码更简洁，新的输入设置可以使用输入管理器来添加。

使用 Input.GetAxis()方法和 Input.GetAxisRaw()方法可以获得下列默认轴。

（1）键盘

"Horizontal"和"Vertical"映射于控制杆、〈A〉、〈W〉、〈S〉、〈D〉和箭头键（上、下、左、右方向键）。

（2）鼠标

- Mouse X：鼠标沿着屏幕横向移动时触发。
- Mouse Y：鼠标沿着屏幕纵向移动时触发。
- Mouse ScrollWheel：当鼠标滚动轮滚动时触发。

6．Touch 类实现移动端触控输入

Touch 类包含了移动端手游中的所有触控信息，在 PC 端无意义，可以抽象地将 Touch 类理解为手指，手指触摸屏幕，便实例化一个 touch 对象，放在 Input.touches 数组内。可以通过 Input.GetTouch(fingerId)方法来获取对应的手指信息，fingerId 为 Touch 类的唯一标识。Touch 类常用属性如下。

- Input.touchcount：触摸的数量，每一帧之内都不会改变。
- Input.touches：返回数组，表示屏幕上的手指信息（一般用数组生成 Touch 对象）。
- Touch.fingerID：一个 Touch 类的标识，Input.touches 数组中的同一个索引在两帧之间，指向的不一定是同一个 touch 对象，用来标识某个 touch 对象一定要用 fingerID。在分析手势时，fingerID 是非常重要的。
- Touch.deltaposition：当前位置与上次位置之间的差。
- Touch.deltaTime：本次 touch 对象和上次记录之间的时间差。
- Touch.tapcount：一定时间内手指点击屏幕的次数。
- Touch.phase：触摸的几个状态（刚按下：TouchPhase.Began，移动：TouchPhase.Moved，按在屏幕不动：TouchPhase.Stationary，离开屏幕时：TouchPhase.Ended，取消手指追踪: TouchPhase.Canceled）。
- Touch.position：当前对象的手指屏幕坐标。

6.6 Unity 动画系统

Unity 4.0 以前使用旧版动画系统，主要通过脚本控制动画的播放，随着动画数量的增多，代码复杂度也随之增加。同时，动画状态之间的过渡也需要通过代码来控制，使得缺乏编程经验的游戏动画师很难对动画效果进行编辑和处理。

Unity 4.0 以后使用的是新版 Mecanim 动画系统，该动画系统提供了可视化界面来编辑角色的动画效果，需要的代码量大大减少，编程经验不是很丰富的动画师也可以灵活使用。经过不断的优化和改进，Unity 5.x 中的 Mecanim 动画系统功能已十分强大，实现起来也更加简单、高效。

新旧版动画系统可以在"Inspector"面板的"Rig"选项卡中进行设置，其中"Animation Type"属性有 4 个选项，如图 6-103 所示。

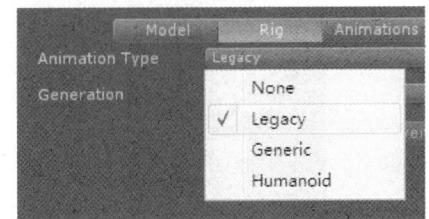

图 6-103 "Rig"选项卡中的"Animation Type"选项

- None：无动画。
- Legacy：旧版动画。
- Generic：通用动画。
- Humanoid：人形动画（两足动物动画）。

当使用旧版动画系统时，要选择"Animation Type"中的"Legacy"选项，这样当把模型放置到场景中时，系统会自动为模型添加 Animation 组件，进行相关设置后，就可以通过代码控制动画的播放了。旧版动画系统模型和动画是绑定在一起的，导入的模型自带动画。

当使用新版 Mecanim 动画系统时，要选择"Animation Type"中的"Generic"或"Humanoid"选项，这样当把模型放置到场景中时，系统会自动添加 Animator 组件，然后使用 Animator Controller 动画控制器进行动画状态的编辑，从而实现对动画的播放、过渡等。新版 Mecanim 动画系统实现了模型和动画的分离，同一段动画可以应用到不同模型上，极大地增加了灵活性和简便性。

6.6.1 旧版动画系统

旧版动画系统中最重要的概念是动画分割和 Animation 组件。

1. 导入动画

Unity 中导入动画的常用方式有两种：使用动画分割导入动画和使用多个模型文件导入动画。

动画分割是制作一个包含所有动画的单一模型（可以极大地减小项目文件的大小），当导入该动画模型时，设置每个动画由哪些帧构成，从而将各个动画分割开。要导入动画只需将模型放置到项目的资源文件夹中，Unity 会自动导入它，在项目资源列表中选中它，即可在属性面板对导入的动画进行编辑设置。

在"Inspector"面板的"Animation"选项卡中进行动画分割，如图 6-104 所示。

2. Animation 组件

Animation 是 Unity 旧版动画系统的动画组件，从 Unity 4.x 起已全面被 Mecanim 中的 Animator 组件替代，不过 Unity 中仍然保留了 Animation 组件。使用旧版动画系统时，当把模型放置到场景，系统自动添加 Animation 组件，默认只添加一个动画，如果需要对动画进行分割，可以在图 6-104 所示的面板中进行动画分割，模型的 Animation 组件会同步更新，还可以设置默认动画和动画是否自动播放，如图 6-105 所示。为实现对动画的交互控制，可以编写脚本获取对象的 Animation 组件，然后调用相关方法，如播放 Play()、停止 Stop()、过渡 CrossFade()、混合 Bleed() 等，从而实现动画交互控制。

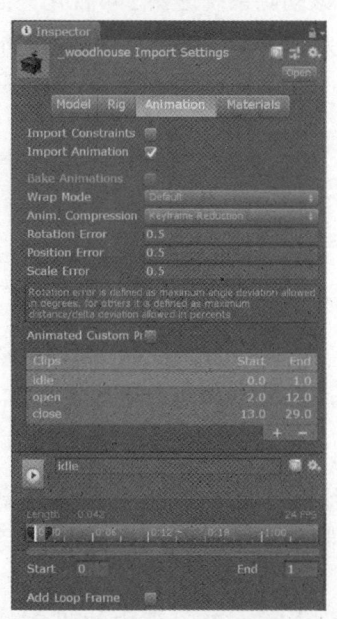

图 6-104 在"Inspector"面板中设置分割动画

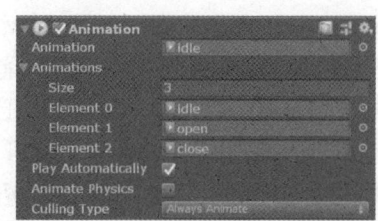

图 6-105 Animation 组件

旧版动画系统的工作流程为导入动画→动画分割→代码控制动画播放。下面以一个实例来详细说明。

【例 6.12】动画状态机控制角色运动状态。

实例初始状态和运行效果如图 6-106 所示。

例 6.12-1

第 6 章　Unity 开发基础

图 6-106　运行效果图

a）初始状态，门关闭　b）角色跑到门前，触发播放开门动画，门打开　c）角色进入木屋 n 秒后，门关闭

1）启动 Unity，新建工程，导入资源包 woodhouse_assets.unitypackage。

2）将导入的模型_woodhouse 进行动画分割，分割为 idle、open 和 close 三个子动画。

3）编写脚本 anim.cs，挂载在 door 对象上，实现角色的触发器检测。

4）为 door 对象添加 Box Collider 碰撞器，选中"Is Trigger"选项，调整碰撞盒到门的位置，并使该碰撞盒比门的碰撞盒稍大些，使得角色可以穿越 door 的触发器，触发触发器事件。

5）编写脚本实现当角色走到门前，播放开门动画。角色进入木屋后，发现会穿越木屋，为其添加碰撞器。选中_woodhouse 原始模型，在右侧的"Inspector"面板的"Model"选项卡中选中"Generate Colliders"选项，如图 6-107 所示。单击"Apply"按钮，回到场景中，会看到_woodhouse 对象的各个子对象已经添加了 Mesh Collider 碰撞器。

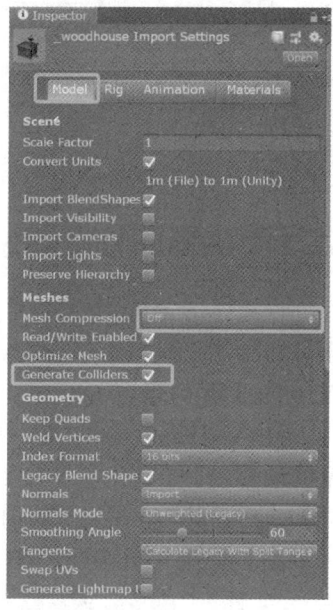

图 6-107　Model 选项卡中勾选 "Generate Colliders"

183

6）运行项目，发现门会反复地打开多次，设置一个开关变量 doorisopen，当该变量为假时，才打开门，代码如下。

例 6.12-2

```
public bool doorisopen=false;
void OnTriggerEnter(Collider hit){
    if (hit.gameObject.tag == "Player"&&!doorisopen) {
        hit.gameObject.transform.parent.GetComponent<Animation>().Play("open");
    }
}
```

7）当门打开 n 秒钟后，自动关闭。

8）anim.CS 脚本的完整代码如下。

```
public class anim : MonoBehaviour {
    public bool doorisopen=false;
    public GameObject door;
    float open_time ;
    float time=0;
    void Start () {
        open_time = 3.0f;
    }
    void Update () {
        time += Time.deltaTime;
        if (time >= open_time && doorisopen) {
            door.transform.parent.GetComponent<Animation>().Play("close");
            doorisopen=false;
        }
    }
    void OnTriggerEnter(Collider hit){
        if (hit.gameObject.tag == "Player" && !doorisopen) {
            door.transform.parent.GetComponent<Animation>().Play("open");
            time=0;
            doorisopen=true;
        }
    }
}
```

6.6.2 Mecanim 动画系统

通过 Mecanim 系统提供的各种工具可以对应用到模型上的动画进行配置，实现动画的正常播放、过渡、跳转、交互控制等，具体工作原理和流程如下。

1. 动画剪辑

被导入 Unity 中的 3D 动画称为动画剪辑（Animation Clip），动画剪辑包含一段相对完整的动画，一个角色可以带多个动画剪辑。当把带有动画的 3D 模型导入 Unity 中时，会自动创建动画剪辑，动画剪辑前的图标为 ▶，如图 6-108 所示。

Animation Clip 用于存储角色或简单动画的动画数据，是动作的简单"单元"，诸如"空闲""走路""跑步"或"跳跃"等。对动画动作的修改和编辑通过 Animation 视图完成。Animation 视图还可以创建新的动画剪辑文件，扩展名为.anim。动画剪辑数据和模型对象是分离的，同一个动画剪辑可以应用到不同的模型对象。

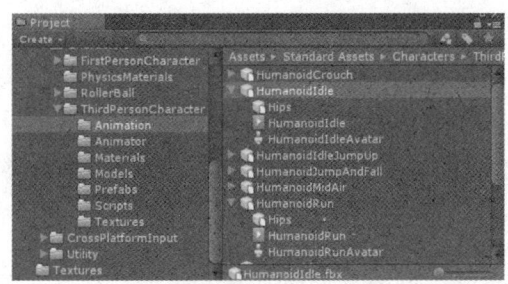

图 6-108　导入模型附带的动画剪辑 Animation Clip

2．Animator 组件

要实现角色对象的动画控制，需要为角色对象添加 Animator 组件（将"Inspector"面板的"Rig"选项卡中的"Animation Type"设置为"Humanoid"选项时，放入场景的模型将自动添加 Animator 组件），并将创建好的动画控制器赋给 Animator 组件的"Animator Controller"属性，如图 6-109 所示。同一个 Animator Controller 资源可以被多个模型通过 Animator 组件引用。

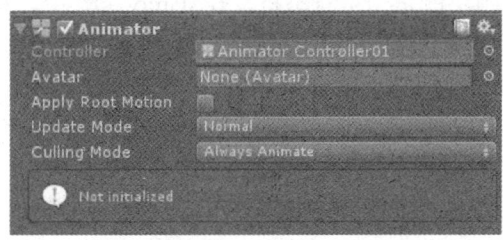

图 6-109　Animator 组件

3．动画控制器和 Animator 视图

动画控制器（Animator Controller）可以实现动画状态的添加、删除、切换、过渡等，把大部分动画相关的工作从代码中抽离出来，方便动画的设计。

动画控制器的创建方法是，在"Assets"面板中右击，在弹出的快捷菜单中选择"Create"→"Animator Controller"命令。

创建好的动画控制器在 Animator 视图中进行编辑，如图 6-110 所示。

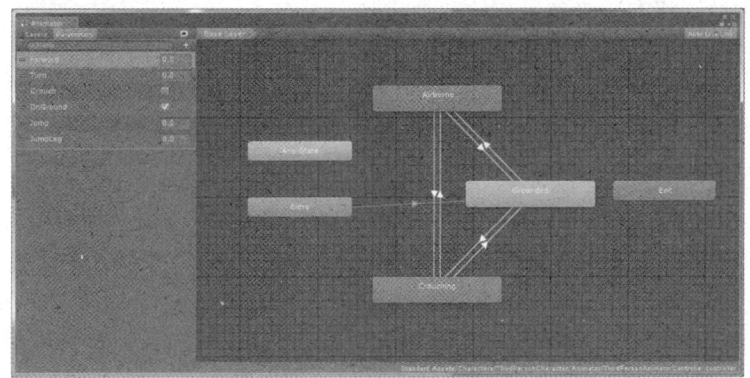

图 6-110　Animator 视图

4．动画状态机

通过 Animator 视图打开动画控制器（空的），其中"Base Layer"中包含一个动画入口 Entry、一个动画出口 Exit 和一个任意动画状态 Any State，如图 6-111 所示。

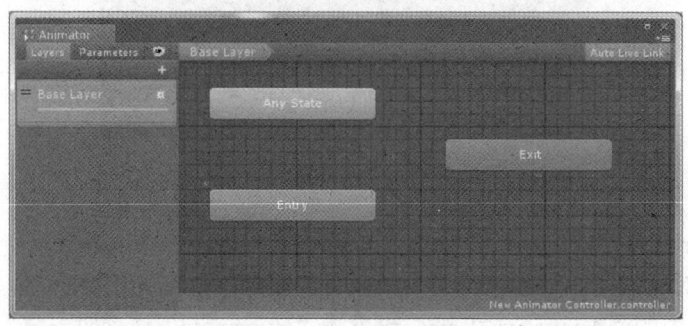

图 6-111　空的动画控制器

可以向动画控制器中添加动画剪辑，动画剪辑添加到 Animator 视图中，就称为动画状态，一个动画剪辑就是一个动画状态，初始动画状态显示为橙色。每一个动画控制器都可以有若干个动画层，每个动画层就是一个状态机。在 Unity s.x 中，每一个动画状态机都包含 Any State、Entry 和 Exit 三种状态。更为复杂的动画状态机，还可以包含子动画状态机、混合树等，状态说明如表 6-2 所示。

表 6-2　动画状态机的状态说明

名称	说明
State	动画状态，动画状态机中的最小单元
Sub-State Machine	子动画状态机，动画状态机可以嵌套
Blend Tree	动画混合树，特殊的动画状态单元
Any State	表示任意动画状态
Entry	本动画状态机的入口
Exit	本动画状态机的出口

5．动画状态过渡

一个角色可以有多种动画状态（动作），当满足一定条件时，可以从一种动画状态过渡到另一种动画状态。

创建动画过渡的方法是，在动画状态 A 上右击，在弹出的快捷菜单中选择"Make Transition"命令，如图 6-112 所示，然后拖动鼠标到另一个动画状态 B 上，就创建了从动画状态 A 到动画状态 B 的动画过渡，用方向箭头表示，如图 6-113 所示。

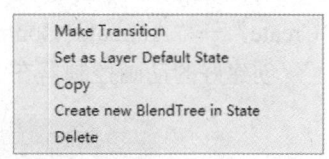

图 6-112　创建动画过渡

1）编辑动画过渡。在动画过渡箭头上单击，在右侧"Inspector"面板中就可以编辑该动画过渡，还可以设置过渡的时间长度和两段动画重叠的位置等，如图 6-114 所示。

2）动画过渡条件。可以通过条件控制实现从一个动画状态过渡到另一个动画状态。而实现动画过渡的条件有 4 种参数类型：Float、Int、Bool、Trigger，最常用的是 Trigger 和 Bool。

第6章 Unity开发基础

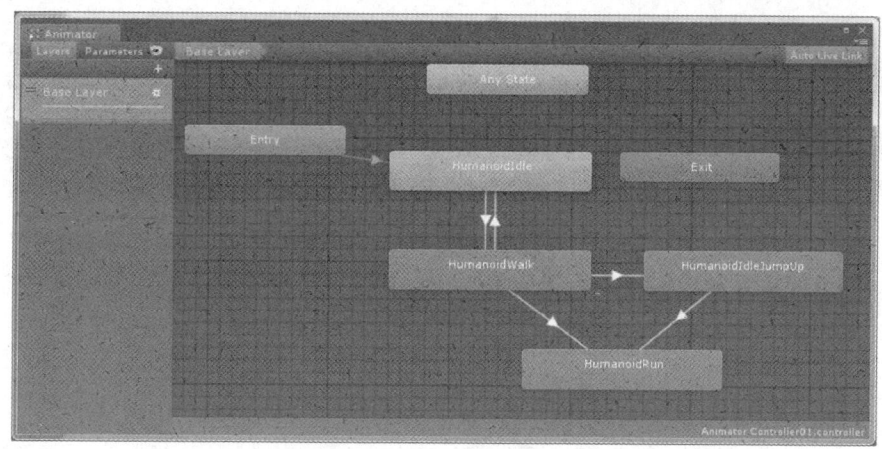

图 6-113 动画过渡

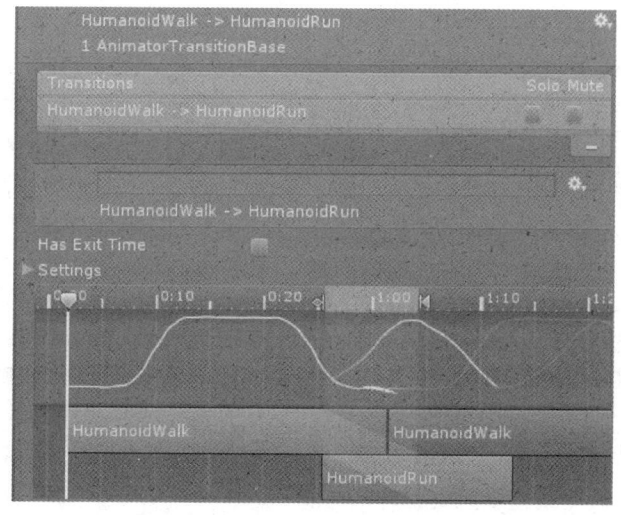

图 6-114 编辑动画过渡

【例 6.13】 动画状态机控制角色运动状态。

本例实现角色从任意运动状态快速切换到静止、走、跑、跳等动作。

1）启动 Unity，新建场景，将第三人称角色模型导入，创建一个新的 Animator Controller，并拖动到角色模型"Animator"组件的"Controller"属性。

例 6.13-1

2）在 Animator 组件中双击"Animator Controller"，打开 Animator 视图，将角色模型的动画剪辑 HumanoidIdle、HumanoidWalk、HumanoidRun、HumanoidIdleJumpUp 拖动到 Animator 视图中，创建对应的动画状态。

3）创建任意两种动画状态间的动画过渡。

4）创建 Trigger 参数 idle_walk_trigger，触发角色动画过渡。

5）创建 Bool 参数 idle_walk_bool、idle_jump_bool、walk_jump_bool、run_jump_bool、walk_run_bool、idle_run_bool，如图 6-115 所示。

187

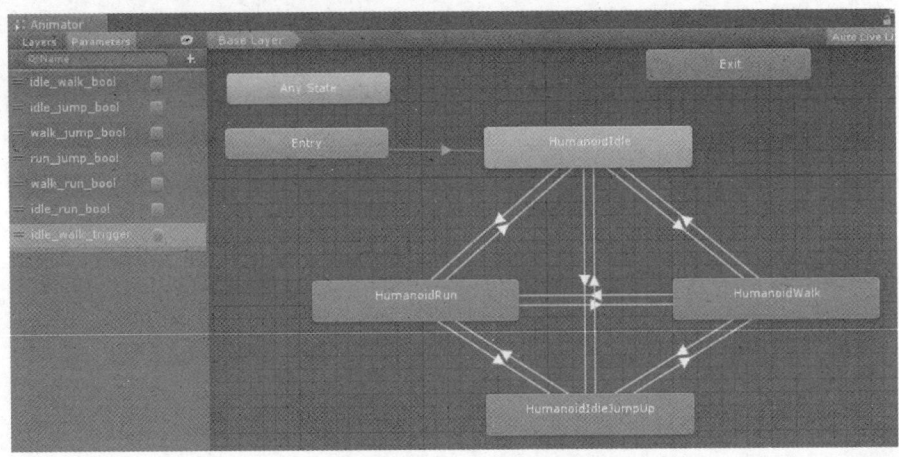

图 6-115　添加动画状态和动画过渡，设置动画过渡参数

6）编写脚本 animate_controll.cs。

```
public class animate_controll : MonoBehaviour {
    public GameObject ani_obj;        //声明对象 ani_obj
    public Animator ani;              //声明 Animator 组件类型变量 ani

    void Start () {
        ani = ani_obj.GetComponent<Animator>();//将 ani_obj 的 Animator 组件赋给 ani 变量
    }
    public void idle(){
        ani.SetBool("idle_walk_bool",false);    //设置 bool 参数 idle_walk_bool 的值
        ani.SetBool("idle_run_bool",false);     //设置 bool 参数 idle_run_bool 的值
        ani.SetBool("idle_jump_bool",false);    //设置 bool 参数 idle_jump_bool 的值
    }
    public void walk(){
        ani.SetBool("idle_walk_bool",true);
        ani.SetBool("walk_run_bool",false);
        ani.SetBool("walk_jump_bool",false);
    }
    public void run(){
        ani.SetBool("walk_run_bool",true);
        ani.SetBool("idle_run_bool",true);
        ani.SetBool("run_jump_bool",false);
    }
    public void jump(){
        ani.SetBool("walk_jump_bool",true);
        ani.SetBool("run_jump_bool",true);
        ani.SetBool("idle_jump_bool",true);
    }
    public void idle_walk(){
        ani.SetTrigger ("idle_walk_trigger");   //触发触发器 idle_walk_trigger
        ani.SetBool("walk_run_bool",false);
        ani.SetBool("walk_jump_bool",false);
    }
}
```

7）UI 设计，创建 4 个按钮，控制从任意运动状态切换到指定运动状态，如图 6-116 所示。

8）单击 idle、walk、run、jump 四个按钮分别调用对应的 idle()、walk()、run()、jump() 方法，如图 6-117 所示。运行测试工程项目。

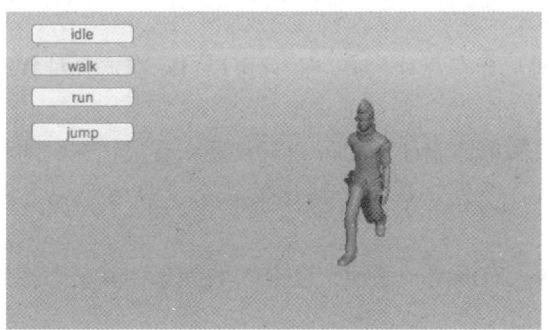

图 6-116　场景 UI 设计

图 6-117　设置按钮单击事件执行的方法

6.7　Unity 中的 AI 设计

为了增加难度和趣味性，游戏中除了有玩家控制的角色，还会有计算机控制的角色。这些计算机控制角色的实现，就要用到人工智能（Artificial Intelligence，AI）。当然，AI 在游戏中的作用不仅仅是创建非玩家角色（Non-Player Character，NPC），还可以实现更多的功能。

6.7.1　游戏中的 AI

游戏中的 AI 主要体现在以下几个方面。

1）AI 玩游戏：棋牌类游戏中的 AI，竞技类游戏中的 AI，游戏中的 NPC 行为控制，创建一个 Robot 和玩家一起玩游戏等。

2）AI 生成游戏内容：地图关卡的自动生成，游戏场景剧情的自动生成、推演等。

3）AI 对玩家建模：对玩家游戏内的行为进行建模，通过分析游戏内玩家的行为、情感等信息，对玩家进行用户画像，从而改善游戏的沉浸感。

游戏 AI 涉及的技术和算法众多，常见的有以下几种。

1）寻路。寻路是游戏中很普遍的一种 AI，如网格地图（Tiled）、导航图（NavMesh）等，用到图的最短路径算法，使用最多的是 A*（A-Star）算法。

2）有限状态机。有限状态机（Finite State Machine，FSM）是指有限个状态及在这些状态间转换的数学模型，用于跟踪对象的当前状态，状态间有明确定义的转换。有限状态机是游戏的基础，可以应对大部分的简单逻辑流程控制，复杂的逻辑可能会扩展到分层有限状态机。

3）行为树。目前大型游戏中 NPC 应用最多，尤其是一些大型 Boss，其行为树已经相当复杂。

4）模糊逻辑。随着技术上升到智能层面，已经不再是绝对的是或非，而是存在了一定的权重和不确定性。

5)集群控制。集群控制在即时战略游戏(RTS,Real-Time Strategy Game)中应用很多,多个单位的集群 AI,包括追随、分离、规避等。

6.7.2 AI 漫游

由计算机控制的角色在场景中漫游,通常会有几种状态,而且可以自动在这几种状态间转换,这种 AI 漫游可通过有限状态机实现。

如果不考虑设计模式,有限状态机可以简单地通过 if-else 语句实现。有限状态机的状态转换有着明显的逻辑关系,当前状态和输入条件,决定了输出的状态,具体实现可以参考例 6.14 的代码。

分析例 6.14 中的 AI,计算机控制的敌人有漫游、避障、攻击 3 种状态,其状态转换图如图 6-118 所示。

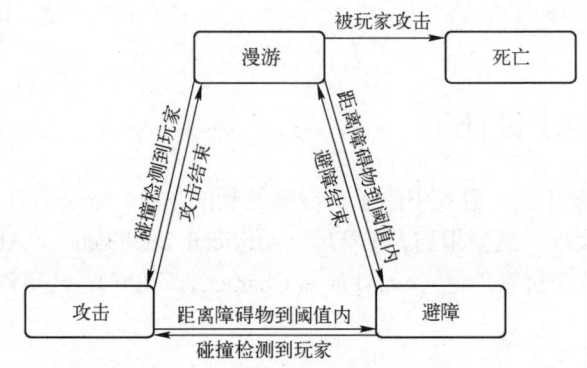

图 6-118 敌人有限状态转换图

例 6.14

【例 6.14】 射击游戏 AI。

本例设计了一个带有 AI 的射击游戏框架,实际应用时用项目模型把简单模型替换掉即可。

(1)场景搭建

在场景中创建以下模型和对象。

1)摄像机 Main Camera。

2)平行光 Directional Light。

3)地面 Plane。

4)四面墙体 Wall(Wall-f、Wall-b、Wall-l、Wall-r),设置游戏边界。

5)玩家(胶囊或立方体)Player。

6)玩家发射的子弹(球体)Sphere。

7)敌人(长方体)Enemy。

8)敌人发射的火球(橙色球体)Fireball。

9)空游戏对象(产生新敌人)Controller。

10)几个静态创建的敌人 Static Enemy,用于测试。

(2)脚本功能

本例涉及 6 个脚本,各脚本的功能如表 6-3 所示。

表 6-3 脚本功能

序号	脚本	挂载对象	功能
1	RayShooter	Main Camera	1）按下鼠标左键，射线碰撞检测 2）射中敌人，调用脚本 ReactiveTarget 中的 ReactToHit()方法 3）未射中敌人，显示球体指示器，n 秒后销毁 4）隐藏屏幕光标、射击准星（*）可视化
2	ReactiveTarget	Enemy	1）公有 ReactToHit()方法启用协程 Die()方法 2）协程 Die()方法，推倒敌人（绕 x 轴旋转），n 秒后销毁 3）销毁后，将 Enemy 的激活状态 alive 置为 false
3	WanderingAI	Enemy	1）持续匀速向前（forward）移动 2）距离障碍物到阈值内，随机旋转角度移动，避开障碍物 3）添加 alive 状态，初始为 true 4）球体碰撞检测 5）碰撞检测到玩家，实例化火球，放置到敌人前方（与敌人方向一致）
4	SceneController	Controller	1）实例化预制敌人 2）设置实例化敌人的位置和角度（y 轴随机角度）
5	Fireball	Fireball	1）持续向前移动 forward 2）触发碰撞 3）如果碰撞对象是玩家，调用脚本 PlayerCharacter 的 Hurt()方法 4）碰撞对象无论是否是玩家，立刻销毁
6	PlayerCharacter	Player	1）初始化玩家的血量值 2）Hurt()方法实现减少玩家血量

（3）游戏结构、功能思维导图

射击游戏整体结构，包含场景所有模型及挂载脚本、脚本功能，如图 6-119 所示。

图 6-119　游戏结构、功能思维导图

（4）脚本代码

6 个脚本的完整代码如下。

1）RayShooter.cs 脚本代码如下。

```
public class RayShooter :MonoBehaviour {
    Camera _camera;
    public GUIStyle style;
    void Start () {
        _camera = GetComponent<Camera> ();            //获取摄像机组件
        Cursor.lockState = CursorLockMode.Locked;     //锁定光标
        Cursor.visible = false;                       //隐藏光标
    }
    //绘制*型光标，便于玩家瞄准，当*与敌人重合，按鼠标左键射击
    void OnGUI(){
        int size = 12;                                //设置光标的大小
        float posX = _camera.pixelWidth / 2-3;
```

```csharp
            float posY = _camera.pixelHeight / 2-8;      //设置光标的位置
            style.fontSize = 25;
            style.normal.textColor = Color.red;          //设置光标*的样式（大小和颜色）
            GUI.Label (new Rect (posX, posY, size, size), "*",style);    //绘制光标
        }
        void Update () {
            RaycastHit hit;
            if(Input.GetMouseButtonDown (0)){                            //按下鼠标左键
                //获取屏幕中心点，x、y 坐标分别是屏幕宽高的一半
                Vector3 point=new Vector3(_camera.pixelWidth/2,_camera.pixelHeight/2,0);
                //通过 ScreenPointToRay()方法，获取一条从摄像机视角到 point 的射线
                Ray ray=_camera.ScreenPointToRay(point);
                //射线碰撞检测
                if(Physics.Raycast(ray,out hit)){
                    //获取射线扫描到对象 hit 的 ReactiveTarget 脚本，赋值给 ReactiveTarget
                        ReactiveTargettarget=hit.collider.gameObject.GetComponent<ReactiveTarget>();
                        if(target!=null){
                            //击中敌人，调用 ReactiveTarget 脚本中的 ReactToHit()方法
                            target.ReactToHit();
                        }else{
                            //未击中敌人，启动协程 SphereIndicator
                            //实现在射击点显示球体，2 秒后消失
                            StartCoroutine(SphereIndicator(hit.point));
                        }
                }
            }
        }
        //协程 SphereIndicator，实现功能：生成球体 sphere，放置在形参 pos 位置，
        //等待 2 秒后，销毁球体
        private IEnumerator SphereIndicator(Vector3 pos){
            GameObject sphere = GameObject.CreatePrimitive (PrimitiveType.Sphere);
            sphere.transform.position = pos;
            yield return new WaitForSeconds (2);
            Destroy (sphere);
        }
    }
```

2）ReactiveTarget.cs 脚本代码如下。

```csharp
    public class ReactiveTarget :MonoBehaviour {
        void Start () {
        }
        void Update () {
        }
        //定义敌人被击中的 ReactToHit()方法，
        public void ReactToHit(){
            //获取 WanderingAI 脚本
            WanderingAI behavior = GetComponent<WanderingAI> ();
            if (behavior != null) {
                behavior.setAlive(false);       //调用 setAlive()，修改敌人未非存活状态
            }
            StartCoroutine (Die ());            //调用协程 Die，推倒并销毁敌人
        }
```

```csharp
//定义敌人死亡的 Die()方法，推倒敌人，1 秒后销毁敌人
private IEnumerator Die(){
    transform.Rotate (0, 0, 45);
    yield return new WaitForSeconds (1);
    Destroy (gameObject);
}
```
}

3）WanderingAI.cs 脚本代码如下。

```csharp
public class WanderingAI :MonoBehaviour {
    public GameObjectfireballPrefab;        //定义火球预制对象
    GameObject fireball;                    //定义火球对象
    float speed=5f;
    float obstacleRange=2f;
    bool _alive=true;
    void Start () {

    }

    void Update () {
        if (_alive) {
            //敌人如果存活，则持续向前移动
            transform.Translate (0, 0, speed * Time.deltaTime);
        }
        //Debug.DrawRay (transform.position, transform.forward*10, Color.red, 1f);
        RaycastHit hit;
        //球形碰撞检测
        if (Physics.SphereCast (transform.position,0.75f, transform.forward,out hit, 10f)) {
            GameObjecthitObj=hit.collider.gameObject;
            //如果碰撞到的是玩家
            if(hitObj.GetComponent<PlayerCharacter>()){
                //生成一个火球，放置到敌人 z 轴正方向前 1 米位置处，角度与敌人一致
                if(fireball==null){
                    fireball=Instantiate(fireballPrefab);
                    fireball.transform.position=new
                    Vector3(transform.position.x,transform.position.y,transform.position.z+1);
                    //fireball.transform.position=transform.TransformPoint(Vector3.forward*
                    1.5f);
                    fireball.transform.rotation=transform.rotation;
                }
            }else{
                //如果碰撞到的是其他物体（障碍物），且与障碍物间距小于 obstacleRange
                if(hit.distance<obstacleRange){
                    //旋转-110°～110°的一个随机角度值，继续移动，使敌人有自动避障功能
                    float angle=Random.Range(-110,110);
                    transform.Rotate(0,angle,0);
                }
            }
        }
    }
    //设置敌人存活状态
    public void setAlive(bool alive){
        _alive = alive;
```

4) SceneController.cs 脚本代码如下。

```
public class SceneController :MonoBehaviour {
    [SerializeField]private GameObjectenemyPrefab;      //序列化私有变量 enemyPrefab
    GameObject enemy;
    void Start(){
    }
    void Update () {
        if (enemy == null) {
            //通过预制对象实例化敌人 enemy，放置在(0,1,0)位置
            //并设置一个随机 y 轴角度值，以使每次实例化的敌人往不同方向移动
            enemy=Instantiate(enemyPrefab);
            enemy.transform.position=new Vector3(0,1,0);
            float angleY=Random.Range(0,360);
            enemy.transform.Rotate(0,angleY,0);
        }
    }
}
```

5) Fireball.cs 脚本代码如下。

```
public class FireBall :MonoBehaviour {
    float speed=20f;
    public int damage=-1;
    void Start(){
    }
    void Update(){
        //火球发射出去后沿 z 轴移动
        transform.Translate (0, 0, speed * Time.deltaTime);
    }
        //触发碰撞检查
    void OnTriggerEnter(Collider hit){
        PlayerCharacter player = hit.GetComponent<PlayerCharacter> ();
//如果触发碰撞到的是玩家，打印提示信息，调用玩家的 Hurt()方法，减少玩家血量
        if (player!=null) {
            print ("hit Player");
            player.Hurt(damage);
        }
        //无论碰撞到玩家还是其他障碍物，销毁火球
        Destroy (gameObject);
    }
}
```

6) PlayerCharacter.cs 脚本代码如下。

```
public class PlayerCharacter :MonoBehaviour {
    private int health=5;          //设置血量
    void Start(){
    }
    void Update(){
    }
    public void Hurt(int damage){
```

```
        if (health > 0) {
            //血量大于 0,将血量减少(加 damage 值)
            health += damage;
            Debug.Log ("health:" + health);
        } else {
            //当血量小于等于 0,销毁玩家
            Destroy(gameObject);
        }
    }
}
```

(5)测试和运行效果

运行游戏进行测试,敌人在场景中漫游效果如图 6-120 所示,玩家发射炮弹击中敌人外其他对象效果如图 6-121 所示,玩家发射炮弹击中敌人效果如图 6-122 所示,敌人发射火球攻击玩家效果如图 6-123 所示。

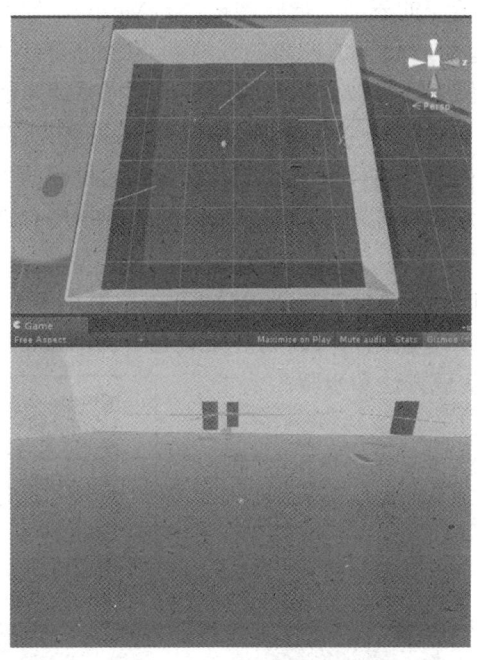

图 6-120 运行状态

图 6-121 炮弹击中敌人外其他对象

图 6-122 敌人被击中

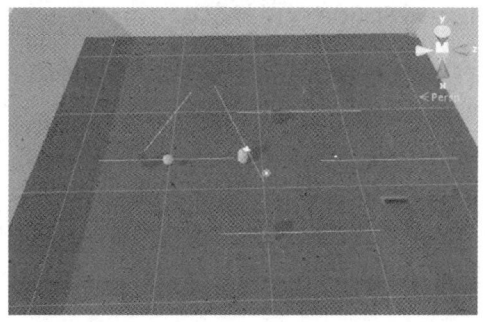

图 6-123 敌人发射火球

6.7.3 导航寻路技术

导航寻路技术是游戏开发中重要的核心技术之一，主要应用在玩家控制的主角或计算机控制的敌人进行自动寻找目标等场景中。

Unity 提供了一套 Navigation 导航寻路系统，通过调用 Navigation 系统，可以快速开发项目所需的寻路模块。该系统支持在规则和不规则地形上寻路，绕过障碍物到达目的地，还可以自定义更加复杂的寻路路线，通过添加组件、设置参数、编写代码等对寻路地形进行扩展，以实现接近真实的上楼梯、攀爬岩石、通过桥梁、跨越河流沟渠、动态设置或解除障碍等复杂地形的智能导航寻路。

Navigation 导航寻路系统需要知道游戏场景中的可行走区域，而可行走区域定义了代理（作为组件挂载到玩家）可在场景中站立和自由移动的空间位置集合。在 Unity 中，代理被描述为圆柱体，因此可行走区域是通过测试代理可站立的位置，然后从场景中的几何体自动构建出来的，这些位置被连接到场景几何体之上覆盖的表面（导航网格 NavMesh）。导航网格组成可行走区域的各个表面，并存储为凸多边形，凸多边形内的任意两点之间没有障碍物。导航系统除了要存储凸多边形边界，还要存储多边形彼此相邻的信息，这样系统才能够推断可行走区域。要寻找场景中两个位置之间的路径，首先需要将起始位置和目标位置映射到各自最近的凸多边形。然后，从起始位置开始搜索，访问所有邻居，直到到达目标凸多边形。通过跟踪被访问的凸多边形，可以找出从起点到目标的多边形序列。寻路的常用算法是 A*算法，这是 Unity 使用的算法。

Navigation 系统主要包括导航网格（Navigation Mesh，NavMesh）、导航网格代理（NavMesh Agent）、网格外链接（OffMesh Link）、导航网格障碍物（NavMesh Obstacle）等组件，下面通过实例介绍 Navigation 系统的具体实现方法和步骤。

【例 6.15】自动导航寻路。

本例模拟游戏开发过程中，玩家通过自动寻路从而靠近目标的过程，可以实现绕过障碍物、攀爬上高处、从高处跳下、按 Cost 寻找最适合自己的道路、动态设置道路障碍等。

（1）绕过障碍物

1）新建项目，在场景中创建图 6-124 所示的场景。

2）把场景中所有不动的游戏对象标记为 Navigation Static（寻路静态）。

① 在"Inspector"面板中标记。将不动的静态游戏对象放在空游戏对象 Navigation Static 中，如图 6-125a 所示。在"Inspector"面板中标记空游戏对象 Navigation Static 的"static"属性为"Navigation Static"，如图 6-125b 所示。选择"Navigation Static"后，在弹出的"Change Static Flags"对话框中，单击"Yes, change children"按钮，把标记应用给所有子对象，如图 6-125c 所示。

图 6-124 创建场景

② 在"Navigation"面板中设置。执行"Windows"→"AI"→"Navigation"命令，

打开"Navigation"(导航寻路)面板,其中包括 Agent、Areas、Bake、Object 4 个选项卡,在"Object"选项卡中可以将场景中选中的静态游戏对象标记为"Navigation Static",如图 6-126 所示。

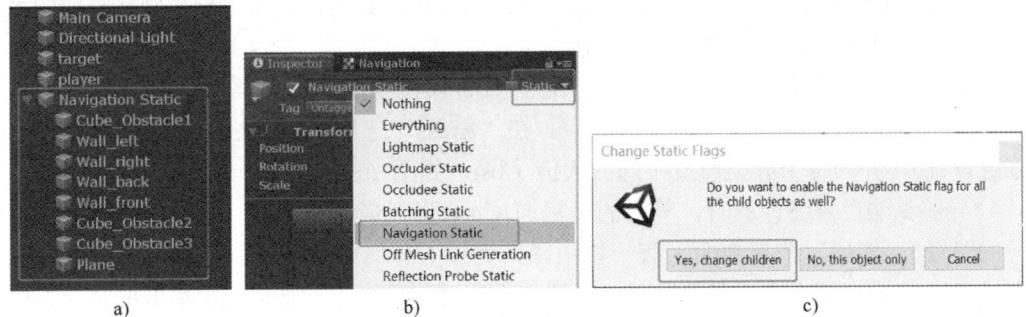

图 6-125 所有不动的游戏对象标记为"Navigation Static"

a) 涉及的 Navigation Static 对象　b) 设置 Navigation Static　c) 将 Navigation Static 应用给所有子对象

"Object"选项卡中相关选项说明如下。
- Navigation Static:设置选中游戏对象的 Navigation Static 标记。
- Generate OffMeshLinks:若处于选中状态,则基于选中对象的网格导航可以 Jump 和 Drop。
- Navigation Area:设置导航网格层。

"Bake"选项卡如图 6-127 所示,相关选项说明如下。

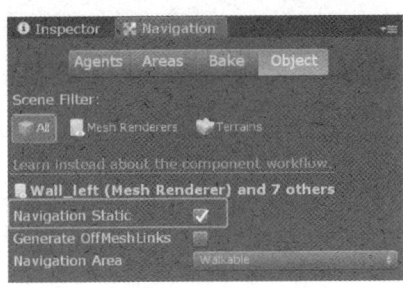

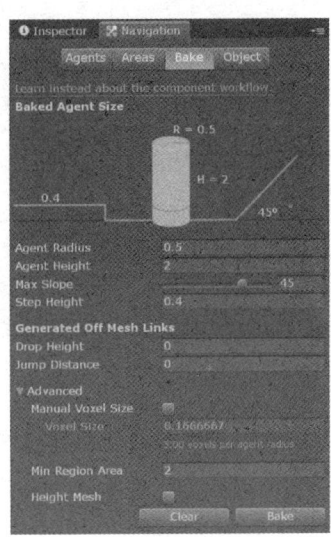

图 6-126 "Navigation"面板的"Object"选项卡　　图 6-127 "Navigation"面板的"Bake"选项卡

- Agent Radius:烘焙半径,值越小越好。
- Agent Height:角色所要通过的高度。
- Max Slope:最大坡度。当大于这个坡度时,该网格会被丢弃。

- Step Height：台阶高度。低于这个高度时，导航网格地区会连接。
- Drop Height：跳跃高度。当该值为正数，相邻的导航网格表面高度差低于此值时，将进行网格连接。
- Jump Distance：攀爬距离。如果这个属性的值是正数的话，相邻导航网格表面的水平距离低于此值时，将进行网格连接。

在游戏运行寻路计算中，每个连通点都有代价属性（Cost），在实施 A*算法时，根据 Cost 估算决定这个点是否进入路径队列中。在"Areas"选项卡中，给导航区域分类（相当于分层设置），并为每个分类设置不同的代价 Cost，如图 6-128 所示。设置 Cost 值的作用是，A*导航算法在寻路计算时，算出的是累加 Cost 消耗最低的路径（不一定是视觉上最短可行的路径）。例如，假定地面上有一摊沼泽，为该沼泽地形新建一个分类，并设置为一个很高的代价 Cost，那么在正常情况下，寻路将会绕过该区域，走其他代价更低的路径。但若此时游戏中动态生成的物体阻挡了其他代价低的路径，只有该路径可以走，那么角色就会选择穿过该沼泽地进行导航。所以"Areas"选项卡的作用是，为每种地形自定义分类，并自定义地形的难易程度，从而影响导航网格的选择。

当给角色添加 NavMeshAgent 组件时，角色上会有一个橙色线框。这个橙色线框不是 Collider，而是用来计算 Agent 寻路避开障碍物的，其相关参数可通过"Agents"选项卡进行设置。在"Agents"选项卡中，"Radius"用于设置代理的半径，"Height"用于设置代理的高度，"Step Height"用于设置台阶高度，"Max Slope"用于设置斜坡最大角度，如图 6-129 所示。

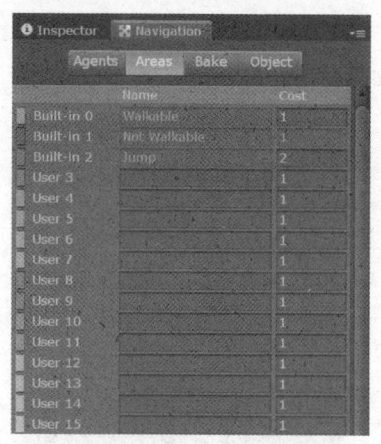 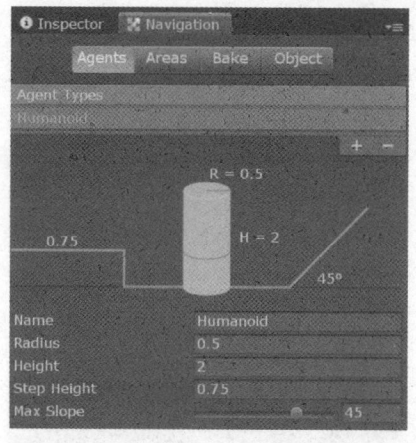

图 6-128 "Navigation"面板的"Areas"选项卡　　图 6-129 "Navigation"面板的"Agent"选项卡

3）场景烘焙。从场景创建导航网格的过程称为导航网格烘焙（NavMesh Baking），该过程收集所有标记为"Navigation Static"的游戏对象的渲染网格和地形，然后处理它们以创建可行走表面的导航网格 NavMesh。在"Bake"选项卡中单击"Bake"按钮，进行烘焙，烘焙效果如图 6-130 所示，烘焙后会在场景文件所在的"Assets|Scenes"文件夹下自动创建文件夹"nav"，烘焙出来的导航网格就保存在 NavMesh.asset 文件中，如图 6-131 所示。

4）编写脚本 nav.cs，挂载到玩家 player（红色胶囊体），将脚本中的变量 FindDestination 赋值为目标对象 target（绿色立方体），并给 player 添加 NavMeshAgent 组件，如图 6-132 所示。nav.cs 脚本代码如下。

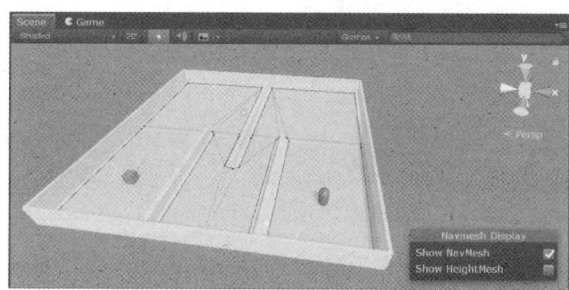

图 6-130　场景烘焙效果

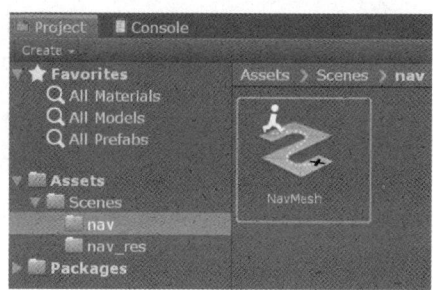

图 6-131　烘焙网格保存在 NavMesh.asset 中

```
using System.Collections;
using System.Collections.Generic;
using UnityEngine;
using UnityEngine.AI;
public class nav: MonoBehaviour
{
    public Transform FindDestination;           //寻找的目标
    private NavMeshAgent _agent;                //寻路的组件
    void Awake()
    {
        _agent = this.GetComponent<NavMeshAgent>();
    }
    void Update()
    {
        //设置寻路
        if (_agent && FindDestination)
        {
            //设置目标
            _agent.SetDestination(FindDestination.transform.position);
        }
    }
}
```

图 6-132　给 player 添加 NavMeshAgent 组件和 nav 脚本

5）为目标 target 添加脚本 SPFInput.cs，实现对 target 的移动控制，代码如下。

```
using UnityEngine;
using System.Collections;
```

```
public class SPFInput : MonoBehaviour {
    public float speed=10f;
    void Update () {
        float deltaX = Input.GetAxis ("Horizontal") * speed;
        float deltaZ = Input.GetAxis ("Vertical") * speed;
        transform.Translate (deltaX * Time.deltaTime, 0, deltaZ * Time.deltaTime);
    }
}
```

6)运行场景,可以看到 player 沿着烘焙出来的路径慢慢向 target 移动,直至与 target 位置重合,如图 6-133 所示。在 player 向 target 移动的过程中,移动 target 的位置,则 Navigation 寻路系统会重新计算寻路路径,向 target 移动,如图 6-134 所示。

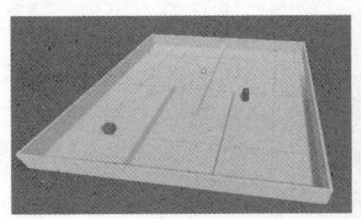

图 6-133 运行效果

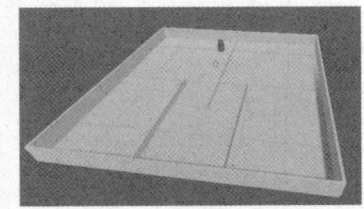

图 6-134 移动目标的运行效果

(2)攀爬上高处,从高处下来

1)要让玩家上楼梯或攀爬上陡峭高处,可以通过 OffMeshLink 组件来实现。修改场景增加一个高台和梯子,仍然对静态游戏对象标记为 Navigation Static,然后做烘焙处理,会发现烘焙出了两块独立的区域,如图 6-135 所示。

例 6.15-2

图 6-135 不同高度烘焙出了两块独立区域

2)为"梯子"添加 OffMeshLink 组件,再创建两个 plane 对象 start 和 end,放置在合适位置，设置 OffMeshLink 组件的属性"Start"与"End"。"Start"与"End"属性用 OffMeshLink 连接两个原本不相同的区域，如图 6-136 所示。

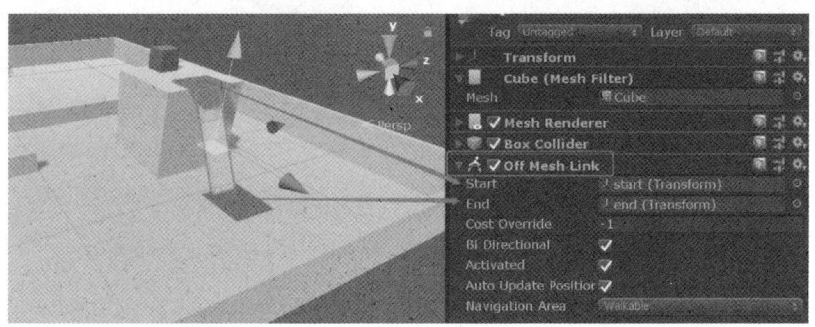

图 6-136 为"梯子"增加 OffMeshLink 组件

3）运行场景，玩家 player 就可以通过"梯子"从地面爬到高台上的目标 target 位置，如图 6-137 所示。把玩家 player 和目标 target 的位置互换，再次运行，可以看到玩家可以通过"梯子"从高台上下来，移动到目标 target 位置处。

（3）根据距离长短和 Cost 综合考虑，选择最佳路径

1）修改场景，两块地面由两座桥梁连接，有两个玩家要移动到目标处。进行场景烘焙处理，烘焙结果与桥梁的位置高度相关，如图 6-138

图 6-137 运行效果

所示，左侧地面被划分为 1 个区域，右侧地面被划分为了 5 个区域，目标 target 在 4 号区域。如果移动桥梁位置，烘焙后的区域划分会有所不同。

例 6.15-3

图 6-138 新场景烘焙效果

2）默认各区域的 Cost 为 1，A*算法以路径中所有区域的加权值总和最小为最优路径，所以两个玩家都从红色桥梁通过到达目的地，如图 6-139a 所示。如果把 target 从区域 4 移动到区域 3，蓝色玩家从蓝色桥梁和红色桥梁通过到达目的地的代价一样，但从蓝色桥梁通过距离更短，所以蓝色玩家选择从蓝色桥梁通过，如图 6-139b 所示。

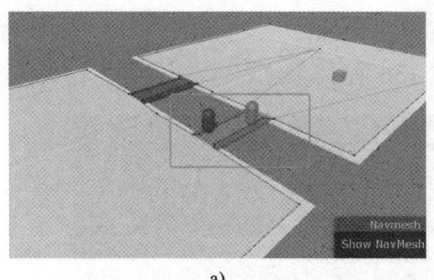 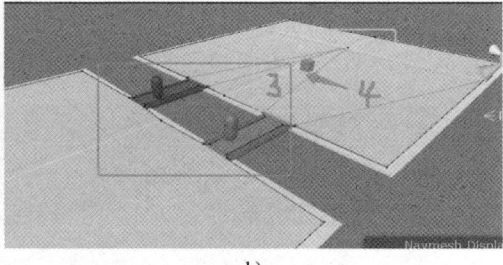

图 6-139 蓝色玩家选择最优路径对比

a) target 在区域 4 时，蓝色玩家路径 b) target 在区域 3 时，蓝色玩家的路径

3) 在"Areas"选项卡中增加两个区域"bridge_blue"和"bridge_red"，并将"bridge_red"区域的"Cost"设置为 4，如图 6-140a 所示。在"Object"选项卡中，将 bridge_blue 对象和"bridge_blue"区域关联起来，将 bridge_red 对象和"bridge_red"区域关联起来，如图 6-140b 所示。

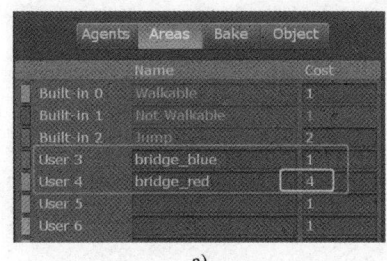 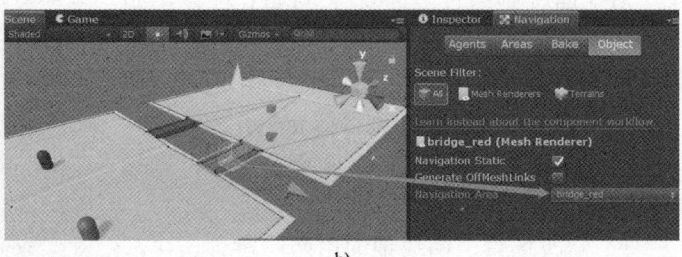

图 6-140 为区域设置 Cost 并进行对象与区域的关联

a) 创建区域并设置 Cost b) 对象与区域关联

4) 运行场景，会发现红色玩家通过蓝色桥梁到达目的地。这是因为虽然红色玩家目测通过红色桥梁的路径短，但代价高，所以红色玩家选择了从距离更远但代价低的蓝色桥梁通过的路径，如图 6-141 所示。

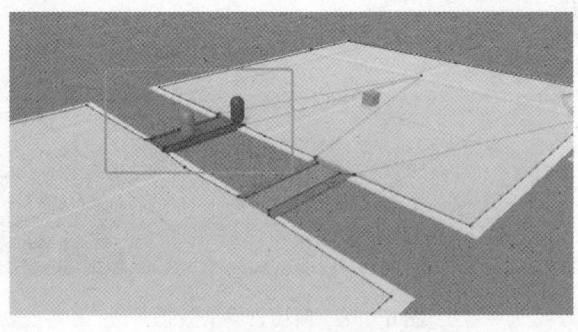 

例 6.15-4

图 6-141 Cost 对最优路径选择的影响

(4) 动态障碍物

1) 要使路径中的障碍物实现动态可控，可以通过 NavMeshObstacle 组件来实现。修改场景，两块地面由一座红色桥梁连接，玩家要移动到目标处。将红色桥梁设置为障碍物，添加 NavMeshObstacle 组件，如图 6-142 所示。添加完 NavMeshObstacle 组件后，烘焙场景。

202

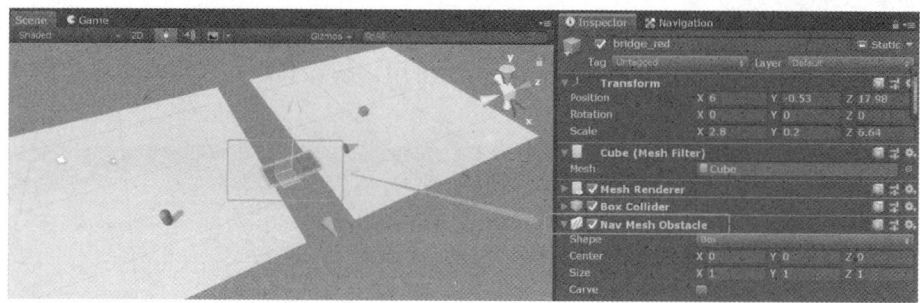

图 6-142 桥梁添加 NavMeshObstacle 组件

2）为红色桥梁 bridge_red 添加脚本 NavMeshObs.cs，实现当按下鼠标左键，组件 NavMeshObstacle 变为不可用（取消桥梁的障碍物阻挡作用），桥梁变为绿色；当鼠标左键弹起，组件 NavMeshObstacle 变为可用（桥梁障碍物发挥阻挡作用），桥梁变为红色。NavMeshObs.cs 的代码如下。

```
using System.Collections;
using System.Collections.Generic;
using UnityEngine;
using UnityEngine.AI;
public class NavMeshObs : MonoBehaviour
{
    //"障碍物"组件
    private NavMeshObstacle _navMeshObstacle;
    void Awake()
    {
        _navMeshObstacle = this.GetComponent<NavMeshObstacle>();
    }
    void Update()
    {
        //检测鼠标左键的按下
        if (Input.GetButtonDown("Fire1"))
        {
            if (_navMeshObstacle)
            {
                //允许通过
                _navMeshObstacle.enabled = false;
                this.GetComponent<Renderer>().material.color = Color.green;
            }
        }
        //检测鼠标左键的弹起
        if (Input.GetButtonUp("Fire1"))
        {
            if (_navMeshObstacle)
            {
                //允许通过
                _navMeshObstacle.enabled = true;
                this.GetComponent<Renderer>().material.color = Color.red;
            }
        }
    }
}
```

3）运行测试，玩家移动到桥梁边，因为障碍物的阻挡作用，不能继续前进，如图 6-143a 所示。若一直按住鼠标左键，桥梁障碍物变为不可用，解除其阻挡作用，玩家顺利从桥梁通过，到达目的地，如图 6-143b 所示。

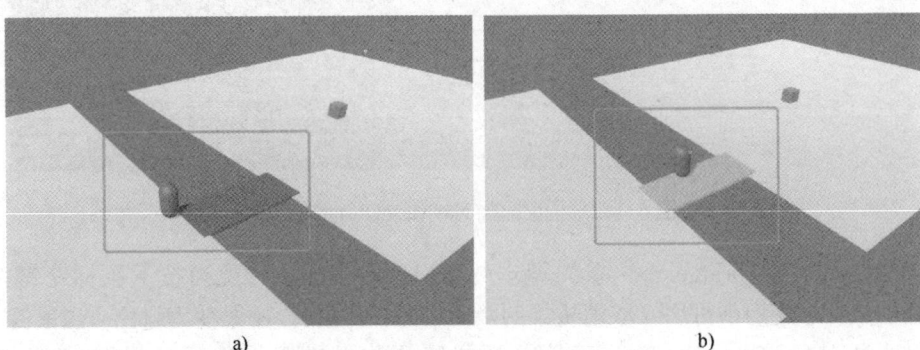

图 6-143　动态控制障碍物是否发挥阻挡作用

a）桥梁有阻挡作用　b）桥梁没有阻挡作用

习题

一、选择题

1．在 Unity 中新建一个场景，系统会默认创建两个对象：_____和 Directional Light。

  A．Main Camera   B．Empty GameObject

  C．Canvas   D．Cube

2．关于 Terrain 地形系统，以下错误的选项是_____。

  A．可以选择"GameObject"→"3D Object"→"Terrain"命令来创建地形

  B．可以通过 Transform 组件中的"Scale"属性修改地形的大小

  C．可以为地形添加草地、树木、花草等

  D．可以在地形的山峰上绘制平台

3．为更好地将三维模型导入 Unity，通常在 3ds Max 或 Maya 等软件中将建好的三维模型导出为_____格式文件。

  A．MAX   B．FBX   C．OBJ   D．3DS

4．要使对象能够受力，必须为对象添加_____组件。

  A．碰撞器   B．刚体

  C．触发器   D．Mesh Renderer

5．碰撞检测方法 OnCollisionEnter() 的参数类型是_____。

  A．Collision   B．Collider

  C．ControllerColliderHit   D．RaycastHit

6．音频监听组件（Audio Listener）默认添加在_____上。

  A．平行光   B．主摄像机   C．世界坐标   D．空游戏对象

7．动画控制器（Animator Controller）可以实现动画状态的添加、删除、切换、过渡等效果，动画控制器在_____视图中进行编辑。

A．Animator　　　　B．Animation　　　　C．Inspector　　　　D．Scene

8．现有一个空游戏对象 light_obj，下面_____语句可以创建一个灯光对象。

  A．light_obj=new Light("Point Light");

  B．light_obj=new GameObject("Light");

  C．light_obj.AddComponent<Light>();

  D．light_obj.GetComponent<Light>();

9．在 2D 场景中创建一个 Button 控件，它默认带一个_____控件类型的子对象。

  A．Text　　　　B．Panel　　　　C．Slider　　　　D．Scrollbar

10．射线碰撞检测适用于稍远距离（射线覆盖范围）的碰撞检测，以下实现从当前对象向 z 轴正方向反射射线，检测范围为 50m 的射线碰撞检测的是_____。

  A．Physics.Raycast (this.transform.position, Vector3.left, out hit, Mathf.Infinity)

  B．Physics.Raycast (this.transform.position, Vector3.forward, out hit, 50)

  C．Physics.Raycast (transform.position, new Vector3(0,0,-1), out hit, 50)

  D．Physics.Raycast (transform.position, new Vector3(0,0,1), hit, 50)

11．计算机控制的角色在场景中漫游，当条件触发时会在不同的状态间切换，这使用了_____AI 技术。

  A．决策树　　　　B．有限状态机　　　　C．A*算法　　　　D．集群

12．Navigation 导航寻路系统查找到达目的地的最优路径使用了_____算法。

  A．八叉树　　　　B．A*　　　　C．贪心　　　　D．回溯法

13．Navigation 系统中要把烘焙后的两个区域网格连接起来，通过_____组件实现。

  A．NavMeshObstacle　　B．NavMeshAgent　　C．OffMeshLink　　D．NavMesh

二、简答题

1．简述 Unity 的相关应用，以及可以开发的产品。

2．简述 Unity 的主要界面组成和各面板的功能。

3．简述 Transform 组件的作用和包含的属性。

4．简述碰撞检测的概念和 Unity 中实现碰撞检测的几种方法。

5．简述 Unity 中的灯光类型和灯光的主要属性。

6．简述 Unity 中实现音频监听和播放的两个组件及其使用方法。

7．简述 Button 控件的使用方法和流程。

8．简述使用 Mecanim 动画系统创建动画的原理和流程。

9．简述对游戏中 AI 的理解。

10．简述 Navigation 导航寻路系统的实现机制。

三、操作题

1．创建一个立方体，显示为绿色，如图 6-144 所示。然后阅读理解以下代码，实现当按〈R〉键时，立方体绕着 y 轴旋转。

```
void Update () {
    if(Input.GetKeyDown(KeyCode.R)) {
        transform.Rotate (0,5,0);
    }
}
```

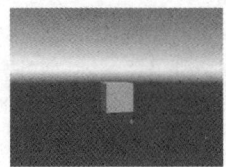

图 6-144

2. 阅读理解以下代码，对代码进行修改，创建一面由 6×6 个球体搭建的装饰墙体，如图 6-145 所示。

```
int k=0;
int startPos = -2;
void Start () {
    for (int i=0; i<5; i++) {
        startPos=-2;
        for (int j=0; j<5; j++) {
            GameObject cube = GameObject.CreatePrimitive (PrimitiveType.Cube);
            cube.transform.localScale=new Vector3(0.95f,0.95f,0.95f);
            cube.transform.position = new Vector3 (startPos++, i, 0);
            cube.name = "cube" + k++;
        }
    }
}
```

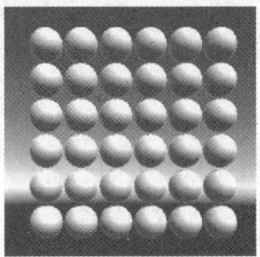

图 6-145

3. 选择一个 FBX 模型文件，导入 Unity 中，并添加到场景中。
4. 创建一个地形对象，实现地形的凹凸起伏，为地形添加草地、树木。
5. 阅读理解以下代码，为场景添加背景音乐，实现音乐的切换、播放、暂停、调节音量等功能。

```
public class audio_control : MonoBehaviour {
    public GameObject Audio_bj;
    public AudioClip audioclip01;
    public AudioClip audioclip02;
    public float MouseWheelSensitivity =0.1f;
    void Update () {
        if (Input.GetKeyDown (KeyCode.P)) {
            Audio_bj.GetComponent<AudioSource>().Play();
        }
        if (Input.GetKeyDown (KeyCode.O)) {
            Audio_bj.GetComponent<AudioSource>().Stop();
```

```
            }
            if (Input.GetKeyDown (KeyCode.Alpha1)) {
                    Audio_bj.GetComponent<AudioSource>().clip=audioclip01;
            }
            if (Input.GetKeyDown (KeyCode.Alpha2)) {
                    Audio_bj.GetComponent<AudioSource>().clip=audioclip02;
            }
            if (Input.GetKeyDown (KeyCode.Equals)){
                    Audio_bj.GetComponent<AudioSource>().volume+=0.1f;
            }
            if (Input.GetKeyDown (KeyCode.Minus)){
                    Audio_bj.GetComponent<AudioSource>().volume-=0.1f;
            }
    }
}
```

6. 搭建包含一个 Plane 对象、一个 Cube 对象和两个按钮对象的场景。阅读理解以下代码，编写脚本 light_cont.cs，挂载到 Main Camera 上，为两个按钮对象分别添加单击事件响应方法 change_red() 和 change_green()，实现运行后创建一个黄色点光源，单击两个按钮分别改变灯光颜色为红色和绿色，如图 6-146 所示。

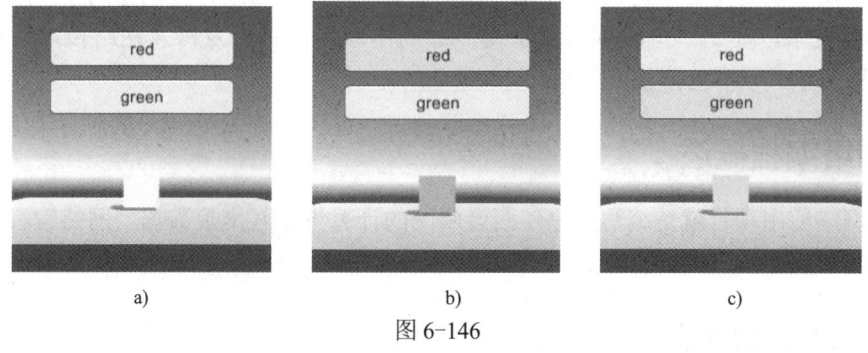

图 6-146

a) 黄色光源　b) 红色光源　c) 绿色光源

```
public class light_cont : MonoBehaviour {
    public GameObject light_obj;
    void Start () {
        light_obj = new GameObject ("myLight");
        light_obj.AddComponent<Light>();
        light_obj.GetComponent<Light>().type = LightType.Point;
        light_obj.GetComponent<Light>().color = Color.yellow;
        light_obj.GetComponent<Light>().intensity = 8;
        light_obj.GetComponent<Light>().range =6;
        light_obj.transform.position = new Vector3(0,0,-2);
    }
    public void change_red(){
        light_obj.GetComponent<Light>().color = Color.red;
    }
    public void change_green(){
        light_obj.GetComponent<Light>().color = Color.green;
    }
}
```

第 7 章　Unity 网络应用开发

> **学习目标**
- 掌握项目开发中的网络基础知识
- 掌握 Socket 通信原理
- 掌握 Socket 通信开发流程
- 熟悉并掌握同步 Socket 通信开发实现
- 熟悉并掌握异步 Socket 通信开发实现
- 掌握 MySQL 数据库开发
- 熟悉并掌握网络版坦克大战游戏的开发流程和核心技术

随着互联网的快速发展，网络已经渗透到人们生活的方方面面。通过网络与其他用户一起并肩作战实现实时交互，可通过网络应用项目来实现。网络项目特别是网络游戏的开发过程和所使用技术，要比单机版项目复杂得多。网络应用项目开发涉及网络技术、数据库技术，分为服务端开发和客户端开发。

7.1　网络编程概述

开发网络应用项目就是编写程序使两台联网的计算机相互交换数据，网络编程要有扎实的网络基础知识和网络编程技能。

7.1.1　计算机间的通信

两台计算机要实现通信，首先需要进行物理连接，也就是通信的计算机通过物理连接线（网线）连接起来。然后制定计算机都理解的相关规则，就像人类交流是通过定义语言、文字一样，计算机也要定义属于计算机的"语言文字"。

连接在网络上的计算机有很多，怎么找到要通信的计算机，以及怎么识别要通信的应用程序呢？通过 IP 地址唯一确定网络中的一台计算机，通过端口号唯一确定计算机中的一个应用程序。所以通过 IP 地址和端口号，就可以顺利地找到通信的计算机和该计算机上对应的应用程序了。

现在全球的计算机基本都连接在因特网这个全球最大的网络中，因特网中的计算机间通信需要规则，这个规则就是 TCP/IP 协议。

7.1.2　Socket 通信概述

Socket 的原意是"插座"，当把插头插到插座上就能从电网获得电力供应，同样，为了与远程计算机进行数据传输，需要连接到因特网，而 Socket 就是用来连接到因特网的工具。

在计算机通信领域，Socket 被翻译为"套接字"，是计算机之间进行通信的一种约定或一种方式。套接字最早出现在 UNIX 中，Windows 是从 UNIX 借鉴过来的。通过 Socket，一台计算机可以接收其他计算机的数据，也可以向其他计算机发送数据。通信计算机中的应用程序通过一个双向的通信连接实现数据交换，这个连接的每一端称为一个 Socket，一个 Socket 包含了进行网络通信必需的 5 种信息：连接使用的协议；本地主机的 IP 地址；本地协议端口；远程主机的 IP 地址；远程协议端口。

C#的 System.Net 命名空间提供了两个 IP 和端口相关的类 IPAddress 和 IPEndPoint，IPAddress 表示 IP 地址，IPEndPoint 是 IP 和端口的组合。IPAddress 的常用属性和方法如表 7-1 所示，IPEndPoint 的常用构造方法和属性如表 7-2 所示。

表 7-1　IPAddress 的常用属性和方法

名称	类别	描述
IPAddress.Any	属性	静态只读属性，IPAddress.Any 使用所有可用的 IPv4 地址初始化 IPAddress 实例，对双网卡或多网卡的服务器，每个网卡都会有一个独立的 IP；服务器必须监听本机所有网卡上指定端口的通信连接。如： IPAddress ipAdr = IPAddress.Any;
IPAddress.Parse()	方法	静态方法，根据参数（IP 地址字符串）创建 IPAddress 实例，如： IPAddress ipAdr = IPAddress.Parse("127.0.0.1");

表 7-2　IPEndPoint 的常用构造方法

名称	类别	描述
IPEndPoint(Int64, Int32)	构造方法	使用参数指定的 IP 地址和端口号初始化 IPEndPoint 实例，较少使用。如： IPEndPoint ipEp = new IPEndPoint(0x2414188f, 8888);
IPEndPoint(IPAddress, Int32)	构造方法	使用第一个参数 IPAddress 指定的 IP 地址和第二个参数端口号初始化 IPEndPoint 实例。如： IPEndPoint ipEp = new IPEndPoint(ipAdr, 8888);
Address	属性	获取或设置 IPEndPoint 的 IP 地址。如： ipEp.Address= IPAddress.Parse("127.0.0.1"); Console.WriteLine(ipEp.Address);
AddressFamily	属性	只读属性，获取 IPEndPoint 的地址簇（IPv4 或 IPv6），AddressFamily 是一个枚举类型，取值有 InterNetwork（IPv4）和 InterNetworkV6（IPv6）
Port	属性	获取或设置 IPEndPoint 的端口号。如： ipEp.Port= 8899; Console.WriteLine(ipEp.Port);

1. Socket 通信分类

根据在 TCP/IP 协议栈所使用第四层通信协议的不同，Socket 通信有两种方式：TCP-Socket 和 UDP-Socket。

（1）TCP-Socket

TCP-Socket 是可靠地面向连接的通信过程，含有三次握手（建立连接）和四次挥手（断开连接）的机制，能保证客户端发送的数据被服务端正确接收。

（2）UDP-Socket

UDP-Socket 是不可靠的无连接的通信过程，客户端发送数据前不需要建立连接，可以直接发送数据，但不能保证所发送数据服务端都能够正确接收到。

另外 Socket 还有一种类型是原始套接字，它允许对底层协议直接访问，一般用于检验新协议或新设备问题，较少使用。

2. 基于 TCP 的 Socket 通信

对于实时性要求比较高的应用（交互式产品展示、VR、游戏、交互式建筑漫游等），需要可靠快速的数据交换，优先选择基于 TCP 的 Socket 通信。

（1）基于 TCP 的 Socket 通信流程

TCP-Socket 是 C/S 通信模式，发起通信连接的计算机是客户端（Client），处于监听状态等待通信连接的是服务端（Server）。Socket 通信的基本流程如图 7-1 所示，具体步骤如下：

1）服务端初始化后，进入监听等待状态，当有客户端发起连接请求时，响应连接请求。

2）客户端初始化后，发起连接请求，通过三次握手，等待服务端响应连接。

3）服务端响应连接请求，建立双向连接。

4）通信双方可以双向发送数据。

5）数据发送完毕，客户端通过四次挥手断开与服务端的连接，以释放资源。

6）服务端进入等待状态，监听其他客户端的连接请求。

7）循环以上步骤。

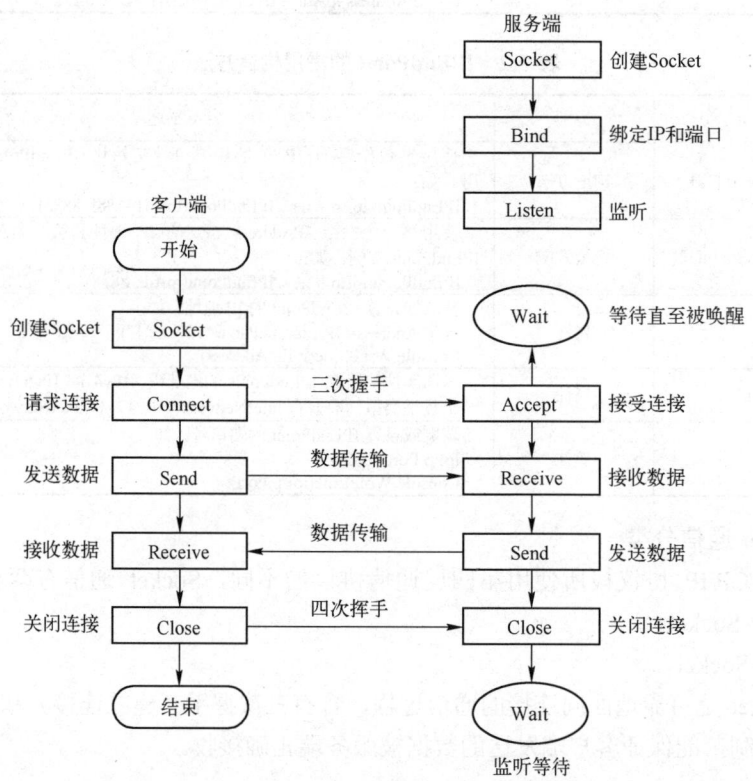

图 7-1 Socket 通信基本流程

（2）短连接和长连接

网络通信采用 TCP 时，在收发数据之前，Server 与 Client 之间必须建立一个连接，当收发数据完成后，双方不再需要这个连接时，可以释放该连接。连接的建立需要三次握手，而连接关闭则需要四次挥手，所以每个连接的建立都有资源消耗和时间消耗。

对于 Socket 来说，连接类型一般分为长连接和短连接。长连接和短连接在程序编写上相似，区别是短连接每次发送完消息都要调用 Close()方法来释放资源，而长连接则不调用 Close()方法，从而保持持续不断的通信功能。Socket 短连接适用于只发送一次信息的情况，Socket 长连接可以持续地发送消息，不需要重复创建连接，适用于需要多次连续发送数据的情况。短连接实现起来比较简单，下面主要讨论长连接。

3．Socket 类

C#中实现 Socket 通信主要是通过 System.Net.Sockets 命名空间中的 Socket 类来实现。

（1）Socket 类的常用方法

Socket 类为网络通信提供了丰富的方法和属性。TCP-Socket 通信过程用到了表 7-3 所示的几个方法，异步 Socket 通信使用的方法在后面讲解。

表 7-3　Socket 类的常用方法

方法	描述	通信端
Socket()	建立并初始化一个套接字	服务端/客户端
Bind()	绑定服务端 IP 地址及端口号	服务端
Listen()	成功返回后开启监听，进入监听模式	服务端
Connect()	发起与服务器的连接	客户端
Accept()	接收客户端连接请求，并为该连接创建一个新的 Socket，当服务端程序执行到 Accept()方法，将阻塞，直到接收到一个客户端连接请求，处理后才建立连接	服务端
Send()	向建立连接的另一端主机发送消息，即将发送缓存中的数据发送给另一端主机	服务端/客户端
Receive()	接收来自建立连接的另一端主机的消息，保存在接收缓存中，返回接收数据的字节长度	服务端/客户端
Close()	关闭 Socket 连接，释放资源	服务端/客户端

（2）Socket 类的构造方法

可通过以下语句创建一个 Socket 套接字。

Socket socket = new Socket(AddressFamily.InterNetwork, SocketType.Stream, ProtocolType.Tcp);

其中，AddressFamily 表示地址簇，功能、取值和用法示例见表 7-2。SocketType 表示 Socket 套接字类型，常用取值如表 7-4 所示，在游戏开发中最常用的是字节流套接字（Stream）。ProtocolType 表示通信所使用的协议，常用协议类型如表 7-5 所示。

表 7-4　常用套接字类型

SocketType 的值	描述
Stream	一种面向连接的 Socket，针对面向连接的 TCP 服务应用，使用的协议是 TCP
Dgram	一种无连接的 Socket，对应于无连接的 UDP 服务应用，使用的协议是 UDP
Raw	支持对 TCP、UDP 外的其他基础传输协议（如 ICMP、IGMP、GGP 等）的访问

表 7-5 常用协议类型

ProtocolType 的值	含义	ProtocolType 的值	含义
IP	Internet 协议	IPX	Internet 数据包交换协议
TCP	传输控制协议	IDP	Internet 数据报协议
UDP	用户数据包协议	GGP	网关到网关协议
ICMP	Internet 控制消息协议	RAW	原始 IP 数据包协议
IGMP	Internet 组管理协议	UNKNOWN	未知的协议

7.2 Socket 同步通信

Socket 通信采用的是打开→读写→关闭的模式，即先建立并打开连接，然后实现双向的信息传递（读写数据），最后将连接关闭。

聊天（Chat）程序是网络编程中最基础的案例。建立网络连接后，客户端向服务端发送一行文本，服务端收到后将文本修饰后发送回客户端。此处聊天程序分为客户端和服务端两个部分，客户端使用 Unity 实现，服务端使用 C#控制台程序实现。

7.2.1 一对一 Socket 同步通信

首先介绍聊天程序的一对一实现，即服务端只为一个客户端服务。客户端发起连接请求，服务端接收连接请求，连接建立，然后客户端就可以连续向服务端发送信息，服务端收到信息后，将反馈信息发送回客户端。当不再需要发送信息时，客户端主动关闭连接。服务端和客户端需要分别编程实现。

【例 7.1】 一对一 Socket 同步通信。

（1）客户端实现

1）在 Unity 制作简单的 UGUI 界面，包括以下几个 UI 组件。

- Bj_Panel：半透明面板，用于给以下组件添加一个半透明的背景效果，增加美观度。
- ClientTip_Text：文本框，用于提示用户输入待发送的文本信息。
- InputField：输入框，用于输入客户端发送的文本信息。
- ServerTip_Text：文本框，用于提示服务端反馈回来的信息。
- ServerInfo_Text：文本框，用于显示服务端反馈回来的文本。
- ConnectStat_Text：文本框，用于显示服务端连接状态。
- Connect_Button：连接按钮，用于和服务端建立连接。
- Close_Button：关闭按钮，用于关闭和服务端的连接。
- CloseInfo_Text：文本框，用于显示连接关闭信息。

客户端 UI 界面使用到的组件如图 7-2a 所示，UI 界面效果如图 7-2b 所示。

2）客户端 Chat.cs 脚本代码如下。

```
using System.Collections;
using System.Collections.Generic;
using UnityEngine;
using System.Net.Sockets;
```

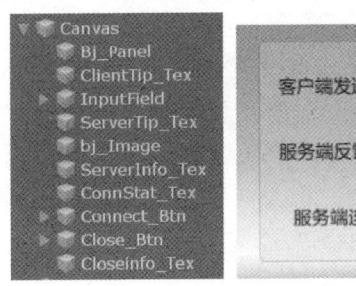
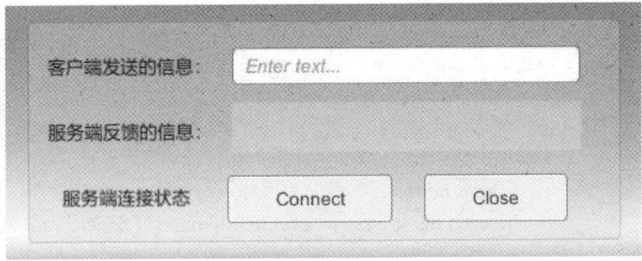

a)   b)

图 7-2 客户端 UI 设计

a) UI 界面使用到的组件 b) UI 界面效果

```
using UnityEngine.UI;
public class Chat : MonoBehaviour{
    Socket socket;
    public InputField InputField;
    public Text ServerInfo;
    public Text ConnStat;
    public Text CloseInfo;
    byte[] readBuff = new byte[1024];
    // Connect 向服务端发起连接请求,并显示是否正常连接
    public void Connect(){
        //创建套接字 Socket,调用 Connect()方法建立连接
        //1.服务端正常,连接成功
        //2.服务端未启动或出现异常,连接失败
        try{
            socket = new Socket(AddressFamily.InterNetwork, SocketType.Stream, ProtocolType.Tcp);
            socket.Connect("127.0.0.1", 8888);
            Conn_State.text = "服务端已经连接!";
            Conn_State.color = Color.blue;
        }
        catch(System.Exception e) {
            Conn_State.color =Color.red;
            Conn_State.text = "请检查!服务端连接异常:" + e.Message.ToString();
        }
    }
    //Send 向服务端发送信息
    public void Send(){
        //从输入框获取文本,转码为字节数组(序列化)
        //调用 Send()方法向服务端发送信息
        string sendStr = InputField.text;
        byte[] sendBytes = System.Text.Encoding.UTF8.GetBytes(sendStr);
        socket.Send(sendBytes);
        Receive();
    }
    // Recv 接收服务端的信息
    public void Receive(){
        //调用 Receive()方法接收服务端发回的信息
        //转码为字符串(反序列化),显示在文本框中
        int length = socket.Receive(readBuff);
        string recStr = System.Text.Encoding.UTF8.GetString(readBuff, 0, length);
        Debug.Log(recStr);        //测试用
```

```
                text.text = recStr;
            }
            //关闭与服务端的连接
            public void Close(){
                //向服务端发送断开连接提示信息，本地显示连接断开
                //调用Close()方法关闭连接
                if(socket!=null){
                    socket.Send(System.Text.Encoding.UTF8.GetBytes("客户端: " + socket.LocalEndPoint + "已断开连接"));
                    Close_info.text = "与服务端：" + socket.RemoteEndPoint + "的连接已断开！";
                    socket.Close();
                }
                // 1秒钟后，退出应用程序
                System.Threading.Thread.Sleep(1000);
                Application.Quit();
            }
        }
```

3）代码实现功能解释如下。

① Connect()方法。首先创建一个客户端 socket 实例，然后客户端通过 socket.Connect(远程 IP，远程端口)连接服务端，两个参数为远端服务器的 IP 地址和端口号。

② Send()方法。客户端通过 socket.Send()发送数据。应用程序往磁盘中保存数据或将数据通过网络发送出去，需要把数据序列化为字节数组。Send()方法接收一个 byte[]类型的参数指明要发送的内容，所以需要通过 System.Text.Encoding.UTF8.GetBytes()把输入框中的字符串转换为 Byte[]数组，再发送出去。

③ Receive()方法。客户端通过 socket.Receive()接收服务端数据。应用程序从网络接收数据，需要将接收到的字节数组反序列化为字符串，所以通过 System.Text.Encoding.UTF8.GetString (readBuff, 0, count)将 byte[]字节数组转换为字符串，再显示到 UI 界面的 Text 文本框中。

④ Close()方法。客户端通过 socket.Close()关闭连接，通过线程休眠等待 1 秒钟后，客户端程序退出，客户端程序退出需要将工程项目打包运行，才能看到退出效果。

4）将代码赋给场景中对象。

将 Chat.cs 脚本赋给场景中任意对象（如 Main Camera），给脚本中的 InputField、ServerInfo、ConnStat 和 CloseInfo 四个变量赋值，如图 7-3 所示。

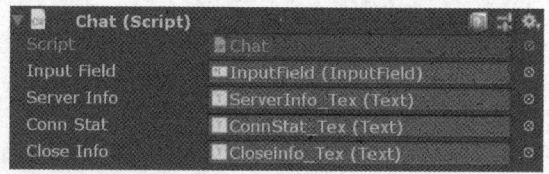

图 7-3 为 Chat 脚本组件中的变量赋值

为各组件添加事件响应方法，例如，Connect_Button 按钮添加单击事件，调用 Chat 脚本中的 Connect()方法，如图 7-4a 所示；Close_Button 按钮添加单击事件，调用 Chat 脚本中的 Close()方法，如图 7-4b 所示；InputField 输入框添加 EndEdit 事件，当文本框中数据输入完按〈Enter〉键，将调用 Chat 脚本中的 Send()方法，如图 7-4c 所示。

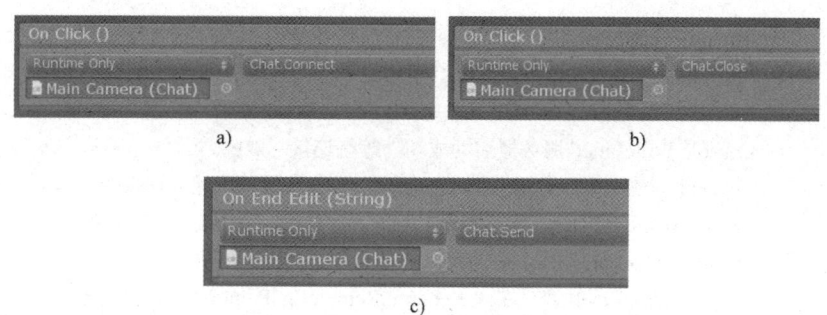

图 7-4 为各组件添加事件响应方法

a) Connect_Button 按钮　b) Close_Button 按钮　c) InputField 输入框

（2）服务端实现

1）在 Visual Studio 中选择"文件"→"新建"→"项目"命令，创建一个 Console 控制台程序，如图 7-5a 所示。创建前首先确认相关组件是否安装，如果没有可以通过 Visual Studio Installer 进行安装，如图 7-5b 所示。

例 7.1-2

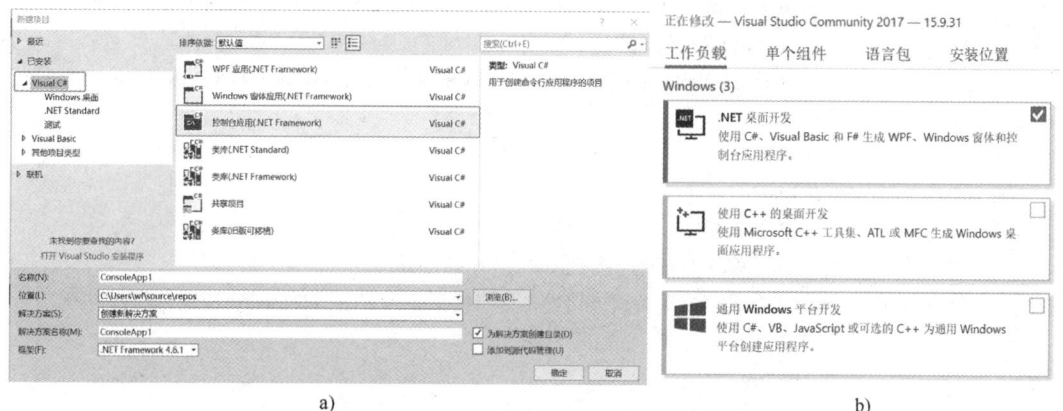

图 7-5 创建 Console 控制台程序

2）服务端 Program.cs 程序代码如下。

```
using System;
using System.Net;
using System.Net.Sockets;
class MainClass{
    public static void Main(string[] args){
        Console.WriteLine("Hello,I am Server!");
        //创建服务端监听套接字 Socket
        Socket listenfd = new Socket(AddressFamily.InterNetwork,
                         SocketType.Stream, ProtocolType.Tcp);
        //Bind 绑定服务端监听 Socket 的 IP 和端口
        IPAddress ipAdr = IPAddress.Parse("127.0.0.1");
        IPEndPoint ipEp = new IPEndPoint(ipAdr, 8888);
```

```csharp
                listenfd.Bind(ipEp);
                //Listen 服务端启动监听,参数 0 表示无连接数量限制
                listenfd.Listen(0);
                Console.WriteLine("服务器启动成功,等待连接......");
                //Accept 创建一个服务端套接字 Socket,接收连接请求建立连接
                Socket connfd = listenfd.Accept();
                Console.WriteLine("服务器 Accept,连接已建立!!!");
                Console.WriteLine("客户端: " + connfd.RemoteEndPoint + "已连接进来!!!");
                try{
                    while (true) {
                        //Receive 接收数据
                        byte[] readBuff = new byte[1024];
                        int count = connfd.Receive(readBuff);
                        string readStr = System.Text.Encoding.UTF8.GetString(readBuff, 0, count);
                        Console.WriteLine("服务器接收信息: " + readStr);
                        //Send 发送数据
                        byte[] sendBytes = System.Text.Encoding.UTF8.GetBytes("server | " + readStr);
                        connfd.Send(sendBytes);
                        Console.WriteLine("服务器发送: " + System.Text.Encoding.UTF8.GetString(sendBytes));
                    }
                }
                catch (Exception e){
                    //连接关闭异常
                    Console.WriteLine("连接 Close!  " + e.Message);
                    //为了查看客户端关闭连接异常信息提示,通过 ReadLine()使控制台屏幕暂停
                    //当输入 0,退出
                    while (true){
                        if (Console.ReadLine() == "0")
                            Environment.Exit(0);
                    }
                }
            }
        }
```

3) 代码实现功能解释如下。

① 绑定 Bind。listenfd.Bind(ipEp)方法给 listenfd 套接字绑定 IP 和端口。代码中使用的 127.0.0.1 是回送地址,指本地主机,通常用于本机网络测试。IPAddress 指定 IP 地址,IPEndPoint 指定 IP 和端口。

② 监听 Listen。服务端通过 listenfd.Listen(backlog)方法开启监听,等待客户端连接。其中,backlog 表示指定队列中最多可容纳等待接收的连接数,0 表示不限制。

③ 应答 Accept。开启监听后,服务器通过 listenfd.Accept()方法接收客户端连接。

(3) 运行测试

1) Unity 客户端程序打包为桌面可执行程序 chat.exe,运行结果如图 7-6 所示。

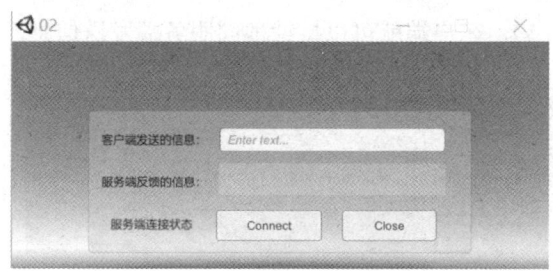

图 7-6　客户端启动初始界面

2）单击 Visual Studio 上方工具栏中的"启动"按钮，启动服务端程序，如图 7-7 所示。

图 7-7　服务端启动初始界面

3）单击客户端的"Connect"按钮，服务端接收连接请求，并显示连接成功信息，如图 7-8 所示。

图 7-8　连接成功

4）在客户端的"客户端"发送的信息文本框输入文本，按〈Enter〉键，文本将发送到服务端，服务端接收的客户端信息如图 7-9 所示。

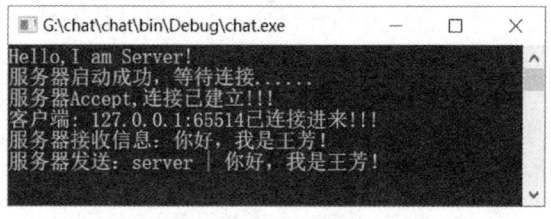

图 7-9　服务端接收到客户端发送的信息

5）服务端接收到信息后，将客户端输入的内容返回给客户端，并在客户端的"服务器反馈的信息"文本框中显示，如图 7-10 所示。

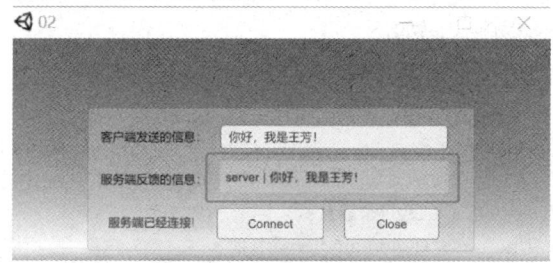

图 7-10　服务端将接收的信息反馈给客户端

6)重复步骤4)和5),客户端就可以持续地向服务端发送信息,如图 7-11 所示。

图 7-11　客户端持续向服务端发送信息

7)单击客户端的"Close"按钮,申请关闭 Socket 连接,1 秒钟后退出,服务端接收到客户端关闭连接请求,提示信息如图 7-12 所示。

图 7-12　客户端断开连接

8)在服务端控制台输入 0,退出控制台窗口。

7.2.2　一对多 Socket 同步通信

Chat 程序的一对多实现,即服务端为多个客户端服务。服务端初始化后,进入监听状态,当有客户端发起连接请求,服务端接收连接请求,连接建立,然后客户端向服务端发送信息,服务端收到信息后,将反馈信息发送回客户端。当有其他客户端发起连接请求,重复以上过程。

【例 7.2】　一对多 Socket 同步通信。

Chat 程序的一对多实现,在一对一的基础上,客户端程序无须修改,只需将服务端程序做以下修改。将以下 3 条语句从 while (true){}循环体外移动到循环体内。

例 7.2

```
Socket connfd = listenfd.Accept();
Console.WriteLine("服务器 Accept,连接已建立!!!");
Console.WriteLine("客户端: " + connfd.RemoteEndPoint + "已连接进来!!!");
```

修改后的 Program.cs 程序代码如下。

```
using System;
using System.Net;
using System.Net.Sockets;
class MainClass{
    public static void Main(string[] args){
        Console.WriteLine("Hello,I am Server!");
        //创建服务端监听 Socket
```

```csharp
Socket listenfd = new Socket(AddressFamily.InterNetwork,
SocketType.Stream, ProtocolType.Tcp);
//Bind
//绑定服务端监听 Socket 的 IP 和端口
IPAddress ipAdr = IPAddress.Parse("127.0.0.1");
IPEndPoint ipEp = new IPEndPoint(ipAdr, 8888);
listenfd.Bind(ipEp);
//Listen
//服务端启动监听，参数 0 表示无连接数量限制
listenfd.Listen(0);
Console.WriteLine("服务器启动成功，等待连接......");
try{
    while (true) {
        //Accept
        //创建一个服务端 Socket，接收连接请求并建立连接
        Socket connfd = listenfd.Accept();
        Console.WriteLine("服务器 Accept,连接已建立!!!");
        Console.WriteLine("客户端: " + connfd.RemoteEndPoint + "已连接进来!!!");
        //Receive 接收数据
        byte[] readBuff = new byte[1024];
        int count = connfd.Receive(readBuff);
        string readStr = System.Text.Encoding.UTF8.GetString(readBuff, 0, count);
        Console.WriteLine("服务器接收信息：" + readStr);
        //Send 发送数据
        byte[] sendBytes = System.Text.Encoding.UTF8.GetBytes("server | " + readStr);
        connfd.Send(sendBytes);
        Console.WriteLine("服务器发送：" + System.Text.Encoding.UTF8.GetString(sendBytes));
    }
}
catch (Exception e){
    //关闭连接异常
    Console.WriteLine("连接 Close!  " + e.Message);
    //为了查看客户端关闭连接异常信息提示，通过 ReadLine()使控制台屏幕暂停
    //当输入 0，退出
    while (true){
        if (Console.ReadLine() == "0")
            Environment.Exit(0);
    }
}
}
```

在 Visual Studio 运行服务端程序启动服务器，运行 Unity 打包好的客户端程序 chat.exe 3 次，启动 3 个客户端，每个客户端依次单击"Connect"按钮，与服务端建立连接，在输入框输入信息并发送，服务端接收信息并马上反馈给对应客户端，多个客户端和服务端通信效果如图 7-13 所示。注意每个客户端只能与服务端正常通信一次。

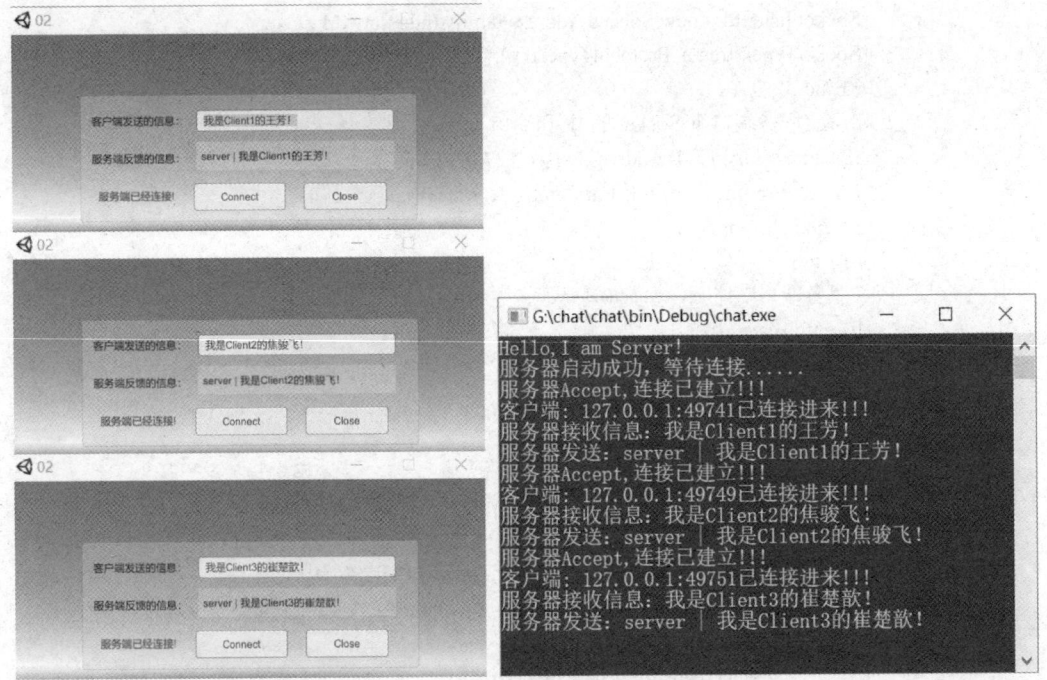

图 7-13　多个客户端与服务端通信效果

7.3　Socket 异步通信

再次运行 7.2 节中的两个实例，会发现以下问题。

运行例 7.1，启动一个客户端运行正常，再启动一个客户端，单击"Connect"按钮会发现没有反应，不能创建与服务端的连接。这是因为服务端程序中的"Socket connfd = listenfd.Accept();"语句在循环体外面，只执行一次，新的客户端的连接请求不会被处理。

基于例 7.1，在例 7.2 中对服务端程序进行了改动，将服务端程序中的语句"Socket connfd = listenfd.Accept();"移到了循环体内。运行例 7.2，启动 3 个客户端，都能够建立与服务端的连接，并能成功发送一次数据和接收到反馈信息，但当再次发送数据时失败。

所以，如果想实现服务端同时为多个客户端提供持续不断的服务，就需要通过异步通信实现。这就需要使用不同的建立连接、发送数据、接收数据的方法，并且需要把数据与客户端绑定起来。

7.3.1　异步通信基础

在 7.2 节的同步 Socket 通信中，客户端通过 Connect 发起连接请求，服务端通过 Accept 接收连接请求，客户端和服务端通信通过 Send 发送数据，通过 Receive 接收数据。而在异步通信模式中，客户端通过 BeginConnect 发起异步连接请求，服务端则使用 BeginAccept 和 EndAccept 发起异步操作实现与多个客户端建立连接，通过 BeginReceive 和 EndReceive 实现多次接收客户端的数据。

1. 同步通信和异步通信

BeginAccept 和 Accept 的区别是什么呢？BeginAccept 实现异步通信，而 Accept 实现同步通信，即程序运行到 BeginAccept 语句，会开启一个异步操作来获取连接的 Socket，主程序会继续往下执行，而运行到 Accept 语句会将程序在该位置阻塞来等待连接，直到监听到有客户端请求连接，接收请求建立连接，程序才继续往下执行。下面通过实例来对比一下它们的不同。

（1）Accept 实现同步通信

例如，服务端有以下语句（完整代码参考 7.2 节例 7.2）：

```
Console.WriteLine("Hello,I am Server!");
Socket connfd = listenfd.Accept();
Console.WriteLine("服务器启动成功，等待连接......");
```

运行后，由于 Accept 会阻塞程序运行，后面的输出语句不会执行，字符串"服务器启动成功，等待连接......"不会输出到控制台，如图 7-14 所示。

图 7-14　Accept 运行结果

（2）BeginAccept 实现异步通信

把上面语句中 Accept 替换为 BeginAccept（完整代码参考 7.3.2 节例 7.3）：

```
Console.WriteLine("Hello,I am Server!");
listenfd.BeginAccept(AcceptCb, null);
Console.WriteLine("服务器启动成功，等待连接......");
Console.ReadLine();
```

运行后，BeginAccept 开启异步操作，程序继续执行，后面的输出语句会继续执行，字符串"服务器启动成功，等待连接......"输出到控制台，为防止程序运行完毕后关闭窗口退出，增加了"Console.ReadLine();"语句，窗口阻塞等待用户输入，以查看上一条语句的输出内容，如图 7-15 所示。

图 7-15　BeginAccept 运行结果

2. IAsyncResult 异步设计模式

IAsyncResult 异步设计模式通过名为 BeginOperationName 和 EndOperationName 的两个方法来实现原同步方法的异步调用，如 FileStream 类提供了 BeginRead 和 EndRead 方法来从文件异步读取字节，它们是 Read 方法的异步版本。Socket 类提供了 BeginAccept 和 EndAccept 方法来实现客户端与服务端的异步连接，它们是 Accept 方法的异步版本。Socket

类中类似的方法对还有 BeginConnect 和 EndConnect、BeginSend 和 EndSend、BeginReceive 和 EndReceive 等。

Begin 方法包含同步方法签名中的任何参数，此外还包含另外两个参数：一个 AsyncCallback 委托和一个用户定义的状态对象。委托用来调用回调函数，状态对象则用来向回调函数传递状态信息。Begin 方法返回一个实现 IAsyncResult 接口的对象。

End 方法用于结束异步操作并返回结果，因此包含同步方法签名中的 ref 和 out 参数，返回值类型也与同步方法相同。End 方法还包括一个 IAsyncResult 参数，用于获取异步操作是否完成的信息，当然在使用时就必须传入对应的 Begin 方法返回的对象实例。

开始异步操作后如果要阻止应用程序，可以通过两种方法。一种方法是，直接调用 End 方法，这会阻止应用程序直到异步操作完成后再继续执行。另一种方法是，使用 IAsyncResult 的 AsyncWaitHandle 属性，调用其中的 WaitOne 等方法来阻塞线程。这两种方法的区别不大，只是 End 方法必须一直等待，而 AsyncWaitHandle 可以设置等待超时。

如果不阻止应用程序，则可以通过轮询 IAsyncResult 的 IsCompleted 状态来判断操作是否完成，或使用 AsyncCallback 委托来结束异步操作，其中 AsyncCallback 委托包含一个 IAsyncResult 的签名。回调函数内部再调用 End 方法来获取操作执行结果。

IAsyncResult 接口定义如下。

```
public interface IAsyncResult
{
    //作用：获取一个值，该值指示异步操作是否已完成。              //
    //返回结果：如果操作已完成，则为 true；否则为 false。
    bool IsCompleted { get; }
    //作用：获取用于等待异步操作完成的 System.Threading.WaitHandle。
    //返回结果：用于等待异步操作完成的 System.Threading.WaitHandle。
    WaitHandle AsyncWaitHandle { get; }
    //作用：获取一个用户定义的对象，该对象限定或包含有关异步操作的状态信息。
    //返回结果：一个用户定义的对象，限定或包含有关异步操作的状态信息。
    object AsyncState { get; }
    //作用：获取一个值，该值指示异步操作是否同步完成。
    //返回结果：如果异步操作同步完成，则为 true；否则为 false。
    bool CompletedSynchronously { get; }
}
```

3．回调函数（Callback）

Socket 异步通信离不开回调函数（Callback）。回调函数就是一个被作为参数传递的方法。回调函数在纯面向对象语言中称为回调方法，可以认为是对回调函数不同阶段的不同叫法，面向过程语言中被称为函数（function），面向对象语言中称为方法（method）。

由于 C 和 C#、Java 的实现机制不一样，所以回调函数实现的方式也不一样。在 C 语言中，最复杂但也最灵活的应用就是指针，所以回调函数可以通过指针实现，这样回调函数就是一个函数指针。而在 C#、Java 等面向对象语言中，出于安全的考虑，屏蔽了指针这一不安全操作，但 C#、Java 具有面向对象和多态性等特性，所以可以通过委托（Delegate）和接口（Interface）来实现回调函数。在 C#中还可通过委托实现 Socket 异步通信中的回调函数。

4. BeginAccept

BeginAccept 的作用是开始一个异步操作以接收传入的连接请求，在调用 BeginAccept 之前，必须使用 Listen 方法来监听是否有连接请求。

BeginAccept 的方法声明如下：

```
public IAsyncResult BeginAccept(AsyncCallback callback, object state);
```

其中，callback 是一个 System.AsyncCallback 委托，它引用一个异步操作完成时（这里是接收了一个连接请求）要调用的方法，该方法 callback 在异步操作完成后将被调用执行；state 是包含状态信息的对象，必须保证 state 中包含 socket 的句柄。BeginAccept 方法返回类型是 System.IAsyncResult，用于获取异步操作的状态。

服务端使用 BeginAccept 的基本流程如下。

1）新建 IPEndPoint 和 Socket，将 Socket 与 IPEndPoint 进行绑定。
2）在端口上通过 Listen 监听是否有新的连接请求。
3）调用 BeginAccept 后，程序继续执行而不是阻塞在该语句上。
4）接收客户端的请求接入新的连接，回调函数 AsyncCallBack 将被执行。
5）在回调函数中，使用 EndAccept 获取新连接上的客户端的套接字 socket。
6）开始接收客户端数据。
7）再次调用 BeginAccept，实现循环，从而实现异步接收多个客户端的连接。

BeginAccept 的使用有基本固定的框架，其中的回调函数写法有两种形式，分别如下所示。

（1）形式一

```
listenfd.BeginAccept(AsyncAccept, null);
//回调函数
void AsyncAccept (IAsyncResult ar)
{
    Socket socket = listenfd.EndAccept(ar);
    ……
    listenfd.BeginAccept(AsyncAccept, null);
}
```

回调函数 AsyncAccept 中的参数 ar 是 IAsyncResult 接口类型。IAsyncResult 接口由包含可以异步操作的方法的类实现，它是启动异步操作方法（listenfd.BeginAccept）的返回类型，并被传递给完成异步操作的方法（AsyncAccept）。异步操作完成后，还将 IAsyncResult 传递给回调函数 AsyncAccept 委托调用的方法。支持 IAsyncResult 接口的对象存储异步操作的状态信息，并提供一个同步对象以允许在操作完成时发信号通知线程。

以上代码中出现的 EndAccept 方法通常与 BeginAccept 成对出现，EndAccept 作用是结束挂起的异步连接请求，并获取异步操作执行结果。

EndAccept 的方法声明如下。

```
public Socket EndAccept(IAsyncResult asyncResult);
```

其中，asyncResult 是 System.IAsyncResult 接口类型，用于存储状态信息、对此异步操作的任何用户定义数据和获取异步操作执行结果。

（2）形式二

```
AsyncAccept(listenfd);
private void AsyncAccept(Socket listenfd){
    listenfd.BeginAccept(asyncResult =>{
        Socket connSocket = listenfd.EndAccept(asyncResult);
        ……
        AsyncAccept(listenfd);
    }, null);
}
```

以上代码使用了 Lambda 表达式（匿名方法）。Lambda 表达式使用 Lambda 运算符 "=>" 实现，该运算符读作 "goes to"，Lambda 运算符的左侧是输入参数（如果有），右侧是表达式或语句块。Lambda 表达式是另外一种形式的匿名函数，使用起来会使代码更加简洁，定义一个 Lambda 表达式本质上就是定义一个委托的实现体。Lambda 表达式中没有方法声明，所以也没有方法的返回类型，编译时由编译器做相应的隐式数据类型转换，输入参数类型能够从委托的输入参数类型隐式转换，返回类型能够被隐式转换为委托的返回类型。

这里 Lambda 运算符 "=>" 后面大括号中的语句块，实现的功能和 "形式一" 中定义的 AsyncAccept 方法实现的功能基本相同。

5．BeginReceive

BeginReceive 的作用是开始从 System.Net.Sockets.Socket 连接异步接收数据。

BeginReceive 的方法声明如下：

```
public IAsyncResult BeginReceive(byte[] buffer, int offset, int size, SocketFlags socketFlags, AsyncCallback callback, object state);
```

其中，buffer 是 byte 类型的数组，是接收数据的存储位置；offset 表示 buffer 数组从 offset 起始的位置开始存储接收到的数据，通常设置为零；size 是要接收数据的字节数；socketFlags（enum 类型）是 ystem.Net.Sockets.SocketFlags 值的按位组合，通常设置为 None 或 0；callback 是一个 System.AsyncCallback 委托，它引用一个异步操作完成时（这里是接收数据）要调用的方法，该方法 callback 在异步操作完成后将被调用执行；state 是用户定义的对象，其中包含有关接收操作的信息，当操作完成时，此对象会被传递给 System.Net.Sockets.Socket.EndReceive (System.IAsyncResult)委托。

BeginReceive 方法返回类型是 System.IAsyncResult，它引用异步读取，获取异步操作的状态。

BeginReceive 的基本使用语句如下所示。

```
socket. BeginReceive(AsyncReceive, null);
//委托方法
void AsyncReceive(IAsyncResult ar)
{
    int count = socket.EndReceive(ar);
    …
    socket.BeginReceive (AsyncReceive, null);
}
```

BeginConnect 和 EndConnect、BeginSend 和 EndSend 与以上方法实现机制类似，不再赘述。

7.3.2 多人聊天 Socket 异步通信

本节通过一个多人聊天程序说明异步 Socket 通信的实现过程。

【例 7.3】 多人聊天 Socket 异步通信。

例 7.3-1

1. 客户端实现

1）在 Unity 制作简单的 UGUI 界面，包括以下几个 UI 组件，其中的滚动视图是为了方便查看更多的信息文本，也可以只使用一个简单的 Text 文本框实现。

① Bj_Panel：半透明面板，用于给界面中的组件添加一个半透明的背景效果，增加美观度。

② Chat_Panel：用于装载显示所有客户端所发送信息的 Scroll View 等组件。

③ Scroll View：滚动视图，包含 ScrollRect 组件，用于展示所有客户端所发送的信息，可以水平和垂直滑动查看可视矩形外的信息文字内容。

④ Viewport：裁剪视口，包含 Mask 组件，用于对内容窗口进行裁剪。

⑤ Content：要滑动显示的 UI 组件（Rev_Text）的容器，将 Content 组件拖动到 Scroll View 的 ScrollRect 组件中的属性 Content 上，为属性 Content 赋值，长宽大小要比 Viewport 大。

⑥ Rev_Text：接收文本框，用于接收服务端返回的所有客户端发送的信息内容，该文本框的内容每帧更新一次。

⑦ Scrollbar Horizontal：水平滚动条，水平滑动查看内容。

⑧ Scrollbar Vertical：垂直滚动条，垂直滑动查看内容。

⑨ Send_Input：输入框，用于输入客户端发送的文本信息。

⑩ Connect_Button：连接按钮，用于和服务端建立连接。

⑪ Close_Button：关闭按钮，用于关闭和服务端的连接。

⑫ Client_Text：文本框，用于与服务端建立连接后，显示该连接客户端的 IP 地址和端口号。

客户端 UI 界面使用到的组件如图 7-16a 所示，UI 界面效果如图 7-16b 所示。

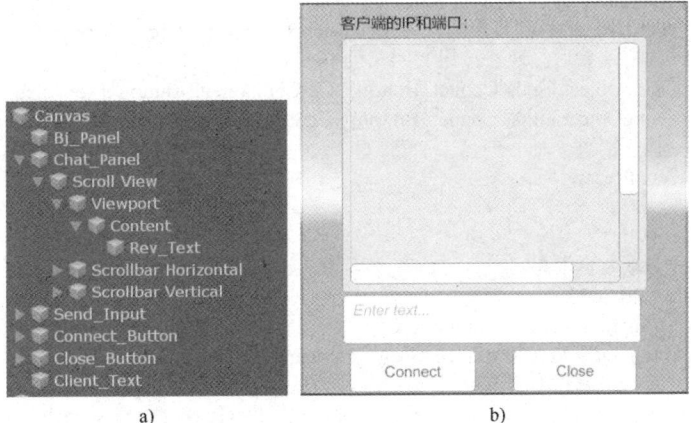

图 7-16 客户端 UI 设计

a) 客户端 UI 界面使用的组件　b) UI 界面设计效果

2）客户端 Chat_Async.cs 脚本代码如下。

```
using System;
using System.Collections;
```

```csharp
using System.Collections.Generic;
using System.Text;
using System.Net;
using System.Net.Sockets;
using UnityEngine.UI;
using UnityEngine;
using System.Threading;

public class Chat_Async: MonoBehaviour{
    //客户端发送的信息
    public InputField sendInput;
    //客户端收到的信息
    public Text recvText;
    //临时变量，暂存客户端接收的信息
    string recvStr;
    //客户端的 IP 和端口
    public Text clientText;
    //客户端 socket
    Socket clientSocket;

    void Update(){
        //每帧刷新客户端接收的信息
        recvText.text = recvStr;
    }

    // 连接到服务器
    public void Connect(){
        //服务器 IP 和端口
        IPEndPoint ipEp = new IPEndPoint(IPAddress.Parse("127.0.0.1"), 8888);
        //创建套接字
        clientSocket = new Socket(AddressFamily.InterNetwork, SocketType.Stream, ProtocolType.Tcp);
        //向服务器发起连接请求
        clientSocket.Connect(ipEp);
        //界面显示客户端的 IP 和端口号
        clientText.text = "客户端: " + clientSocket.LocalEndPoint.ToString();
        //建立连接后，连接按钮变为灰色不可用
        GameObject.Find("Connet_Button").GetComponent<Button>().enabled = false;
        GameObject.Find("Connet_Button").GetComponent<Button>().image.color = Color.grey;
        //接收消息
        AsynReceive();
    }

    //向服务端发送消息
    public void Send(){
        String message = sendInput.text;
        if (clientSocket == null || message == string.Empty) return;
        //字符串编码为字节数组
        byte[] sendData = System.Text.Encoding.UTF8.GetBytes(message);
        clientSocket.Send(sendData);
        //输入框清空，并获取焦点
        sendInput.text = "";
        sendInput.ActivateInputField();
        Debug.Log(string.Format("客户端发送消息:{0}", message));
        byte[] receiveData = new byte[1024];
```

```csharp
            //异步接收数据
            AsynReceive();
        }

        //接收消息
        public void AsynReceive(){
            byte[] receiveData = new byte[1024];
            try{
                //开始接收数据
                clientSocket.BeginReceive(receiveData, 0, receiveData.Length, SocketFlags.None, asyncResult =>
                {
                    //获取接收数据字节数
                    int length = clientSocket.EndReceive(asyncResult);
                    string str = System.Text.Encoding.UTF8.GetString(receiveData, 0, length);
                    recvStr += str + "\n";
                    Debug.Log(string.Format("收到服务器消息:{0}",str));
                    AsynReceive();
                }, null);
            }
            catch (Exception ex){
                Debug.Log("异常信息: " +  ex.Message);
            }
        }
        public void close(){
            clientSocket.Send(System.Text.Encoding.Default.GetBytes(" 客户端: " + clientSocket.LocalEndPoint + "已断开连接"));
            clientSocket.Close();
            Thread.Sleep(1000);
            Application.Quit();
        }
    }
```

3）代码实现功能解释如下。

① Update()方法。客户端会持续不断地接收服务端发送过来的消息，并要实时地显示在界面上。Update()方法在每一帧画面渲染前被调用，并为接收文本框 recvText 赋值，以实时更新客户端接收到的信息。

② Connect()方法。首先创建一个 IPEndPoint 实例 ipEp 获取服务端的 IP 地址和端口号，再创建一个客户端 Socket 实例 clientSocket，然后客户端通过 clientSocket.Connect(ipEp)方法来连接服务端，最后调用 AsynReceive()方法，开始异步接收服务端数据。

③ Send()方法。客户端通过 clientSocket.Send()发送数据，为了能够快速在输入框中继续发送信息，将输入框中的文本清空并获取焦点，获取焦点是通过 sendInput.ActivateInputField()方法实现的。服务端收到信息后会立刻把收到的信息转播给所有客户端，所以在发送信息后，调用 AsynReceive()方法开启异步接收数据，以及时接收服务端转播的信息。

④ AsynReceive ()方法。客户端通过 AsynReceive 异步接收服务端数据，具体通过 clientSocket.BeginReceive 和 clientSocket.EndReceive 这一对方法实现。

⑤ Close()方法。客户端通过 clientSocket.Close()关闭连接，通过线程休眠等待 1 秒钟后，客户端程序退出，客户端程序退出需要将工程项目打包运行，才能看到退出效果。

4）将代码赋给场景中对象。

将 Chat_Async.cs 脚本赋给场景中任意对象（如 Main Camera），给脚本中的 Send-Input、RecvText、ClientText 三个变量赋值，如图 7-17 所示。

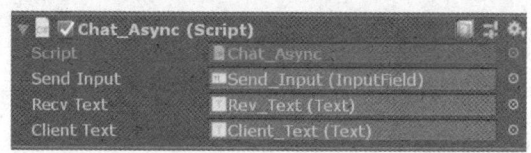

图 7-17　为 Chat_Async 脚本组件中的变量赋值

为各组件添加事件响应方法，例如，为 Connect_Button 按钮添加单击事件，调用 Chat_Async 脚本中的 Connect()方法，如图 7-18a 所示；为 Close_Button 按钮添加单击事件，调用 Chat_Async 脚本中的 Close()方法，如图 7-18b 所示；为 Send_Input 输入框添加 EndEdit 事件，当文本框中数据输入完按〈Enter〉键后，将调用 Chat_Async 脚本中的 Send() 方法，如图 7-18c 所示。

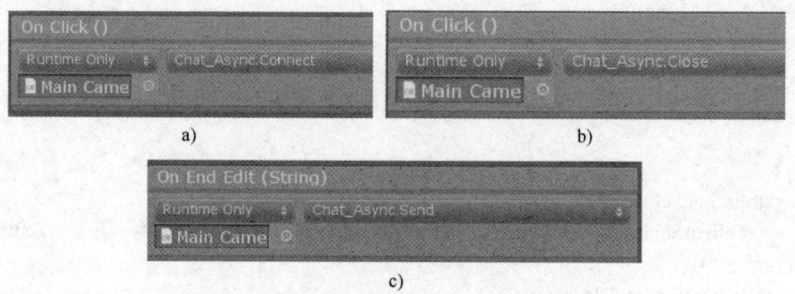

图 7-18　为各组件添加事件响应方法

a) Connect_Button 按钮　b) Close_Button 按钮　c) Send_Input 输入框

2. 服务端实现

（1）服务端程序设计

Socket 异步通信服务端实现比 Socket 同步通信复杂得多。

例 7.3-2

1）服务端要处理多个客户端消息，需要维护所有客户端的连接和客户端发送的所有数据，这可以使用数组构成一个连接池来实现。每个数组元素保存一个 Socket 和接收数据缓冲区，通过 Conn 类来定义一个上述的数组元素。

2）设计一个服务端程序，开启监听，异步建立连接，实现与多个客户端通信、异步接收数据，从而持续接收用户发送的数据信息。通过类 AsyncServer 实现上述功能。建立连接池数组，每一个异步连接就是连接池中的一个数组元素，即 Conn 类实例。

3）设计主程序，作为程序入口，在 main 方法中，创建 AsyncServer 实例，开启异步通信。

在 Visual Studio 中选择"文件"→"新建"→"项目"命令，创建一个 Console 控制台程序 Program.cs 做为主程序，再新建两个 C#类文件 Conn.cs 和 AsyncServer.cs。下面介绍 3 个类文件的具体设计和实现过程。

（2）与客户端的连接：Conn 类设计

Conn 类是服务端的重要数据结构，主要存储 Socket 套接字和接收缓存的相关状态与信息。Conn 类定义了以下相关变量和方法。

1）Socket 相关变量。

① socket：与客户端进行通信连接的套接字。

② isUsed：布尔型变量，判断 socket 是否被使用。程序运行后，会创建连接池中的所有连接实例并初始化。当有客户端建立连接，会给该连接分配一个连接池中的连接实例，并将 isUsed 设置为 true；当客户端断开连接，将回收该连接，并将 isUsed 设置为 false，以便再次分配给后面新连接进来的客户端连接。

连接池的设计是为了连接的复用，即连接池数组中的数组元素，在连接实例创建并初始化后，可以重复使用，这就避免了每次新建连接都要实例化 Conn 类。一般服务器对性能要求较高，创建 Conn 实例涉及内存分配（为数据接收缓冲区和其他成员变量分配内存空间）等操作，会耗费一定的时间，所以把对 Conn 的实例化放在程序启动时完成，以后不再执行 Conn 实例化操作。连接池使用了固定长度的数组，需要程序启动和运行时，在内容分配固定大小的空间供连接池使用，所以可以说这是一种"用空间换时间"的策略。

一般通过 isUsed 的值来判断连接池中的连接实例是否被占用。例如，当有一个新的连接进来，就遍历连接池数组元素，判断 isUsed 的值，遇到第一个值为 false 的实例（conns[3]），就把该实例分配给这个新连接，如表 7-6 所示。

表 7-6 conns 连接池

数组元素	IsUsed
conns[0]	isUsed = true;
conns[1]	isUsed = true;
conns[2]	isUsed = true;
conns[3]	isUsed = false;
conns[4]	isUsed = false;
…	…

2）接收缓存相关变量。

① revBuffer：数据接收缓冲区。

② BUFFER_SIZE：常量，缓冲区大小。

③ buffCount：当前接收缓冲区长度，也即接收缓冲区可以接收新数据的起始位置。

接收缓冲区及几个相关变量间的关系如图 7-19 所示。

3）为实现对 Socket 套接字和接收缓存的管理，Conn 类定义了以下几个方法。

① Conn()方法：构造方法，实现变量（revBuffer）的初始化。

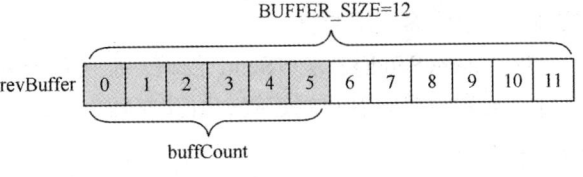

图 7-19 接收缓冲区

② Init(Socket socket)方法：初始化方法，当启用一个 Socket 连接时该方法被调用执行，作用是实现一些变量（socket、isUse、buffCount）的赋值。

③ BufferRemain()方法：计算返回缓冲区剩余字节数。

④ GetAddress()方法：通过 socket.RemoteEndPoint 属性获取远端节点（这里即客户端）的 IP 地址和端口号。

⑤ Close()方法：调用 socke.Close()关闭该连接。

（3）服务端异步处理客户端通信连接：AsyncServer 类设计

AsyncServer 类包含一个 Conn 类型的连接对象池（对象数组），用于维护与多个客户端的连接。

1）AsyncServer 类定义了以下几个变量。

① public Socket listenfd：监听套接字。

② public Conn[] conns：客户端连接池数组。

③ public int maxConn = 10：连接池最大值，即最大连接数。

2）为通过连接池实现对多个客户端连接的维护和管理，类 AsyncServer 定义了以下几个方法。

① NewIndex()方法：通过循环遍历数组，获取连接池中第一个未使用连接的索引，返回负值则获取失败。成功返回连接索引有两种情况，一种是连接未创建（conns[i] == null），则建立连接返回连接池索引；另一种情况是连接已经创建，但未使用（!conns[i].isUsed），则直接返回连接池索引。

② Start()方法：初始化连接池，并通过循环初始化连接池中的所有连接。然后，创建监听套接字，绑定 IP 和端口，开启监听，开始异步处理客户端的连接。

③ AsyncAccept()方法：Accept 回调，异步接收客户端连接。首先调用 listenfd.BeginAccept()开始准备接收客户端的连接请求，当有客户端连接请求到达，开始执行 Lambda 表达式中的语句。再通过 listenfd.EndAccept()方法获取新客户端套接字，判断连接池如果未满，为该客户端分配一个连接 conn 并通过初始化（socket、isUse、buffCount）分配系统资源。然后开始异步接收该客户端的信息。最后再次调用 AsyncAccept()方法，循环处理客户端连接请求。

④ AsyncReceive()方法：Receive 回调，异步接收客户端信息。首先调用 conn.socket.BeginReceive()开始准备从缓冲区接收数据，当客户端有数据通过网络传输过来，开始执行 Lambda 表达式中的语句。再通过 conn.socket.EndReceive()方法获取接收数据的字节数，将接收的字节数据进行转码，加上该客户端的地址（IP 和端口），再次转码，广播发送（conns[i].socket.Send()）给所有客户端（正在使用的连接）。如果接收到客户端下线信息，则关闭连接。最后再次调用 AsyncReceive()方法，等待该客户端传输过来的新数据，以实现持续循环的接收客户端数据。

⑤ AsyncSend()方法：Send 回调，服务端异步发送数据。该方法列出了异步发送数据的流程，与异步接收客户端连接、异步接收客户端信息类似，不再赘述。程序中实际只使用了同步数据发送。

服务端异步通信流程如图 7-20 所示。

（4）程序入口：主程序 Program.cs 设计

最后通过 Program.cs 类文件的 main()方法设置服务端程序入口，主要实现两方面功能。

1）新建 AsyncServer 实例，启动 start()方法，开始监听客户端的连接请求。

2）当没有客户端通信请求时，服务端窗口可以关闭退出，这通过在 while 死循环中等待用户输入"exit"实现。

第 7 章 Unity 网络应用开发

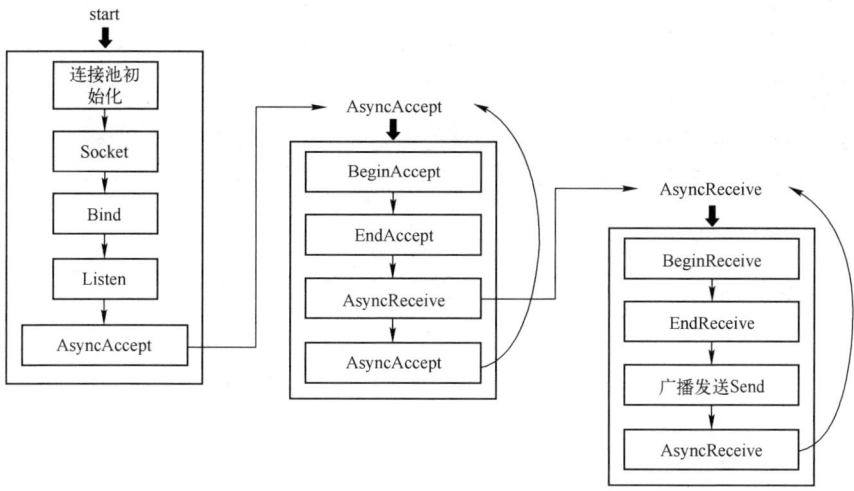

图 7-20 服务端异步通信流程

（5）Program.cs、Conn.cs 和 AsyncServer.cs 完整代码设计

Program.cs、Conn.cs 和 AsyncServer.cs 三个文件中各方法之间的调用关系如图 7-21 所示。

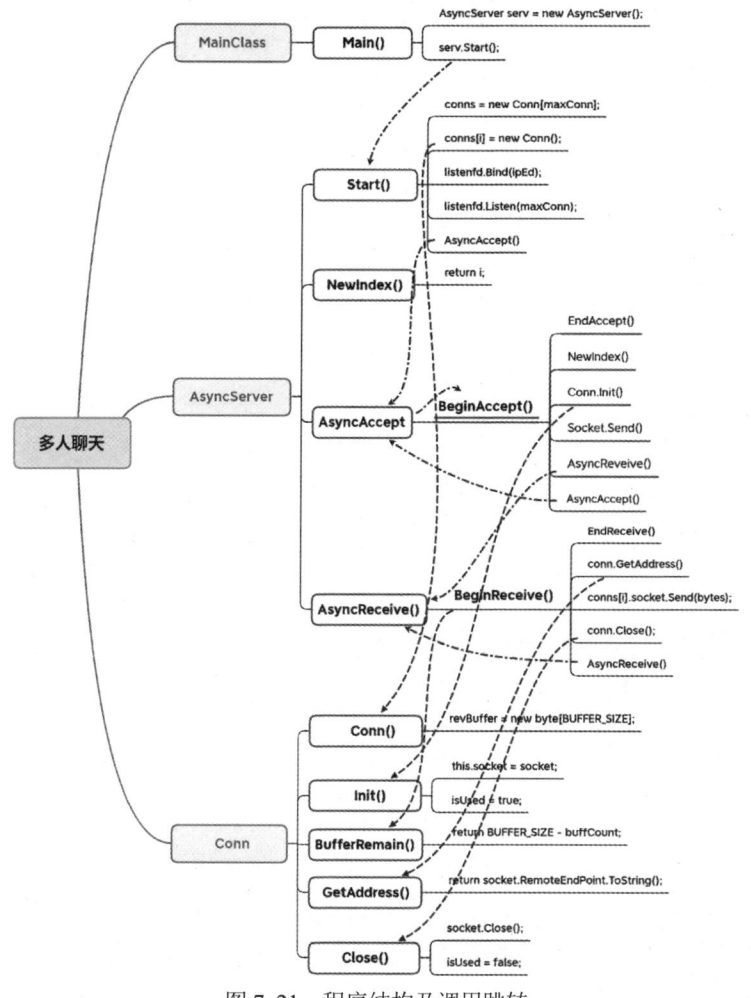

图 7-21 程序结构及调用跳转

231

1) Conn.cs 完整代码如下。

```csharp
using System;
using System.Net;
using System.Net.Sockets;
using System.Collections;
using System.Collections.Generic;
public class Conn{
    //定义常量，缓冲区大小
    public const int BUFFER_SIZE = 1024;
    //Socket
    public Socket socket;
    //定义布尔型变量，判断 socket 是否被使用
    public bool isUsed = false;
    //数据接收缓冲区
    public byte[] revBuffer;
    //当前接收缓冲区长度，也即接收缓冲区可以接收新数据的起始位置
    public int buffCount;
    //构造方法，revBuffer 初始化
    public Conn(){
        revBuffer = new byte[BUFFER_SIZE];
    }
    //初始化
    public void Init(Socket socket) {
        this.socket = socket;
        isUsed = true;
        buffCount = 0;
    }
    //缓冲区剩余字节数
    public int BufferRemain() {
        return BUFFER_SIZE - buffCount;
    }
    //获取客户端 IP 和端口
    public string GetAddress() {
        if (!isUsed)
            return "无法获取 IP 和端口";
        return socket.RemoteEndPoint.ToString();
    }
    //关闭连接
    public void Close(){
        if (!isUsed)
            return;
        Console.WriteLine("断开连接" + GetAddress());
        socket.Close();
        isUsed = false;
    }
}
```

2) AsyncServer.cs 完整代码如下。

```csharp
using System;
using System.Collections.Generic;
using System.Text;
using System.Net;
```

```csharp
using System.Net.Sockets;

public class AsyncServer{
    //监听 socket
    public Socket listenfd;
    //客户端连接数组
    public Conn[] conns;
    //最大连接数
    public int maxConn = 10;

    //获取连接池中第一个未使用连接的索引，返回负值则获取失败
    //1.连接未创建              -->conns[i] == null
    //2.连接创建，但未使用-->!conns[i].isUsed
    public int NewIndex(){
        if (conns == null)
            return -1;
        for (int i = 0; i <= conns.Length; i++){
            if (conns[i] == null){
                conns[i] = new Conn();
                return i;
            }
            else if (!conns[i].isUsed){
                return i;
            }
        }
        return -1;
    }

    //启动服务端监听
    public void Start(){
        //初始化连接池
        conns = new Conn[maxConn];
        for (int i = 0; i < maxConn; i++){
            conns[i] = new Conn();
        }
        //创建监听套接字，绑定 IP 和端口
        IPEndPoint ipEd = new IPEndPoint(IPAddress.Parse("127.0.0.1"), 8888);
        listenfd = new Socket(AddressFamily.InterNetwork, SocketType.Stream, ProtocolType.Tcp);
        listenfd.Bind(ipEd);
        //开启监听，设置最大监听数
        listenfd.Listen(maxConn);
        Console.WriteLine("服务端启动成功!!!");
        //异步接收客户端连接
        AsyncAccept(listenfd);
    }

    //异步接收客户端连接
    private void AsyncAccept(Socket listenfd){
        listenfd.BeginAccept(asyncResult =>
        {
            try{
                //获取客户端套接字
                Socket connSocket = listenfd.EndAccept(asyncResult);
```

```csharp
                //判断连接池是否已满
                //1.已满，输出警告信息（if 语句）
                //2.未满，创建 conns 数组元素，并初始化，发送欢迎信息，开始接收信息
                //（else 语句）
                int index = NewIndex();
                if (index < 0){
                    connSocket.Close();
                    Console.WriteLine("警告：连接池已满!!!");
                }
                else{
                    Conn conn = conns[index];
                    conn.Init(connSocket);
                    Console.WriteLine(string.Format(" 客户端连接 {0}...", connSocket.RemoteEndPoint) + "conn 池 ID：" + index);
                    connSocket.Send(System.Text.Encoding.UTF8.GetBytes("连接建立，欢迎你：" + connSocket.RemoteEndPoint));
                    AsyncReceive(conn);
                }
            }
            catch (Exception e){
                Console.WriteLine("AsyncAccept 失败：" + e.Message);
            }
            //实现循环接收客户端连接
            AsyncAccept(listenfd);
        }, null);
    }

    //接收消息
    private void AsyncReceive(Conn conn){
        try{
            //开始接收消息
            conn.socket.BeginReceive(conn.revBuffer, conn.buffCount, conn.BufferRemain(), SocketFlags.None,asyncResult =>
            {
                //获取接收信息字节数
                int count = conn.socket.EndReceive(asyncResult);
                //转码接收信息
                string str = System.Text.Encoding.UTF8.GetString(conn.revBuffer, 0, count);
                Console.WriteLine(string.Format("客户端:{0} 发送消息:{1}",conn. GetAddress(),str ));
                if (str == "0"){
                    str = "下线!!!";
                }
                //数据处理
                str = conn.GetAddress() + ":" + str;
                byte[] bytes = System.Text.Encoding.UTF8.GetBytes(str);
                //循环判断，将新收到的信息广播给所有正常连接的客户端（正在使用的连接）
                for(int i=0;i<conns.Length;i++){
                    if (conns[i] == null)
                        continue;
                    if (!conns[i].isUsed)
                        continue;
                    Console.WriteLine("将消息转播给" + conns[i].GetAddress());
                    conns[i].socket.Send(bytes);
```

```
                    }
                    //如果收到"0"，断开连接
                    if (str == conn.GetAddress() + ":" + "下线!!!"){
                        Console.WriteLine("收到 " + conn.GetAddress() + "断开连接!!!");
                        conn.Close();
                        return;
                    }
                    AsyncReceive(conn);
                }, null);
            }
            catch (Exception e){
                Console.WriteLine("收到 " + conn.GetAddress() + " 断开连接");
                conn.Close();
            }
        }

        //异步发送消息
        private void AsyncSend(Conn conn, string p){
            if (conn.socket == null || p == string.Empty) return;
            //数据转码
            byte[] data = new byte[1024];
            data = Encoding.UTF8.GetBytes(p);
            try{
                //开始发送消息
                conn.socket.BeginSend(data, 0, data.Length, SocketFlags.None, asyncResult =>
                {
                    //完成消息发送
                    int length = conn.socket.EndSend(asyncResult);
                    //输出消息
                    Console.WriteLine(string.Format("服务器发出消息:{0}", p));
                }, null);
            }
            catch (Exception e){
                Console.WriteLine(e.Message);
            }
        }
    }
```

3）Program.cs 完整代码如下。

```
using System;
using System.Net;
using System.Net.Sockets;
class MainClass{
    //程序入口
    public static void Main(string[] args){
        Console.WriteLine("Hello,I am server!");
        //创建 AsyncServer 对象，启动 Start 方法
        AsyncServer serv = new AsyncServer();
        serv.Start();
        //循环，控制台输入"exit"，退出
        while (true){
            string str = Console.ReadLine();
```

```
            switch (str){
                case "exit":
                    return;
            }
        }
    }
}
```

3. 运行测试

在 Visual Studio 运行服务端程序，启动服务器开启监听，运行 Unity 打包好的客户端程序 Chat_Async.exe 3 次，启动 3 个客户端，每个客户端依次单击"Connect"按钮，与服务端建立连接，并多次发送信息，服务端每次接收信息后反馈给所有客户端，多个客户端和服务端持续多次通信，3 个客户端运行结果如图 7-22 所示，服务端运行结果如图 7-23 所示。读者可以在此基础上继续丰富完善该多人聊天工具。

图 7-22　多个客户端与服务端持续多次通信，3 个客户端运行结果

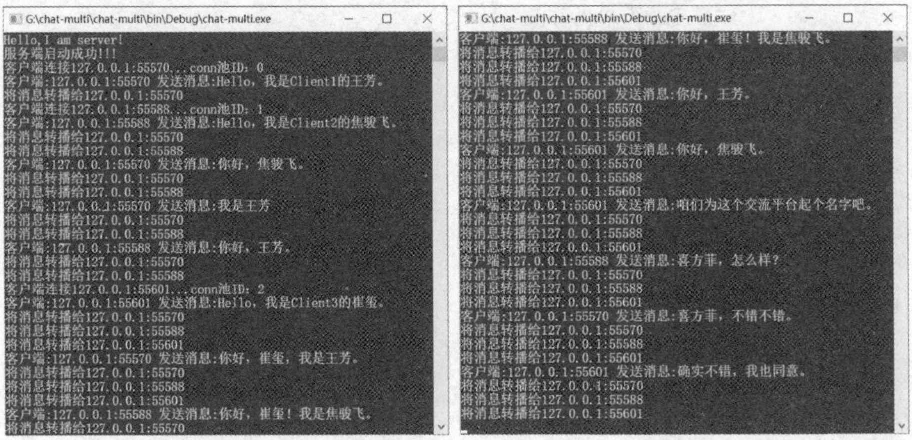

图 7-23　多个客户端与服务端持续多次通信，服务端运行结果

7.4 Unity 连接 MySQL 数据库

网络项目中，随着服务器处理数据量不断增大，需要专门的数据管理工具来处理和管理大量的数据。MySQL 由瑞典 MySQL AB 公司开发，后被 Oracle 收购。由于其开源，而且简单易用，MySQL 成为最流行的关系型数据库管理系统之一，被越来越多的中小企业和数据

中心使用。本节介绍 Unity 连接 MySQL 数据库的方法和流程。

7.4.1 环境准备

Unity 访问 MySQL 数据库，需要做以下准备工作。

1）安装 MySQL5.7 数据库。

2）安装 Navica for MySQL 数据库管理工具。这一步不是必需的，但使用 Navica 进行 MySQL 数据库的管理和表的创建编辑，更加简单方便快捷。

3）安装 MySQL-Connector-Net。从地址 https://dev.mysql.com/downloads 下载"mysql-connector-net-8.0.18.msi"，如图 7-24 所示。"mysql-connector-net-8.0.18.msi"的安装步骤如图 7-25 所示。

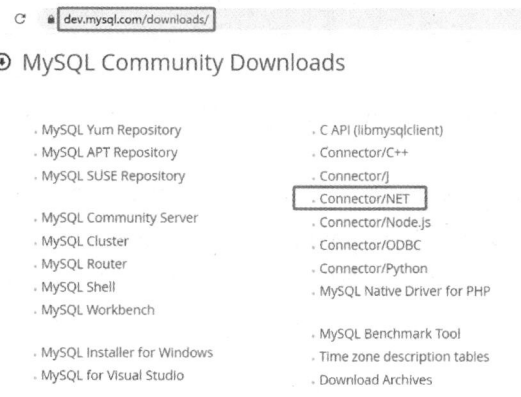

图 7-24　下载 mysql-connector-net

图 7-25　mysql-connector-net 安装步骤

安装完成，在"C:\Program Files (x86)\MySQL\"下查看已安装的 MySQL-Connector-Net，找到"MySQL Connector Net 8.0.18"文件夹，在路径"MySQL Connector Net 8.0.18\Assemblies\v4.5.2"中的插件"MySql.Data.dll"支持.net 4.5，是连接 MySQL 数据库必需的 dll 文件，如图 7-26 所示。

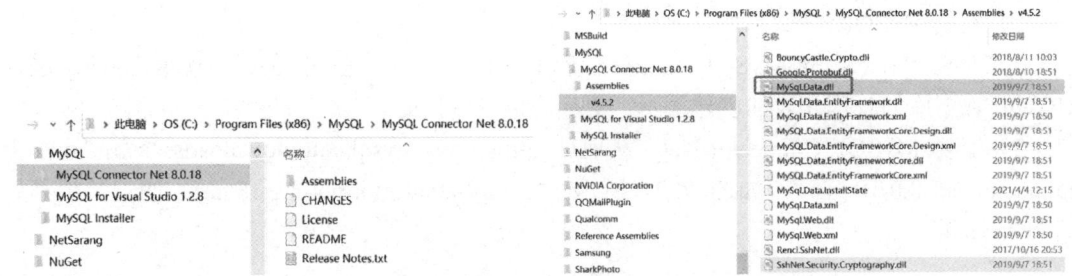

图 7-26　查看已安装的 mysql-connector-net

在使用高版本的 MySql.Data.dll 时，兼容性并不好，通常会安装一个较低版本的 MySQL-Connector-Net。

安装的 MySQL-Connector-Net 版本不同，文件目录结构也有所不同，如果要与较旧版本 Unity 兼容，可以网络搜索下载安装 mysql-connector-net-6.7.4，它同时支持.NET 2.0、4.0、4.5 版本，如图 7-27 所示。文件夹"v2.0""v4.0""v4.5"分别对应不同.NET 版本。

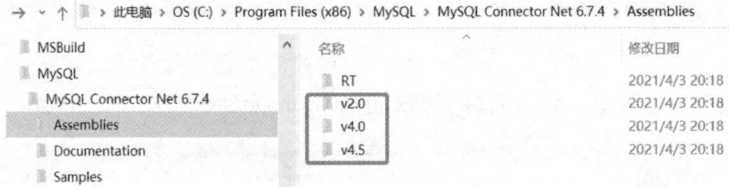

图 7-27　mysql-connector-net-6.7.4 目录结构

文件夹"v2.0""v4.0""v4.5"中都有一个 MySql.Data.dll 文件。各版本 Unity 可以使用的 MySql.Data.dll 版本对应关系如表 7-7 所示。

表 7-7　Unity 与 MySql.Data.dll 版本对应关系

Unity 版本	MySql.Data.dll 版本
Unity 5.x	v2.0
Unity 2017.1.x	v2.0
Unity 2018.4.x	v2.0、v4.0、v4.5
Unity 2019.4.x	v2.0、v4.0、v4.5

MySql.Data.dll 文件可以通过安装 MySQL-Connector-Net 获取，也可以直接通过网络下载、文件分享等渠道获取，但 MySql.Data.dll 文件版本和 Unity 版本要相关兼容，不然引入后会报错。

4）在 Unity 中引入 MySql.Data.dll 文件。

① v4.0 以上版本 MySql.Data.dll 文件的引入方法。Unity 项目需要连接并访问 MySQL

数据库，需要将 MySql.Data.dll 文件引入到 Unity 中。只需在项目的"Assets"文件夹下创建一个"Plugin"文件夹，然后把 MySql.Data.dll 文件复制到"Plugin"文件夹中，如图 7-28 所示。

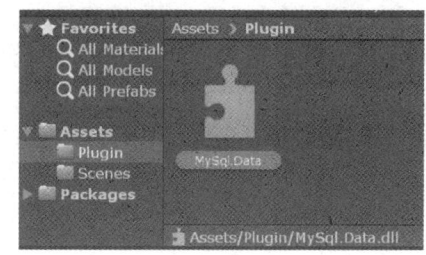

② v2.0 版本 MySql.Data.dll 文件的引入方法。对于较早版本的 Unity，如 Unity 5.x 和 Unity 2017 等，只能引入 MySql.Data.dll 文

图 7-28　v4.0 以上版本 MySql.Data.dll 文件的引入

件的 v2.0 版本，这时只引入 MySql.Data.dll 文件会报错，还需要引入"System.Data.dll"和"System.Drawing.dll"这两个文件到"Plugin"文件夹。这两个文件可以在"Unity 安装根目录\Editor\Data\Mono\lib\ mono\2.0"中找到，如图 7-29 所示。该目录下还有 3 个文件"I18N.CJK.dll""I18N.dll""I18N.West.dll"，在 Unity5.x 中不用引入，Unity 更早版本可能需要引入。注意，Unity 2018 只需另外引入"System.Data.dll"即可，"System.Drawing.dll"不用引入。

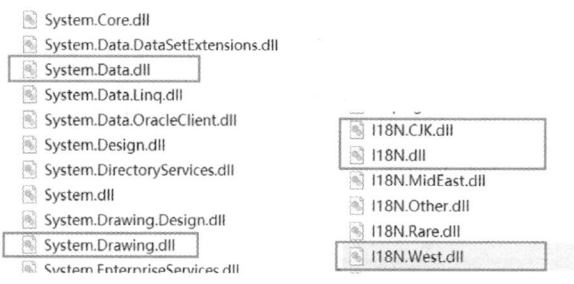

图 7-29　几个重要的 dll 文件

③ Unity 2018 引入不同版本 MySql.Data.dll 的.NET 版本设置。

Unity 2018 支持 MySql.Data.dll 的引入，引入方法与上面一样，但还需要保持 MySql.Data.dll 与.NET 版本的兼容。

在 Unity 中选择"Edit"→"Project Settings"命令，在打开的对话框中选择"Player"选项，在右侧"Other Settings"选项组中"Configuration"的"Scripting Runtime Version"选项中选择运行时.NET 的版本。当引入 v2.0 版本 MySql.Data.dll，选择".NET 3.5 Equivalent"选项；当引入 v4.0 以上版本 MySql.Data.dll，选择".NET 4.x Equivalent"选项，如图 7-30 所示。

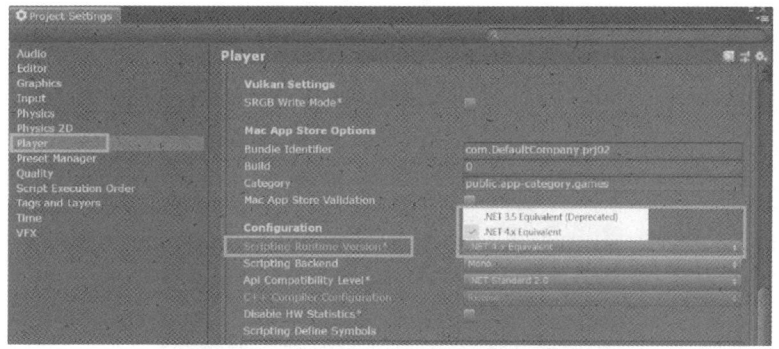

图 7-30　Unity 2018 引入不同版本 MySql.Data.dll 的.NET 版本设置

v2.0 版本 MySql.Data.dll 主要是为了兼容旧版本的项目和代码，所以建议使用 v4.0 以上版本 MySql.Data.dll，它包含了更多新的功能和特性。

7.4.2 注册登录实例

本节完成一个实例，实现用户的注册登录。

【例 7.4】 注册登录。

1）创建 Unity 项目，使用 UGUI 搭建所需要的登录界面，登录界面设计如图 7-31 所示，登录界面效果如图 7-32 所示。

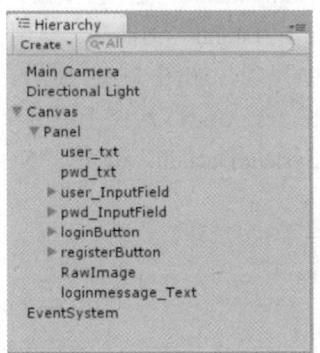

图 7-31 登录界面设计

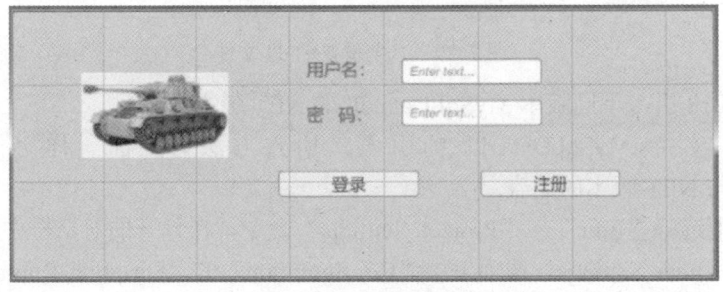

图 7-32 登录界面效果

2）引入 MySql.Data.dll，将 MySql.Data.dll 文件放入"Plugin"文件夹中，并做好文件夹的管理，如图 7-33 所示。

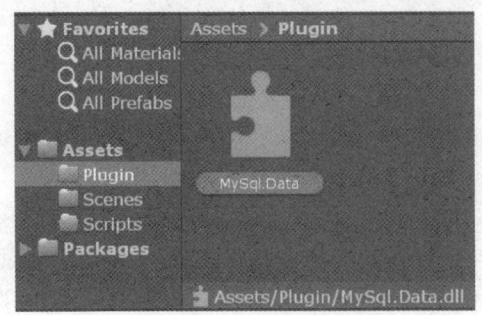

图 7-33 引入 MySql.Data.dll

3）创建 C#文件 MySqlAccess.cs，为了方便使用和管理，直接封装一些 SQL 语句。

```csharp
using System;
using System.Data;
using MySql.Data;
using MySql.Data.MySqlClient;

public class MySqlAccess
{
    //连接类对象
    private static MySqlConnection mySqlConnection;
    //IP 地址
    private static string host;
    //端口号
    private static string port;
    //用户名
    private static string userName;
    //密码
    private static string password;
    //数据库名称
    private static string databaseName;

    /// <summary>
    /// 构造方法
    /// </summary>
    /// <param name="_host">ip 地址</param>
    /// <param name="_userName">用户名</param>
    /// <param name="_password">密码</param>
    /// <param name="_databaseName">数据库名称</param>
    public MySqlAccess(string _host, string _port, string _userName, string _password, string _databaseName)
    {
        host = _host;
        port = _port;
        userName = _userName;
        password = _password;
        databaseName = _databaseName;
        OpenSql();
    }

    /// <summary>
    /// 打开数据库
    /// </summary>
    public void OpenSql()
    {
        try
        {
            string mySqlString = string.Format("Database={0};Data Source={1};User Id={2};Password={3};port={4}", databaseName, host, userName, password, port);
            mySqlConnection = new MySqlConnection(mySqlString);
            //if(mySqlConnection.State == ConnectionState.Closed)
            mySqlConnection.Open();
        }
```

```csharp
            catch (Exception e)
            {
                throw new Exception("服务器连接失败，请重新检查 MySql 服务是否打开。" + e.Message.ToString());
            }
        }

        /// <summary>
        /// 关闭数据库
        /// </summary>
        public void CloseSql()
        {
            if (mySqlConnection != null)
            {
                mySqlConnection.Close();
                mySqlConnection.Dispose();
                mySqlConnection = null;
            }
        }


        /// <summary>
        /// 查询数据
        /// </summary>
        /// <param name="tableName">表名</param>
        /// <param name="items">要查询的列</param>
        /// <param name="whereColumnName">查询的条件列</param>
        /// <param name="operation">条件操作符</param>
        /// <param name="value">条件的值</param>
        /// <returns></returns>
        public DataSet Select(string tableName, string[] items, string[] whereColumnName,
            string[] operation, string[] value)
        {
            if (whereColumnName.Length != operation.Length || operation.Length != value.Length)
            {
                throw new Exception("输入不正确：" + "要查询的条件、条件操作符、条件值 的数量不一致！");
            }
            string query = "Select " + items[0];
            for (int i = 1; i < items.Length; i++)
            {
                query += "," + items[i];
            }
            query += " FROM " + tableName + " WHERE " + whereColumnName[0] + " " + operation[0] + " '" + value[0] + "'";
            for (int i = 1; i < whereColumnName.Length; i++)
            {
                query += " and " + whereColumnName[i] + " " + operation[i] + " '" + value[i] + "'";
            }
            return QuerySet(query);
        }

        /// <summary>
```

```csharp
/// 执行 SQL 语句
/// </summary>
/// <param name="sqlString">sql 语句</param>
/// <returns></returns>
private DataSet QuerySet(string sqlString)
{
    if (mySqlConnection.State == ConnectionState.Open)
    {
        DataSet ds = new DataSet();
        try
        {
            MySqlDataAdapter mySqlAdapter = new MySqlDataAdapter(sqlString, mySqlConnection);
            mySqlAdapter.Fill(ds);
        }
        catch (Exception e)
        {
            throw new Exception("SQL:" + sqlString + "/n" + e.Message.ToString());
        }
        finally
        {
        }
        return ds;
    }
    return null;
}
```

此处只封装了一个 Select() 方法，注册修改等功能的方法，可以自行封装。

4）创建 Unity 脚本 UserLogin.cs，通过实现接口来监听按钮的单击事件。

```csharp
using UnityEngine;
using UnityEngine.EventSystems;
using UnityEngine.UI;
using System.Data;
using System;

public class UserLogin : MonoBehaviour, IPointerClickHandler
{
    //用户名和密码输入框
    public InputField userNameInput;
    public InputField passwordInput;
    //提示用户登录信息
    private Text loginMessage;

    //IP 地址
    public string host;
    //端口号
    public string port;
    //用户名
    public string userName;
    //密码
    public string password;
    //数据库名称
```

```csharp
public string databaseName;
//封装好的数据库类
MySqlAccess mysql;

private void Start()                //与图 7-36 对应
{
    loginMessage = GameObject.FindGameObjectWithTag("LoginMessage").GetComponent<Text>();
    mysql = new MySqlAccess(host, port, userName, password, databaseName);
}

public void OnPointerClick(PointerEventData eventData)
{
    if (eventData.pointerPress.name == "loginButton")
    {       //如果当前按下的按钮是登录按钮
        Debug.Log("login....");
        OnClickedLoginButton();
    }
    if (eventData.pointerPress.name == "registerButton")
    {       //如果当前按下的按钮是注册按钮
        Debug.Log("register....");
        OnClickedRegisterButton();
    }
}

/// <summary>
/// 按下登录按钮
/// </summary>
private void OnClickedLoginButton()
{
    mysql.OpenSql();
    string loginMsg = "";
    DataSet ds = mysql.Select("user", new string[] { "`" + "user" + "`", "`" + "password" + "`" }, new string[] { "`" + "user" + "`", "`" + "password" + "`" }, new string[] { "=", "=" }, new string[] { userNameInput.text, passwordInput.text });
    if (ds != null)
    {
        DataTable table = ds.Tables[0];
        if (table.Rows.Count > 0)
        {
            loginMsg = "登录成功！";
            loginMessage.color = Color.green;
            Debug.Log("用户权限等级：" + table.Rows[0][0]);
        }
        else
        {
            loginMsg = "用户名或密码错误！";
            loginMessage.color = Color.red;
            //用户名输入框获取输入焦点
            //方法一：
            userNameInput.ActivateInputField();
            //方法二：
            EventSystem.current.SetSelectedGameObject(userNameInput.gameObject);
        }
```

```
            loginMessage.text = loginMsg;
        }
        mysql.CloseSql();
    }
    private void OnClickedRegisterButton()
    {
        Application.LoadLevel(1);
    }
}
```

5）将脚本 UserLogin.cs 挂载到按钮 loginButton 上，为两个输入框变量 userNameInput 和 passwordInput 赋值，配置好 ip 地址、端口号、数据库登录用户名、密码和数据库名称等，如图 7-34 所示。然后将脚本组件 UserLogin 直接复制给 registerButton，这样就不用把各个变量再赋值一次了。

如果数据库在本机，IP 地址可以配置为 localhost、127.0.0.1 或本机的私有 IP 地址，MySQL 的默认端口号为 3306。

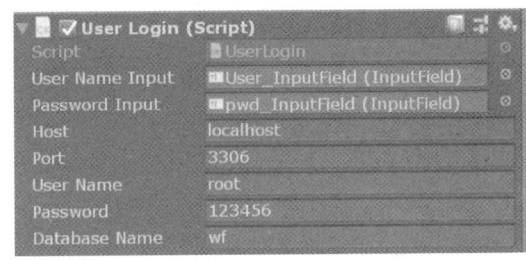

图 7-34 将脚本 UserLogin.cs 挂载到按钮 loginButton 上

注意，本例使用 InputFiled 获取密码，在 InputField 中有一个"Content Type"选项，如果选择为 Password 类型，可以将输入的文本显示为"***"。为了安全，将密码输入框 pwd_InputField 的"Content Type"选项设置为 Password 类型，在获取密码时从 InputFiled.text 中获取真正的值，如图 7-35a 所示。"Content Type"选项还有一些其他类型，如图 7-35b 所示。

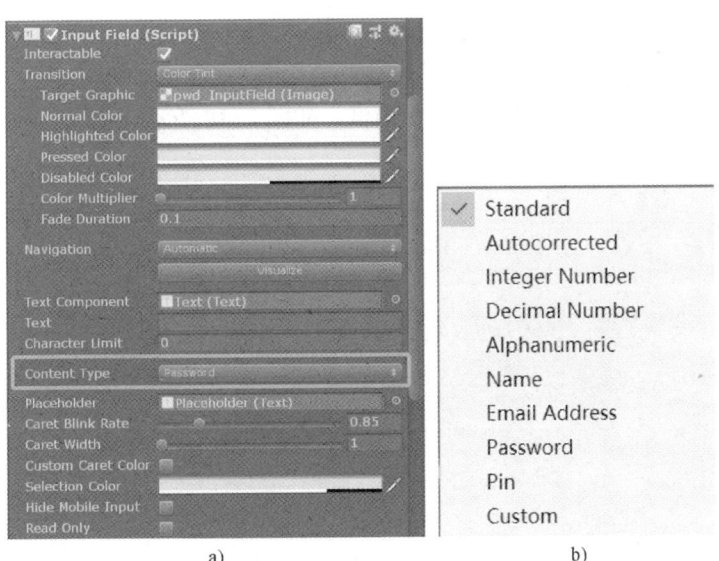

图 7-35 输入框 InputField 的"Content Type"选项

a)"Input Filed"中的"Content Type"选项 b)"Content Type"选项的可选类型

6）根据 UserLogin.cs 脚本中的部分代码，将登录按钮的 name 属性设置为 loginButton，将注册按钮的 name 属性设置为 registerButton，将要显示登录信息的 LoginMessage_txt 组件的

tag 属性设置为 LoginMessage，如图 7-36 所示。

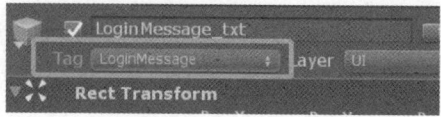

图 7-36　LoginMessage_txt 组件的 tag 属性

7）在 MySQL 的 wf 数据库中创建表 user，并输入两行数据，创建两个账号，如图 7-37 所示。

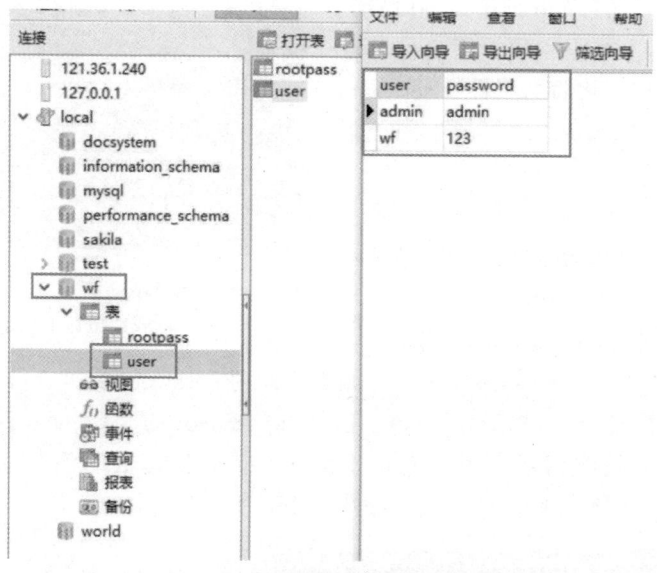

图 7-37　在 MySQL 中创建 user 表

8）使用 user 表中的用户名和密码进行测试，如图 7-38 所示。

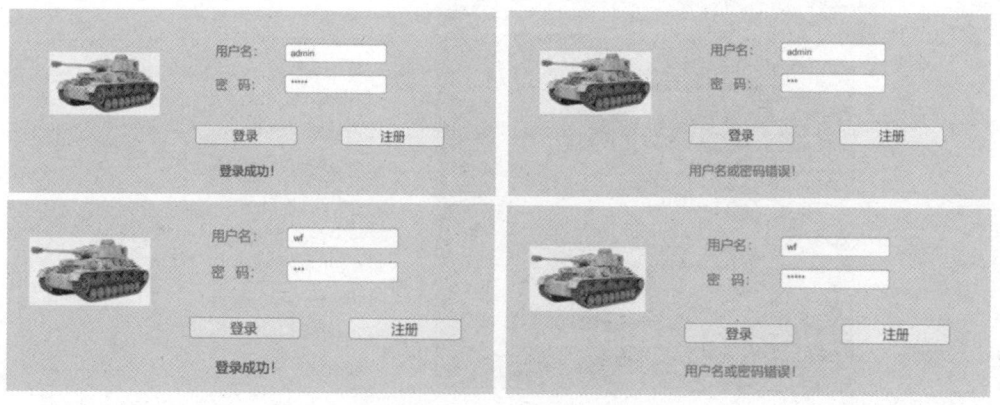

图 7-38　测试

9）在 Unity 中再设计一个注册场景 register，选择 "File" → "Build Settings" 命令，打开 "Build Settings" 对话框。将登录场景 login 和注册场景 register 依次添加到 "Build Settings" 对话框的 "Scene In Build" 列表，如图 7-39 所示。

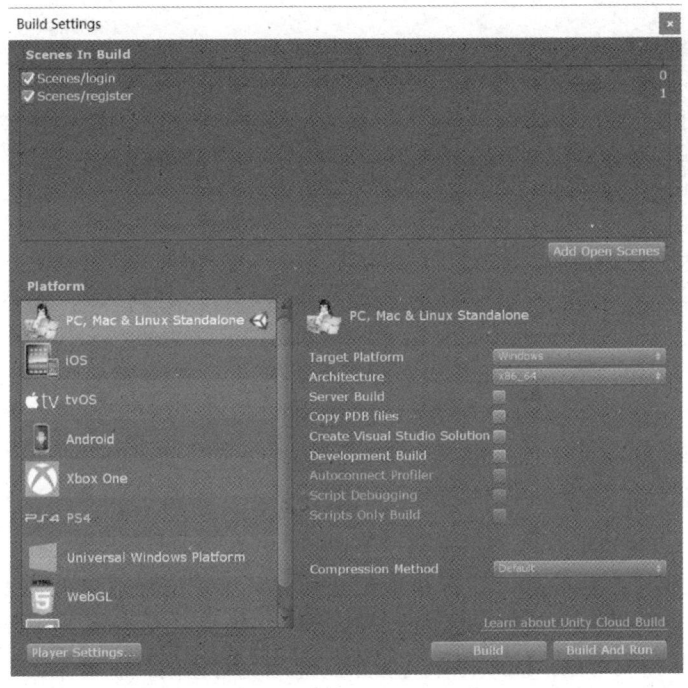

图 7-39　将 login 和 register 场景添加到"Scene In Build"列表

10）单击"注册"按钮，打开 register 场景中的"用户注册"窗口，如图 7-40 所示。

图 7-40　打开"用户注册"窗口

7.5　坦克大战网络版

7.5　综合案例——坦克大战网络版游戏开发

本节将运用第 6 章和第 7 章知识，设计实现一个网络版的坦克大战游戏。案例涵盖了场景中地形和模型的创建，通过碰撞检测实现能量、炮弹的获取以及对敌方塔克的攻击，再通过 AI 实现敌方坦克在场景中的漫游，最后通过网络编程实现多玩家效果。

7.5.1　创建地形

新建场景，创建 Terrain 地形。具体创建方法参考 6.4.1 节。

7.5.2 场景搭建

7.5.2 场景搭建

地形创建好后，新建文件夹 Models、Resources、Scripts、Images、Audio 等。导入需要的模型，放置到 Models 文件夹中，创建模型实例，调整大小位置等，实现场景搭建。

（1）创建预制对象

1）导入坦克模型 tank.fbx，创建我方坦克对象 tank。为 tank 添加 BoxCollider 碰撞器，调整碰撞器外框，使之刚好包裹住坦克模型；添加刚体 Rigidbody 组件，保持默认参数。

2）选中 tank 对象，按〈Ctrl+D〉组合键，将复制的坦克对象命名为 bluetank，创建敌方坦克，将"tag"属性设置为"enemy"。创建新材质 blue_mat，设置主贴图为"micai02.jpg"，将材质 blue_mat 赋给 bluetank，将 bluetank 敌方坦克对象拖动到"Resources"文件夹中，创建 bluetank 预制对象，将 bluetank 预制对象拖动到场景中，实例化 p 个，调整坦克在场景中的位置，然后把所有 bluetank 设置为空游戏对象 statictanks 的子对象，以方便统一管理。

3）创建空游戏对象 paokou，作为 tank 的子对象，调整位置到 tank 对象的炮弹发射口正前方。将 tank 对象的"tag"属性设置为"Player"，将坦克对象 tank 拖动到"Resources"文件夹中，创建 tank 预制对象，tank 将作为玩家创建坦克对象的预制对象。

4）导入炮弹模型 pao.fbx，创建炮弹对象 pao。为 pao 添加 CapsuleCollider 碰撞器，调整碰撞器参数，使碰撞器刚好包裹住炮弹模型，选中"Is Trigger"复选框，使碰撞器转换为触发器，将 pao 对象拖动到"Resources"文件夹中，创建 pao 预制对象，将 pao 预制对象拖动到场景中，创建并实例化 m 个炮弹实例，调整炮弹在场景中的位置，然后把所有 pao 设置为空游戏对象 pao 的子对象，以方便统一管理。

5）为炮弹对象 pao 添加刚体 Rigidbody 组件，取消选中"Use Gravity"复选框，使炮弹不受重力影响，但能够给炮弹施加力，在 CapsuleCollider 碰撞器中取消选中"Is Trigger"复选框，将"tag"属性设置为"pao"，将炮弹对象 pao 重命名为 pao1，将 pao1 对象拖动到"Resources"文件夹中，创建 pao1 预制对象，pao1 将作为坦克开火后发射炮弹的预制对象。

6）创建 cube 对象，选中 BoxCollider 碰撞器中的"Is Trigger"复选框，使碰撞器转换为触发器。拖动 cube 对象到"Resources"文件夹中，创建能量立方体预制件 power，将 power 预制件拖动到场景中，创建并实例化 n 个能量立方体实例，调整立方体在场景中的位置，然后把所有 power 设置为空游戏对象 power 的子对象，以方便统一管理。

创建的各预制对象如图 7-41 所示。

（2）UI 设计

1）创建一个 Panel 控件，缩小后放置到屏幕左上角。在 Panel 中创建 Text 控件 power_txt，设置文本默认值为"速度为：10"，用来显示坦克移动的速度。在 Panel 中继续创建 Text 控件 pao_txt，设置文本默认值为"炮弹数：10 枚"，用来显示坦克装载的炮弹数。为使这几个控件显示在距离左上角固定比例位置处，将 Panel 控件中 Rect Transform 组件的"Anchors Presets"锚点预制设置为 left top。

2）创建一个 blood_Panel 控件，缩小后放置到屏幕右上角。在 blood_Panel 中创建 Slider 控件，设置填充色为红色，设置初始值为 1，用来显示坦克的血量。创建 Text 控件

Blood_Text，设置文本默认值为"血量：100"，用来显示坦克的血量。为使这几个控件显示在距离右上角固定比例位置处，将 blood_Panel 控件中 Rect Transform 组件的"Anchors Presets"锚点预制设置为 right top。

UI 设计中各组件的设计效果如图 7-42 所示。

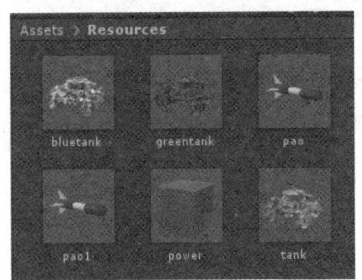

图 7-41 Resources 文件夹中的预制对象

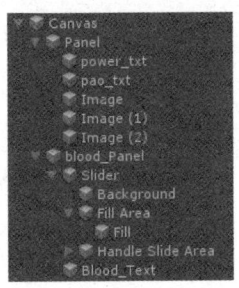

图 7-42 UI 组件设计效果

最终的场景搭建效果如图 7-43 所示。

图 7-43 场景搭建效果

7.5.3 获取能量和炮弹

为对象添加脚本，实现控制坦克运动，以及获取能量、炮弹等功能。

1. 控制坦克运动

为 Main Camera 添加脚本 Walk.cs，编写实例化 tank 对象、控制 tank 运动的 Move()方法，并在 Update()方法中调用 Move()方法，具体实现过程如下。

1）根据预制对象 tank（将预制对象 tank 赋值给变量 prefab），实例化一个 tank 对象，并设置 tank 的位置。

```
GameObject player = (GameObject)Instantiate(prefab, new Vector3(100,0,100), Quaternion.identity);
```

2）实现主摄像机对 tank 对象的平滑跟随，在场景中找到 Main Camera（GameObject.Find ("Main Camera")），将其设置为 tank 的子对象（main_cam.transform.parent = player.transform;），并设置跟随的视角（main_cam.transform.localPosition = new Vector3(0, 7, -10);）。

3）实现按下〈W〉键，坦克向前方运动（Z 轴正方向）；按下〈S〉键，坦克向后方运动;按下〈A〉键,坦克向左方旋转;按下〈D〉键,坦克向右方旋转,具体实现代码如下。

```csharp
public GameObject prefab;
public static float moveSpeed = 10f;
public float rotateSpeed = 20;
void Move()
{
    GameObject player = (GameObject)Instantiate(prefab, new Vector3(100,0,100), Quaternion.identity);
    main_cam = GameObject.Find("Main Camera");
    main_cam.transform.parent = player.transform;
    main_cam.transform.localPosition = new Vector3(0, 7, -10);
    //向前运动
    if (Input.GetKey(KeyCode.W))
    {
        player.transform.Translate(0, 0, moveSpeed * Time.deltaTime);
    }
    //向后运动
    if (Input.GetKey(KeyCode.S))
    {
        player.transform.Translate(0, 0, -moveSpeed * Time.deltaTime);
    }
    //左转
    if (Input.GetKey(KeyCode.A))
    {
        player.transform.Rotate (0, -rotateSpeed * Time.deltaTime, 0);
    }
    //右转
    if (Input.GetKey(KeyCode.D))
    {
        player.transform.Rotate(0, rotateSpeed * Time.deltaTime, 0);
    }
}
void Update()
{
    Move();
}
```

2. 获取能量

为预制对象 power 添加脚本 getpower.cs,实现当坦克碰撞上能量立方体后,坦克移动速度 movespeed 增加 2,在文本框 power_txt 中更新移动速度 movespeed 的值,并在控制台打印输出 movespeed 的值,等待 0.3 秒后 power 对象销毁。

打开预制对象 power 的 getpower.cs 脚本,将全局变量 power_txt 设置为 Text 控件 power_txt。但场景中的所有 power 实例并不会更新,这时可以将所有 power 实例选中,把 UI 组件 power_txt 拖动到变量 power_txt 上即可。坦克获取 3 次能量后效果如图 7-44 所示。

```csharp
using UnityEngine;
using System.Collections;
using UnityEngine.UI;
public class getpower : MonoBehaviour {
```

```
            public Text power_txt;
            void OnTriggerEnter(Collider hit){
                if (hit.tag == "Player") {
                    Walk.moveSpeed = Walk.moveSpeed + 2; ;
                    power_txt.text="速度为: "+ Walk.moveSpeed;
                    print(Walk.moveSpeed);
                    Destroy(gameObject, 0.3f);
                }
            }
        }
```

图 7-44　获取 3 次能量后的效果

7.5.3　获取能量和炮弹-2

3．获取炮弹

为预制对象 pao 添加脚本 getpao.cs，坦克碰撞上炮弹后，炮弹数 paonum 增加 1，在文本框 paonum_txt 中更新炮弹数 paonum 的值，并在控制台打印输出炮弹数 paonum，等待 0.3 秒后 pao 对象销毁。

打开预制对象 pao 的 getpao.cs 脚本，将全局变量 paonum_txt 设置为 Text 控件 pao_txt。但场景中的所有 pao 实例并不会更新，这时可以将所有 pao 实例选中，把 UI 组件 pao_txt 拖动到变量 paonum_txt 上即可。坦克获取 5 枚炮弹后效果如图 7-45 所示。

```
        using UnityEngine;
        using System.Collections;
        using UnityEngine.UI;
        public class getpao : MonoBehaviour {
            public static int paonum=10;
            public Text paonum_txt;
            void OnTriggerEnter(Collider hit){
                if (hit.tag == "Player") {
                    paonum++;
                    print ("炮弹数为: "+paonum);
                    paonum_txt.text = "炮弹数: " + paonum + "枚";
                    Destroy(gameObject,0.3f);
                }
            }
        }
```

图 7-45　获取 5 枚炮弹后的效果

7.5.4　攻击敌方坦克-1

7.5.4　攻击敌方坦克

1. 向敌方坦克"开火"

修改 Main Camera 上的脚本 Walk.cs，编写 shoot() 方法，并在 Update() 方法中调用 shoot() 方法。实现按下"开火"键（Input.GetButtonDown("Fire1")），通过射线检测（Physics.Raycast）到敌人后（hit.collider.tag == "enemy"），实例化炮弹，发射炮弹（pao.GetComponent<Rigidbody>().AddForce(paokou.transform.forward * 1000);），并将炮弹数减一。

```
void shoot()
{
    RaycastHit hit;
    GameObject paokou = GameObject.Find("paokou");
    GameObject pao;

    if (Input.GetButtonDown("Fire1"))
    {
        if (Physics.Raycast(paokou.transform.position, paokou.transform.forward, out hit, 30f))
        {
            if (hit.collider.tag == "enemy" && getpao.paonum > 0)
            {
                pao = GameObject.Instantiate(Resources.Load<GameObject>("pao1"));
                pao.transform.position = paokou.transform.position;
                pao.transform.rotation = paokou.transform.rotation;
                pao.transform.parent = paokou.transform;
                pao.GetComponent<Rigidbody>().AddForce(paokou.transform.forward * 1000);
                getpao.paonum--;
                print("炮弹数为：" + getpao.paonum);
                if (pao != null)
                {
                    Destroy(pao, 2);
                }
            }
        }
    }
}
```

```
        }
    }
    void Update()
    {
        Move();
        shoot();
    }
```

注意调整 paokou 对象的位置,不要距离坦克炮口太近,否则炮弹对象实例化处理后,会与 tank 的碰撞器发生碰撞。

2. 敌方坦克和炮弹销毁

选中敌方坦克预制对象,添加脚本 enemydestroy.cs,实现当炮弹碰撞上敌方坦克后,敌方坦克和炮弹都销毁。敌方坦克被销毁前后对比如图 7-46 所示。

7.5.4 攻击敌方坦克-2

```
public class enemydestroy : MonoBehaviour {
    void OnCollisionEnter(Collision hit){
        if (hit.collider.tag == "pao") {
            Destroy(gameObject);
            Destroy(hit.gameObject);
        }
    }
}
```

a)   b)

图 7-46 敌方坦克被销毁前后对比

a) 敌方坦克销毁前   b) 敌方坦克销毁后

7.5.5 声音特效

1. 为场景添加背景音乐

1) 将音频文件 bj01.mp3、bj02.wav、fire.wav、getpaodan.wav、powerup.wav 复制到 "audio" 文件夹中。

2) 为 tank 对象添加 AudioSource 组件,指定音频剪辑 AudioClip 属性为音频文件 "bj01.mp3"(直接将 assets\audio 文件夹下的音频文件 bj01.mp3 拖到 AudioClip 属性栏中),播放音频文件,听到背景音乐响起。

3) 修改相关属性循环、音量等,播放观察效果。

2. 为能量立方体（销毁时）增加特效音

1）修改脚本 getpower.cs。在 OnTriggerEnter 方法中增加以下语句。

```
GetComponent<AudioSource>().Play();
```

2）选取能量立方体 power，添加 AudioSource 组件，将音频剪辑 AudioClip 属性设置为音频文件"powerup.wav"，取消选中"Play On Awake"复选框。

3）单击"Apply"按钮，将修改应用到所有的能量立方体实例。

3. 为拾取炮弹（销毁时）增加特效音

1）修改脚本 getpao.cs。在 OnTriggerEnter 方法中增加以下语句。

```
GetComponent<AudioSource>().Play();
```

2）选取炮弹 pao，添加 AudioSource 组件，将音频剪辑 AudioClip 属性设置为音频文件"getpaodan.wav"，取消选中"Play On Awake"复选框。

3）单击"Apply"按钮，将修改应用到所有的炮弹实例。

4. 为敌方坦克（销毁时）增加特效音

1）修改脚本 _collision.cs。在 OnCollisionEnter 方法中增加以下语句。

```
GetComponent<AudioSource>().Play();
```

2）选取敌方坦克 tank_enemy，添加 AudioSource 组件，将音频剪辑 AudioClip 属性设置为音频文件"bomb.wav"，取消选中"Play On Awake"复选框。

3）单击"Apply"按钮，将修改应用到所有的敌方坦克实例。

7.5.6 敌方坦克漫游 AI

在前面小节中创建了静态的敌方坦克，本小节将在程序运行后动态创建敌方坦克，在场景中漫游，当扫描到我方坦克后，发射火球，击中我方坦克使我方坦克血量减少 20%。敌方坦克是计算机角色，所以本小节实现的功能是游戏 AI 应用。

1. 动态创建敌方坦克

在场景中创建一个空游戏对象 CreateEnemy，再创建一个脚本 createnemy.cs，将脚本 createnemy.cs 赋给空游戏对象 CreateEnemy。

脚本 createnemy.cs 首先定义了一个游戏对象 enemy，然后在 Start()方法中通过语句"enemy = GameObject.Instantiate(Resources.Load<GameObject>("bluetank1"));"对 Resources 资源中的 bluetank1（后面第二步创建的预制对象）进行实例化，并赋值给对象 enemy。设置 enemy 对象的位置和欧拉角，其中位置的 x 轴和 z 轴是随机数，欧拉角的 y 轴角度也是随机数。最后通过语句"enemy.AddComponent<enemyAI>();"为 enemy 对象添加脚本组件 enemyAI.cs，从而实现敌方坦克的漫游及射击，详细代码如下。

```
using System.Collections;
using System.Collections.Generic;
using UnityEngine;

public class createnemy : MonoBehaviour
{
    GameObject enemy;
```

```
        void Start()
        {
            enemy = GameObject.Instantiate(Resources.Load<GameObject>("bluetank1"));
            float x = Random.Range(50, 500);
            float z = Random.Range(50, 500);
            float y = Random.Range(0, 360);
            enemy.transform.position = new Vector3(x, 10, z);
            enemy.transform.eulerAngles = new Vector3(0, y, 0);
            enemy.AddComponent<enemyAI>();
        }
    }
```

通过脚本动态创建的敌方坦克如图 7-47 所示。

图 7-47 动态创建敌方坦克

2. 扫描到我方坦克并射击

创建脚本 enemyAI.cs，当敌方坦克动态创建出来后，会自动加载该脚本。

（1）在场景中漫游

敌方坦克创建出来后，在遇到障碍物之前，就一直在场景中沿其自身的 z 轴正方向移动。该功能通过 Update()方法中的 "transform.Translate(0, 0, speed * Time.deltaTime);" 语句实现。

（2）自动避障

敌方坦克在漫游的过程中，遇到障碍物，会自动避障，这是通过将运动方向随机调整一定的角度实现的。敌方坦克通过 Physics.SphereCast()方法来检测碰撞，当与检测到的障碍物间的距离小于变量 obstacleRange 的值时，敌方坦克通过 "transform.Rotate(0, angle, 0);" 语句绕 y 轴随机旋转(-100, 100)间的一个角度。

（3）射击

创建预制对象球体 fireball，赋予红色材质，放到 "Resources" 文件夹中。将 "Resources" 文件夹中的 "bluetank" 复制一份命名为 "bluetank1"，创建空游戏对象 "fireballPos" 作为 "bluetank1" 的子对象，调整 "fireballPos" 位置到 "bluetank1" 的炮口位置，如图 7-48 所示。

当敌方坦克检测到我方坦克或绿色坦克时，即 if (hit.collider.tag == "Player" || hit.collider.tag == "green")，实例化火球并射击。首先定义两个变量 fireballPrefab 和 fireballPos，然后在

Start()方法中分别初始化。在 Update()方法中通过"fireball = Instantiate(fireballPrefab);"语句将 fireballPrefab 实例化后赋值给 fireball 对象,并设置实例化后的位置和角度。最后给 fireball 施加力发射出去,0.5 秒后销毁。详细代码如下。

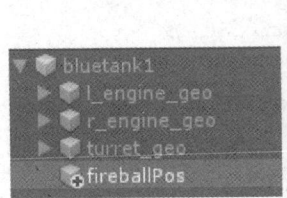

图 7-48 创建 bluetank1 和 fireballPos

```
using System.Collections;
using System.Collections.Generic;
using UnityEngine;

public class enemyAI : MonoBehaviour
{
    float speed = 5;
    float obstacleRange = 2f;
    GameObject fireball;
    GameObject fireballPrefab;
    GameObject fireballPos;
    void Start()
    {   //初始化 fireballPrefab
        fireballPrefab = Resources.Load<GameObject>("fireball");
        fireballPos = GameObject.Find("fireballPos");
    }
    void Update()
    {
        //漫游
        transform.Translate(0, 0, speed * Time.deltaTime);
        //扫描
        RaycastHit hit;
        if (Physics.SphereCast(transform.position, 0.5f, transform.forward, out hit, 10f))
        {
            //射击
            if (hit.collider.tag == "Player" || hit.collider.tag == "green")
            {
                if (fireball==null)
                {
                    fireball = Instantiate(fireballPrefab);
                    fireball.transform.position = fireballPos.transform.position;
                    fireball.transform.rotation = fireballPos.transform.rotation;
                    fireball.GetComponent<Rigidbody>().AddForce(fireballPos.transform.forward * 1000);
                    Destroy(fireball, 0.5f);
                }
            }
            else
            {
```

```
            //避障
            if (hit.distance < obstacleRange)
            {
                float angle = Random.Range(-100, 100);
                transform.Rotate(0, angle, 0);
            }
          }
        }
      }
    }
```

3. 使我方坦克血量减少 20%

敌方坦克发射火球，我方坦克被击中后，血量会减少 20%。血量的减少通过 UI 界面的文本框和滑动条展示。文本框和滑动条创建后，在脚本 createnemy.cs 中创建文本框和滑动条变量，然后定义方法修改文本框的文本内容和滑动条的值，可在脚本 enemyAI.cs 中调用 createnemy.cs 中定义的方法来实现。

（1）定义修改文本框文本内容和滑动条值的方法

首先定义 public 类型的 UI 组件滑动条 bloodSlider 和文本框 bloodTxt，将场景中创建好的 UI 组件 BloodSlider 和 Blood_Text 分别赋给变量 bloodSlider 和 bloodTxt。定义我方坦克血量值变量 bloodValue，设置初始值为 100。

在 Start()方法中通过语句"enemy.GetComponent<enemyAI>().creatEnemy = GameObject.Find("CreateEnemy");"为 enemy 上的脚本 enemyAI.cs 中的变量 creatEnemy（下面步骤将定义）赋值，该值为场景中创建好的空游戏对象 CreateEnemy（即挂载 createnemy.cs 的空游戏对象）。

- 定义方法 getBloodValue()，实现获取变量 bloodValue 的值。
- 定义方法 setBloodValue ()，实现修改变量 bloodValue 的值减去 20。
- 定义方法 setBloodSlider ()，实现修改滑动条 bloodSlider 的值为变量 bloodValue 的值。
- 定义方法 setBloodTxt ()，实现修改文本框 bloodTxt 显示的文本内容，其中血量值为变量 bloodValue 的值。

详细代码如下，其中，省略号为本小节"1. 动态创建敌方坦克"中已经编写的代码。

```
...
using UnityEngine.UI;
public class createnemy : MonoBehaviour
{
    GameObject enemy;
    public Slider bloodSlider;
    public Text bloodTxt;
    float bloodValue = 100;
    void Start()
    {
        ...
        enemy.GetComponent<enemyAI>().creatEnemy = GameObject.Find("CreateEnemy");
    }
    public float getBloodValue()
    {
```

```
            return bloodValue;
        }
        public void setBloodValue()
        {
            bloodValue = bloodValue - 20;
        }
        public void setBloodSlider ()
        {
            bloodSlider.value = bloodValue/100;
        }
        public void setBloodTxt()
        {
            bloodTxt.text = "血　　量：" + bloodValue;
        }
    }
```

（2）调用修改文本框文本内容和滑动条值的方法

1）在脚本 enemyAI.cs 中定义变量 creatEnemy，然后在脚本 createnemy.cs 中为变量 creatEnemy 赋值（见上一步）。

```
            public GameObject creatEnemy;
```

2）通过 GetComponent()方法获取 creatEnemy 上的 createnemy 脚本组件，然后调用其中的 getBloodValue()方法获取血量值、调用 setBloodValue()方法设置血量值、调用 setBloodSlider()方法设置滑动条的血量值、调用 setBloodTxt()方法设置文本框中显示的血量值。

```
        if (fireball==null)
        {
            …
            Destroy(fireball, 0.5f);
            if (creatEnemy.GetComponent<createnemy>().getBloodValue()> 0)
            {
                creatEnemy.GetComponent<createnemy>().setBloodValue();
                creatEnemy.GetComponent<createnemy>().setBloodSlider();
                creatEnemy.GetComponent<createnemy>().setBloodTxt();
            }
        }
```

我方坦克血量值变化前后对比如图 7-49 所示。

a)

b)

图 7-49　我方坦克血量值变化前后对比

7.5.7 服务端开发

以上实现了坦克大战游戏的单机版,下面实现坦克大战游戏网络版。

服务端通过3个程序实现,分别为 Serv.cs、Conn.cs 和 Main.cs。

1. 程序 Serv.cs

Serv.cs 主要实现了初始化连接池、获取连接池索引、启动服务器、监听客户端连接和信息处理等。下面简要介绍 Serv.cs 中涉及的方法。

- Start()方法首先初始化连接池,然后创建服务端 Socket,绑定 IP 和端口号,启动服务器,监听客户端,处理客户端连接请求。
- NewIndex()方法的作用是获取连接池索引,当连接为 null(conns[i] == null)或连接的 isUse 属性为 false(conns[i].isUse == false)时,该连接可用,而且返回该连接的索引;当没有可用的连接时,返回-1,获取连接池索引失败。
- AcceptCb()方法是回调函数,作用处理客户端的异步连接请求。
- ReceiveCb()方法是回调函数,作用处理客户端的异步信息接收。
- HandleMsg()方法在服务端接收到客户端的更新数据时,将数据信息广播给所有客户端。

Serv.cs 完整代码如下。

```
using System;
using System.Net;
using System.Net.Sockets;
public class Serv
{
    //监听嵌套字
    public Socket listenfd;
    //客户端连接
    public Conn[] conns;
    //最大连接数
    public int maxConn = 50;
    //获取连接池索引,返回负数表示获取失败
    public int NewIndex()
    {
        if (conns == null)
            return -1;
        for (int i = 0; i < conns.Length; i++)
        {
            if (conns[i] == null)
            {
                conns[i] = new Conn();
                return i;
            }
            else if (conns[i].isUse == false)
            {
                return i;
            }
        }
        return -1;
    }
```

```csharp
//开启服务器
public void Start(string host, int port)
{
    //连接池
    conns = new Conn[maxConn];
    for (int i = 0; i < maxConn; i++)
    {
        conns[i] = new Conn();
    }
    //Socket
    listenfd = new Socket(AddressFamily.InterNetwork,
                          SocketType.Stream, ProtocolType.Tcp);
    //Bind
    IPAddress ipAdr = IPAddress.Parse(host);
    IPEndPoint ipEp = new IPEndPoint(ipAdr, port);
    listenfd.Bind(ipEp);
    //Listen
    listenfd.Listen(maxConn);
    //Accept
    listenfd.BeginAccept(AcceptCb, null);
    Console.WriteLine("[服务器]启动成功");
}
//Accept 回调
private void AcceptCb(IAsyncResult ar)
{
    try
    {
        Socket socket = listenfd.EndAccept(ar);
        int index = NewIndex();

        if(index < 0)
        {
            socket.Close();
            Console.Write("[警告]连接已满");
        }
        else
        {
            Conn conn = conns[index];
            conn.Init(socket);
            string adr = conn.GetAdress();
            Console.WriteLine("客户端连接 [" + adr  +"] conn 池 ID:" + index);
            conn.socket.BeginReceive(conn.readBuff,
                                    conn.buffCount, conn.BuffRemain(),
                                    SocketFlags.None, ReceiveCb, conn);
        }
        listenfd.BeginAccept(AcceptCb,null);
    }
    catch(Exception e)
    {
        Console.WriteLine("AcceptCb 失败:" + e.Message);
    }
}
//Receive 回调
```

```csharp
private void ReceiveCb(IAsyncResult ar)
{
    Conn conn = (Conn)ar.AsyncState;
    try
    {
        int count = conn.socket.EndReceive(ar);
        //关闭信号
        if(count <= 0)
        {
            Console.WriteLine("收到 [" + conn.GetAdress()  +"] 断开连接");
            conn.Close();
            return;
        }
        //数据处理
        string str = System.Text.Encoding.UTF8.GetString(conn.readBuff, 0, count);
        Console.WriteLine("收到 [" + conn.GetAdress()  +"] 数据: " + str);
        HandleMsg(conn, str);
        //继续接收
        conn.socket.BeginReceive(conn.readBuff,
                        conn.buffCount, conn.BuffRemain(),
                        SocketFlags.None, ReceiveCb, conn);
    }
    catch(Exception e)
    {
        Console.WriteLine("收到 [" + conn.GetAdress()  +"] 断开链接");
        conn.Close();
    }
}
public void HandleMsg(Conn conn, string str)
{
    byte[] bytes = System.Text.Encoding.Default.GetBytes(str);
    ///广播消息
    for(int i=0;i < conns.Length; i++)
    {
        if(conns[i] == null) continue;
        if(!conns[i].isUse)   continue;
        Console.WriteLine("将消息转播给 " + conns[i].GetAdress());
        conns[i].socket.Send(bytes);
    }
}
```

2．程序 Conn.cs

Conn.cs 是连接类，主要实现了连接的定义、初始化等。程序中定义了连接的 Socket、缓存区 readBuff、缓冲区的大小 BUFFER_SIZE、连接的使用状态 isUse、缓冲区的占用情况 buffCount 等。

- Conn()构造函数：初始化连接的缓冲区 readBuff。
- Init()方法：初始化变量 socket、isUse 和 buffCount。
- BuffRemain()方法：返回缓冲区剩余的字节数。
- GetAdress()方法：返回连接的远端节点（客户端）地址。

● Close()方法：当连接不再使用时，关闭连接释放资源，将 isUse 设置为 false。
Conn.cs 完整代码如下。

```csharp
using System;
using System.Net;
using System.Net.Sockets;
public class Conn
{
    //常量
    public const int BUFFER_SIZE = 1024;
    //Socket
    public Socket socket;
    //是否使用
    public bool isUse = false;
    //Buff
    public byte[] readBuff = new byte[BUFFER_SIZE];
    public int buffCount = 0;
    //构造函数
    public Conn()
    {
        readBuff = new byte[BUFFER_SIZE];
    }
    //初始化
    public void Init(Socket socket)
    {
        this.socket = socket;
        isUse = true;
        buffCount = 0;
    }
    //缓冲区剩余的字节数
    public int BuffRemain()
    {
        return BUFFER_SIZE - buffCount;
    }
    //获取客户端地址
    public string GetAdress()
    {
        if (!isUse)
            return "无法获取地址";
        return socket.RemoteEndPoint.ToString();
    }
    //关闭
    public void Close()
    {
        if (!isUse)
            return;

        Console.WriteLine("[断开连接]" + GetAdress());
        socket.Close();
        isUse = false;
    }
}
```

3. 程序 Main.cs

Main.cs 是主类，首先创建 Serv 实例，并调用 Serv 的 Start()方法，通过死循环，使控制台窗口驻留。

```csharp
using System;
class MainClass
{
    public static void Main(string[] args)
    {
        Serv serv = new Serv();
        serv.Start("127.0.0.1", 1234);
        while (true)
        {
            string str = Console.ReadLine();
            switch (str)
            {
                case "quit":
                    return;
            }
        }
    }
}
```

7.5.8 客户端开发

网络版坦克大战游戏的实现是在单机版坦克大战游戏的基础上，通过网络连接服务器实现多用户同时在线作战，客户端程序实现在原有脚本基础上进行功能添加。打开 Walk.cs 脚本，实现以下功能。

（1）Socket 连接

1）定义客户端 socket 和缓冲区，定义变量 id（客户端的 IP 和端口号）。

```csharp
Socket socket;
const int BUFFER_SIZE = 1024;
public byte[] readBuff = new byte[BUFFER_SIZE];
string id;
```

2）Connect()方法，创建 socket，向服务器发起连接请求，将客户端的 IP 和随机分配的端口号，返回给变量 id，开始准备异步接收服务端发送过来的信息。

```csharp
void Connect()
{
    //Socket
    socket = new Socket(AddressFamily.InterNetwork, SocketType.Stream, ProtocolType.Tcp);
    //Connect
    socket.Connect("127.0.0.1", 1234);
    id = socket.LocalEndPoint.ToString();
    //Recv
    socket.BeginReceive(readBuff, 0, BUFFER_SIZE, SocketFlags.None, ReceiveCb, null);
}
```

接收回调函数 ReceiveCb()实现信息的异步接收，msgList 用于保存接收的信息。

```
List<string> msgList = new List<string>();
private void ReceiveCb(IAsyncResult ar)
{
    try
    {
        int count = socket.EndReceive(ar);
        //数据处理
        string str = System.Text.Encoding.UTF8.GetString(readBuff, 0, count);
        msgList.Add(str);
        //继续接收
        socket.BeginReceive(readBuff, 0, BUFFER_SIZE, SocketFlags.None, ReceiveCb, null);
    }
    catch (Exception e)
    {
        socket.Close();
    }
}
```

（2）AddPlayer()方法

AddPlayer()方法实现添加玩家功能。首先根据变量 prefab（tank 预制对象）实例化玩家 player，通过 GameObject 类的 Find()方法，找到场景中的 Main Camera，将 Main Camera 设置为 player 的子对象，实现摄像机对玩家 player 的平滑跟随。然后定义 TextMeshProUGUI 类型的文本框网格组件 textMesh，用于显示客户端的 id，并将玩家 player 添加入玩家列表 players。其中 TextMeshProUGUI 是 UGUI 的插件，可以显示更清晰和更丰富样式的文本信息，使用时在 Visual Studio 中根据提示安装该插件，并通过"using TMPro;"语句添加 namespace。

```
using TMPro;
Dictionary<string, GameObject> players = new Dictionary<string, GameObject>();
public GameObject prefab;
void AddPlayer(string id, Vector3 pos)
{
    GameObject player = (GameObject)Instantiate(prefab, pos, Quaternion.identity);
    main_cam = GameObject.Find("Main Camera");
    main_cam.transform.parent = player.transform;
    main_cam.transform.localPosition = new Vector3(0, 7, -10);
    TextMeshProUGUI textMesh = player.GetComponentInChildren<TextMeshProUGUI>();
    textMesh.text = id;
    players.Add(id, player);
}
```

修改 Move()方法，将 Move()方法中的语句：

```
GameObject player = (GameObject)Instantiate(prefab, new Vector3(100,0,100), Quaternion.identity);    //删除
```

替换为：

```
if (id == "")
    return;
GameObject player = players[id];
```

（3）SendPos()方法

SendPos()方法实现发送位置协议功能。首先通过"pos = player.transform.position;"语句

获取玩家的位置，然后组装协议。

协议的第一个参数是协议类型，可以为 POS、LEAVE、CHAT 等，如果协议类型为 POS，则协议格式为 POS id x y z，参数间用空格分隔。例如，POS 127.0.0.1:8552 100 82 50，表示客户端 127.0.0.1:8552 的位置坐标 x、y、z 分别为（100，82，50）。

将组装后的协议 str 进行格式编码后，通过"socket.Send(bytes);"语句发送给服务器。

```
void SendPos()
{
    GameObject player = players[id];
    Vector3 pos = player.transform.position;
    //组装协议
    string str = "POS ";
    str += id + " ";
    str += pos.x.ToString() + " ";
    str += pos.y.ToString() + " ";
    str += pos.z.ToString() + " ";
    byte[] bytes = System.Text.Encoding.Default.GetBytes(str);
    socket.Send(bytes);
    Debug.Log("发送 " + str);
}
```

SendPos()方法在 Start()方法和 Move()方法中被调用。Start()方法初始化 player 后，SendPos()方法被调用，然后将位置信息传递给服务器。在 player 有位移时，SendPos()方法被调用，而 Move()方法在 Update()方法中被调用，所以 SendPos()每帧都会被调用。

（4）SendLeave()方法

SendLeave()方法实现发送离开协议功能，一般在 OnDestory()方法中调用 SendLeave()方法。

当客户端离开时，向服务端发送离开信息。首先组装协议，如果协议类型为 LEAVE，则协议格式为 LEAVE id，参数间用空格分隔。例如，LEAVE 127.0.0.1:8552，表示客户端 127.0.0.1:8552 申请离开。将组装后的协议 str 进行格式编码后，通过"socket.Send(bytes);"语句发送给服务器。

```
void SendLeave()
{
    //组装协议
    string str = "LEAVE ";
    str += id + " ";
    byte[] bytes = System.Text.Encoding.Default.GetBytes(str);
    socket.Send(bytes);
    Debug.Log("发送 " + str);
}
```

在 OnDestory()方法中调用 SendLeave()方法，代码如下。

```
void OnDestory()
{
    SendLeave();
}
```

（5）Move()方法

Move()方法实现坦克在玩家控制下移动。首先定义 tank 的移动速度 moveSpeed 和旋转速度 rotateSpeed。然后通过"GameObject player = players[id];"语句获取当前的玩家,将主摄像机设置为 player 的子对象,以实现摄像机的平滑跟随。在与玩家交互时,按下〈W〉和〈S〉键,则沿 z 轴前后移动;按下〈A〉和〈S〉键,向左边或右边旋转。最后调用 SendPos()方法,将位置信息发送给服务器。

```
public static float moveSpeed = 10f;
public float rotateSpeed = 20;
void Move()
{
    if (id == "")
        return;

    GameObject player = players[id];
    main_cam = GameObject.Find("Main Camera");
    main_cam.transform.parent = player.transform;
    main_cam.transform.localPosition = new Vector3(0, 7, -10);
    //向前移动
    if (Input.GetKey(KeyCode.W))
    {
        player.transform.Translate(0, 0, moveSpeed * Time.deltaTime);
    }
    //向后移动
    if (Input.GetKey(KeyCode.S))
    {
        player.transform.Translate(0, 0, -moveSpeed * Time.deltaTime);
    }
    //左转
    if (Input.GetKey(KeyCode.A))
    {
        player.transform.Rotate (0, -rotateSpeed * Time.deltaTime, 0);
    }
    //右转
    if (Input.GetKey(KeyCode.D))
    {
        player.transform.Rotate(0, rotateSpeed * Time.deltaTime, 0);
    }
    SendPos();
}
```

(6) shoot()方法

shoot()方法实现坦克瞄准射击,然后发射炮弹。首先定义几个局部变量。在按下"开火"键"Input.GetButtonDown("Fire1")",并通过 Physics.Raycast()射线检测到敌方坦克时,通过检测射线碰撞到的对象的 tag 属性是否是"enemy"来实现,同时还要查看装载的炮弹数是否大于 0。当以上条件都满足时,通过"pao = GameObject.Instantiate(Resources.Load<GameObject>("pao1"));"语句实例化一个 pao,设置其位置和角度。通过"pao.GetComponent<Rigidbody>().AddForce(paokou.transform.forward * 1000);"语句给 pao 施加力,从而将 pao 发射出去。pao 的数量减一,再通过"GameObject.Find("pao_txt"). GetComponent<Text>().text=

"炮弹数:" + getpao.paonum + "枚";"语句使 UI 界面上对应文本框中的炮弹数量同时更新。

```csharp
void shoot()
{
    RaycastHit hit;
    GameObject paokou = GameObject.Find("paokou");
    GameObject pao;
    if (Input.GetButtonDown("Fire1"))
    {
        if (Physics.Raycast(paokou.transform.position, paokou.transform.forward, out hit, 30f))
        {
            if (hit.collider.tag == "enemy" && getpao.paonum > 0)
            {
                pao = GameObject.Instantiate(Resources.Load<GameObject>("pao1"));
                pao.transform.position = paokou.transform.position;
                pao.transform.rotation = paokou.transform.rotation;
                pao.transform.parent = paokou.transform;
                pao.GetComponent<Rigidbody>().AddForce(paokou.transform.forward * 1000);
                getpao.paonum--;
                GameObject.Find("pao_txt").GetComponent<Text>().text = "炮弹数:" + getpao.paonum + "枚";
                if (pao != null)
                {
                    Destroy(pao, 2);
                }
            }
        }
    }
}
```

（7）Start()方法

Start()方法在第一帧画面渲染前执行。首先调用 Connect()方法,建立与服务端的连接。随机生成 x、y、z 轴的坐标,作为参数传递给"AddPlayer(id, pos);"方法,创建玩家并设定玩家的位置。通过 SendPos()方法将玩家的位置发送给服务器。

```csharp
void Start()
{
    Connect();
    //把自己放在一个随机位置
    float x = 100 + UnityEngine.Random.Range(-30, 30);
    float y = 0;
    float z = 100 + UnityEngine.Random.Range(-30, 30);
    Vector3 pos = new Vector3(x, y, z);
    AddPlayer(id, pos);
    //同步
    SendPos();
}
```

（8）HandleMsg()方法

HandleMsg()方法用来处理消息列表，并实现以下功能。

1）取消息。通过"string str = msgList[0];"语句取出列表中的第一条消息，再通过"msgList. RemoveAt(0);"语句删除第一条消息，消息取出后即删除，所以每次取出第一条消息即可。

2）处理消息。因为消息有不同种类，针对不同消息，要采用不同处理方法。将取出的消息通过 string 的 Split()方法，使用空格分隔后，保存到 string 数组 args 中，第一个数组元素 args[0]中保存的就是协议类型，根据协议类型的不同，采用不同的处理方式。

```
List<string> msgList = new List<string>();
void HandleMsg()
{
    //获取一条消息
    if (msgList.Count <= 0)
        return;
    string str = msgList[0];
    msgList.RemoveAt(0);
    //根据协议做不同的消息处理
    string[] args = str.Split(' ');
    if (args[0] == "POS")
    {
        OnRecvPos(args[1], args[2], args[3], args[4], args[5], args[6], args[7]);
    }
    else if (args[0] == "LEAVE")
    {
        OnRecvLeave(args[1]);
    }
}
```

3）当协议类型为"POS"时，调用 OnRecvPos()方法，通过"players[id].transform.position = pos;"语句更新 args[1]对应 id 的 player 的位置信息，再通过"players[id].transform.eulerAngles = angle;"语句更新 args[1]对应 id 的 player 的角度信息。如果玩家还未初始化，则调用"AddPlayer(id, pos);"语句添加玩家。

```
public void OnRecvPos(string id, string xStr, string yStr, string zStr, string xAngle, string yAngle, string zAngle)
{
    //不更新自己的位置
    if (id == this.id)
        return;
    //解析协议
    float x = float.Parse(xStr);
    float y = float.Parse(yStr);
    float z = float.Parse(zStr);
    Vector3 pos = new Vector3(x, y, z);
    float xa = float.Parse(xAngle);
    float ya = float.Parse(yAngle);
```

```
                float za = float.Parse(zAngle);
                Vector3 angle = new Vector3(xa, ya, za);
                //已经初始化该玩家
                if (players.ContainsKey(id))
                {
                    players[id].transform.position = pos;
                    players[id].transform.eulerAngles = angle;
                }              //尚未初始化该玩家
                else
                {
                    AddPlayer(id, pos);
                }
            }
```

4）当协议类型为"LEAVE"时，调用 OnRecvLeave()方法，通过"Destroy(players[id]);"语句销毁玩家 player[id]，并将 player[id]设置为空。

```
            public void OnRecvLeave(string id)
            {
                if (players.ContainsKey(id))
                {
                    Destroy(players[id]);
                    players[id] = null;
                }
            }
```

（9）Update()方法

Update()方法调用相关的其他方法，处理与界面渲染相关每帧都需要计算的业务逻辑。其中，HandleMsg()方法处理从服务器接收的不同协议信息，实现网络版多个玩家信息的实时更新；Move()方法实现与玩家的交互、实时更新坦克位置信息；shoot()方法实时响应玩家的开火射击操作。

```
            void Update()
            {
                //处理消息列表
                for (int i = 0; i < msgList.Count; i++)
                    HandleMsg();
                //移动
                Move();
                shoot();
            }
```

7.5.9 发布测试

最后进行游戏的发布测试，验证功能实现和运行效果。

1）在 Unity 中发布客户端程序。然后，运行网络版坦克大战游戏。
2）在 Visual Studio 中运行服务端程序，启动服务器开启监听，如图 7-50 所示。

7.5.9 发布测试

图 7-50 启动服务器

3）运行客户端程序 tanknet.exe 四次，启动 4 个客户端。

4）移动其中一个 tank，从其他几个客户端视角观察该坦克的位置移动，tank55544 移动前后各个玩家视角位置对比如图 7-51 所示。

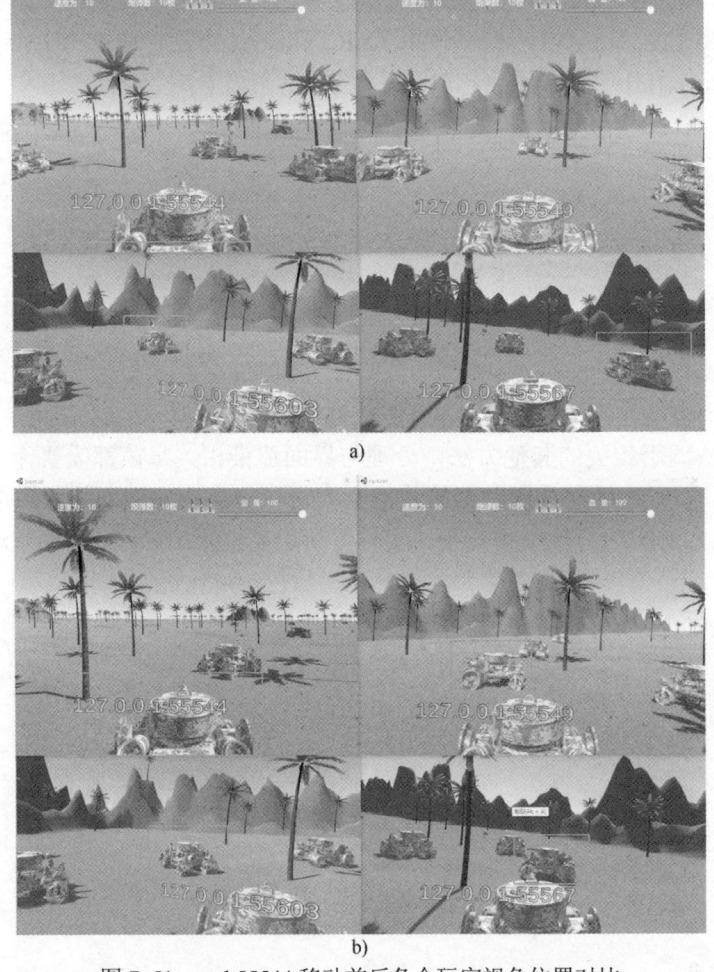

图 7-51 tank55544 移动前后各个玩家视角位置对比

a) tank55544 移动位置前 b) tank55544 移动位置后

5）当一个 tank 退出后，也将从其他客户端视角消失，tank56053 退出后从 tank56058 视角消失效果如图 7-52 所示。

图 7-52 tank56053 退出后从 tank56058 视角消失
a) tank56053 退出前　b) tank56053 退出后

习题

一、选择题

1. Socket 通信的基础是_____协议。
   A．IPX/SPX　　　　　B．TCP/IP　　　　　C．NetBEUI　　　　　D．Web
2. 关于 Socket 通信，以下说法错误的是_____。
   A．根据在 TCP/IP 协议栈所使用第四层通信协议的不同，Socket 通信有两种方式：TCP-Socket 和 UDP-Socket
   B．IPAddress.Parse()方法的参数是一个字符串形式的 IP 地址
   C．Socket 是在 TCP/IP 协议的第三层上实现的一个通信机制
   D．C#的 System.Net 命名空间提供了两个 IP 和端口相关的类 IPAddress 和 IPEndPoint
3. 以下不能返回 IP 地址和端口号组合的是_____。
   A．IPEndPoint　　　　　　　　　　　　　B．IPAddress

C. RemoteEndPoint 　　　　　　D. LocalEndPoint
4. 在服务端绑定 IP 和端口的方法是_____。
   A. Accept　　　　B. Listen　　　　C. Bind　　　　D. Send
5. 服务器开启监听与客户端进行通信的流程是_____。
   A. Bind→Listen→Accept→Receive→Send→Close
   B. Listen→Bind→Accept→Receive→Send→Close
   C. Bind→Accept→Listen→Receive→Send→Close
   D. Bind→Send→Listen→Accept→Receive→Close
6. 关于 Socket 异步通信，以下说法错误的是_____。
   A. 异步设计模式通过名为 BeginOperationName 和 EndOperationName 的两个方法来实现原同步方法的异步调用
   B. AsyncCallback 委托包含一个 IAsyncResult 的签名，回调函数内部再调用 Begin 方法来获取操作执行结果
   C. 在调用 BeginAccept 之前，必须使用 Listen 方法来监听是否有连接请求
   D. 异步通信中的语句块 Lambda 表达式是另外一种形式的匿名函数，使用起来会使代码更加简洁，定义一个 Lambda 表达式本质上就是定义一个委托的实现体
7. Unity 项目访问 MySQL 数据库，无论哪个版本都必须引入_____。
   A. System.Data.dll
   B. System.Drawing.dll
   C. I18N.West.dll
   D. MySql.Data.dll
8. MySQL 数据库的端口号是_____。
   A. 50070　　　　B. 10020　　　　C. 3306　　　　D. 334

二、简答题
1. 简述 Socket 通信原理。
2. 简述 Socket 异步通信实现机制和流程。
3. 简述 Socket 异步通信中函数回调的两种实现方法。
4. 简述 Unity 连接 MySQL 数据库的准备工作。
5. 简述 Unity 连接 MySQL 数据库的基本实现框架。

三、操作题
1. 参考例 7.3，完成一个多人聊天程序。
2. 参考例 7.4，完成一个注册登录程序。
3. 参考综合案例"坦克大战网络版"，设计一个多玩家网络版游戏。

第 8 章　增强现实开发技术

> **学习目标**
> - 了解增强现实 AR 的基本制作流程
> - 掌握基于 Vuforia SDK 的增强现实开发方法
> - 熟悉并掌握 AR 的基本交互设计

8.1 增强现实的特点及制作流程

增强现实（Augmented Reality，AR）技术是一种将真实世界信息和虚拟世界信息"无缝"集成的新技术，是把原本在现实世界的一定时间空间范围内很难体验到的实体信息（视觉信息、声音、味道、触觉等）通过计算机等科学技术，模拟仿真后再叠加，将虚拟的信息应用到真实世界，被人类感官所感知，从而达到超越现实的感官体验。它将计算机生成的虚拟物体或关于真实物体的非几何信息叠加到真实世界的场景之上，实现了对真实世界的增强。真实的环境和虚拟的物体实时地叠加到了同一个画面或空间，而且同时存在。另外，由于与真实世界的联系并未被切断，交互方式也就显得更加自然。

8.1.1 增强现实技术的特点

增强现实技术具有以下特点。

1）融合虚拟和现实。与VR技术不同的是，AR 技术不会把使用者与真实世界隔开，而是将计算机生成的虚拟物体和信息叠加到真实世界的场景中来，以实现对现实场景更直观深入地了解和解读，在有限的时间和有限的场景中实现与现实相关知识领域的理解。增强的信息可以是与真实物体相关的非几何信息，如视频、文字，也可以是几何信息，如虚拟的三维物体和场景。

2）实时交互。通过增强现实系统中的交互接口设备，人们以自然方式与增强现实环境进行交互操作，这种交互要满足实时性。

3）三维注册。"注册"（这里也可以解释为跟踪和定位）指的是将计算机产生的虚拟物体与真实环境进行一一对应，且用户在真实环境中运动时，也将继续维持正确的对准关系。

8.1.2 增强现实的实现原理

AR 技术是利用计算机技术将虚拟信息和真实场景进行叠加，通过手机、平板计算机等设备进行显示，呈现给用户。简单来说，就是将平面二维的内容变得"三维立体"，在现实环境中存在的对象加上更多的虚拟信息，增强其立体感，强化用户视觉效果和增加互动体验。

增强现实的关键技术包括以下 5 种。

1．跟踪注册技术

为实现虚拟信息和真实场景的无缝叠加，要求虚拟信息与真实环境在三维空间位置中进行配准注册，包括使用者的空间定位跟踪和虚拟物体在真实空间中的定位两个方面的内容。

2．显示技术

AR 技术的显示系统是比较重要的内容，为了能够得到较为真实的虚实相结合的系统，使得实际应用便利程度不断提升。要求使用色彩较为丰富的显示器，而且显示器包含头盔显示器和非头盔显示设备等相关内容，其中透视式头盔能够为用户提供相关的虚实融合在一起的情景。这些头盔的操作原理与虚拟现实领域中沉浸式头盔等的相似程度比较高。

3．虚拟物体生成技术

增强现实技术在应用时，其目标是使得虚拟世界的相关内容，在真实世界中得到叠加处理，在算法程序的应用基础上，促使物体动感操作有效实现。

4．交互技术

与现实生活中不同，增强现实是将虚拟事物在现实中呈现，而交互是帮助虚拟事物在现实中更好地呈现做准备，因此想要等到更好的 AR 体验，交互就是其中的重中之重。

5．合并技术

增强现实的目标是将虚拟信息与输入的现实场景无缝结合在一起，为了增加 AR 使用者的现实体验，要求 AR 具有很强的真实感，为了达到这个目标，不能只考虑虚拟事物的定位，还要考虑虚拟事物与真实事物之间的遮挡关系以及要具备的 4 个条件：几何一致、模型真实、光照一致和色调一致。这 4 个条件缺一不可，任何一个条件的缺失都会导致 AR 效果的不稳定，从而严重影响 AR 的体验。

AR 技术的工作原理如图 8-1 所示。

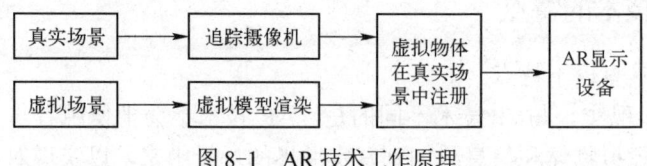

图 8-1　AR 技术工作原理

AR 技术的实现需要借助于软件设备和硬件设备，其基本工作步骤如表 8-1 所示。

表 8-1　AR 技术实现的基本工作步骤

增强现实（AR）技术工作步骤	
步骤一	利用移动设备摄像头获取真实场景信息
步骤二	对真实场景目标位置和摄像位置信息跟踪分析
步骤三	根据用户交互命令生成虚拟信息
步骤四	真实和虚拟的图像信息融合后一起显示在显示屏上

目前 AR 技术已经具有交互自然、虚实结合、虚实同步的特点，不仅能够支持视频、音频、图片和文字信息，还支持全景信息、3D 模型及 3D 动画丰富的内容资源。

8.1.3　增强现实技术的应用领域

近年来，随着 AR 技术的成熟，AR 与行业的融合越来越深入。AR 技术不仅继承了 VR

的优点,还可以虚实结合,并实现实时交互。因此在建筑、旅游、教育、医疗、导航等领域和行业具有广泛的应用价值和潜力。下面介绍几个主要的应用领域。

1)建筑领域。AR 技术不仅可以将整个建筑可视化,还可以识别作业中的错误并及时解决、辅助建筑物和设施的维护作业。AR 技术还可以在维修或维护过程中提供远程协助,如图 8-2 所示。

2)旅游领域。利用 AR 技术,可以为潜在的游客提供身临其境的体验,还可以通过扫描门票二维码获取景点介绍,展品 3D 浏览等。通过 AR 技术智能识图,可以为景点、展品、历史文物等,提供 AR 导览与解说,比传统的二维图文形式更加生动有趣,如图 8-3 所示。

图 8-2 AR 在建筑领域的应用

图 8-3 AR 在旅游领域的应用

3)教育领域。利用 AR 技术可以将晦涩难懂的知识三维可视化、形象地展示器材及抽象知识,游戏化情景化教学、减少教学中的风险、节约试验器材成本等。还可以提高学生的学习兴趣,增加教学中的参与度与互动性,如图 8-4 所示。

图 8-4 AR 技术在教学中的应用

4)医疗领域。AR 技术不仅可以为外科医生实时提供 3D 数字图像和关键信息,还可以进行手术模拟、微创外科手术导航、虚拟人体解剖、远程手术及医疗教学培训。与此同时,AR 技术可以将患者变为"透明人",利用计算机还原一个虚实结合的患者人体构造,病人和医生可以更加清楚手术要如何实施,如图 8-5 所示。

5)军事领域。部队可以使用 AR 技术将敌方进行精准定位,通过计算机获得敌方重要的军事数据信息,还可以用于军事训练、虚拟战场等。

6)生活和娱乐领域。AR 技术不仅可以用于游戏体育比赛的转播、试衣服、旅行翻译等,还可以用于 AR 实景测量、AR 家具摆放、AR 导航等。

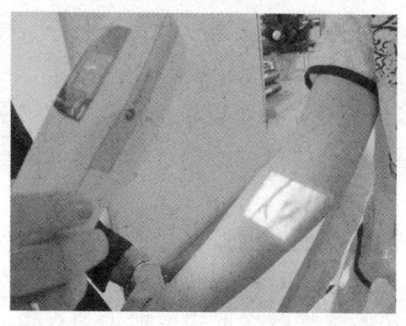 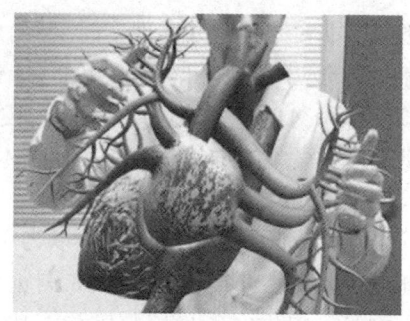

图 8-5　AR 技术在医疗中的应用

7）其他领域。AR 技术还可以用于家居、商业与贸易、交通运输、广告及市政规划等领域。

8.1.4　增强现实开发平台简介

2017 年苹果和谷歌都相继推出了 ARkit 和 ARCore（AR 开发的 SDK），使得手机也能使用 AR。目前，AR 应用开发主要是指手机 AR 应用开发。如果是苹果手机的 AR 应用开发，那就选择 ARkit；如果是安卓手机，AR SDK 有众多选择。下面介绍一些国内外的 AR SDK，供大家选择与参考。

1）ARCore：谷歌推出的 AR 开发平台，可用于开发 Android 平台上的 AR 应用。

2）ARKit：苹果推出的 AR 开发平台，可用于开发 iPhone 和 iPad 平台上的 AR 应用。

3）Vurforia：又称高通 AR，与高通公司合作开发产品，支持 Unity。

4）EasyAR：视辰信息科技研发的 AR 引擎，自研发了一套 SLAM，可适配更多机型。

5）ARFoundation：Unity 将 ARKit 和 ARFoundation 封装，未再实现新功能，便于统一接口和多平台使用。

6）SenseAR：商汤科技研发的 AR 引擎。

7）百度 AR：百度研发的 AR 引擎，主要应用于 AI 图像识别、人脸识别。

8）阿里 AR：阿里研发的 AR 引擎，主要应用于 2D 图像识别、3D 物体追踪。需商业联系后才能获取 SDK 开发。

9）腾讯 AR：腾讯研发的 AR 引擎。

10）华为 AR：华为研发的 AR 引擎。对华为设备做了额外的支持，能适配更多的华为手机。

11）网易 AR：网易研发的 AR 引擎。通过商务合作，提供需求由网易完成交付。

12）VoidAR：成都米有研发的 AR 引擎。

8.1.5　增强现实开发的一般流程

增强现实应用开发的一般流程如下。

1）选择 AR 开发工具。

2）下载安装开发平台和所需的 SDK、jdk 等开发环境。

3)官方网站注册,获得相应的开发许可证。
4)创建项目。
5)打包发布。
6)手机测试。

8.2 基于 Vuforia SDK 的增强现实应用开发

Vuforia 是一款能将现实世界物体转变为互动体验的 AR 开发平台,旨在帮助开发者打造全新级别的真实世界物品与虚拟物品的互动。它使用计算机视觉技术来实时地识别和跟踪平面图像及简单的 3D 物体,使开发者能够在现实世界和数字体验之间架起桥梁。

Vuforia 通过 Unity 游戏引擎扩展提供了 C、Java、Objective-C 和 .NET 语言的应用程序编程接口,同时支持 iOS 和 Android 的原生开发,这使得开发者在 Untiy 引擎中开发的 AR 应用很容易移植到 iOS 和 Android 平台上。Vuforia 是众多 AR 开发团队使用最多的 AR SDK 之一。

8.2.1 准备 AR 开发环境

在开始 AR 应用开发之前,需要做一些准备工作。
1)打开 Unity 官网,注册 Unity 账号,单击"从 Hub 下载"按钮。
2)双击打开 Unity Hub,安装 Unity,具体安装方法见 6.1.2 节。
注意,在选择安装模块时,要选中图 8-6 所示的开发环境,单击"下一步"按钮,完成安装。

图 8-6 开发环境

3)打开 Vuforia 官网,注册账号,并登录,如图 8-7 所示。
4)选择"Develop"→"License Manager"选项,打开"License Manager"界面,管理所有许可证,然后单击"Get Development Key"按钮,如图 8-8 所示。

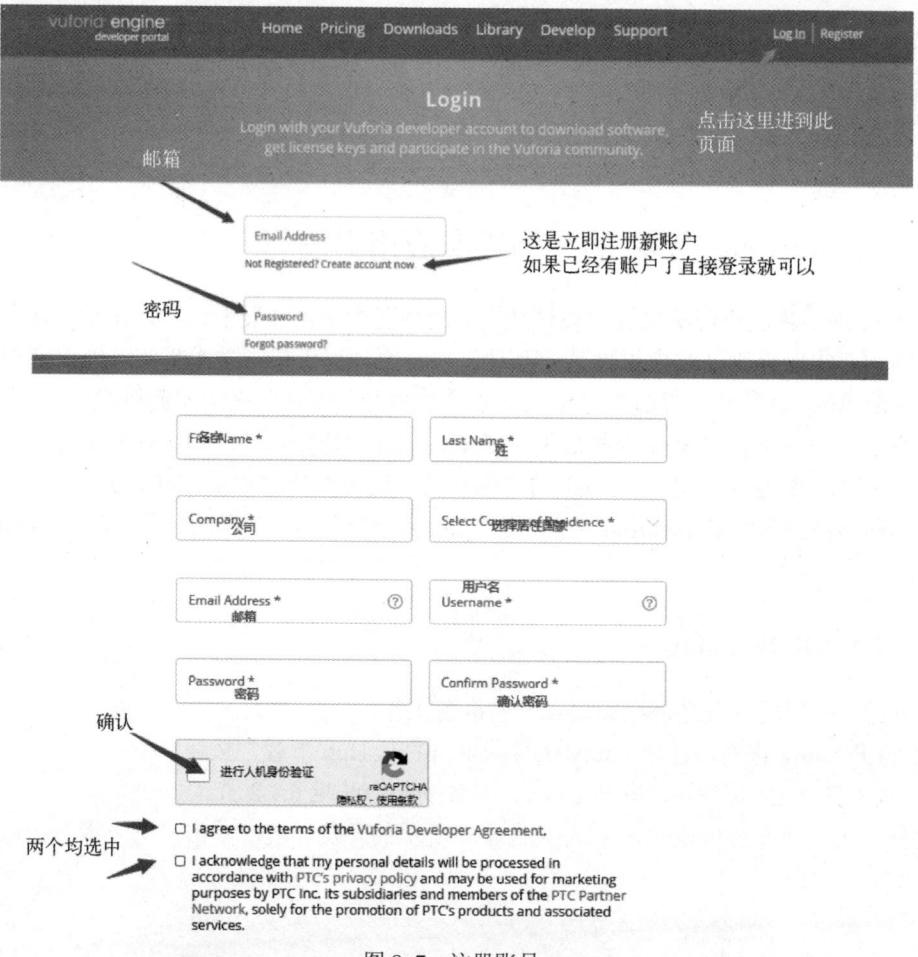

图 8-7 注册账号

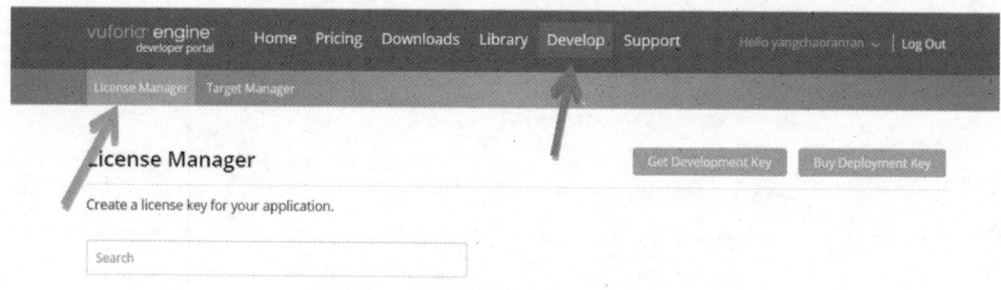

图 8-8 "License Manager"界面

注意：一个 App 只有一个证书，但可以有多个 Target。证书和 Target 之间并无对应关系。"Target Manager"界面主要管理识别图等。

5）在打开的界面中，输入"License Name"，选中"License Key"下方的复选框，再单击"Confirm"按钮，如图 8-9 所示，即可获得 License Key。

6）返回图 8-8 所示界面，这时候界面中出现了刚才获得的 License Key，单击创建好的证书后即可进入证书管理界面，如图 8-10 所示。

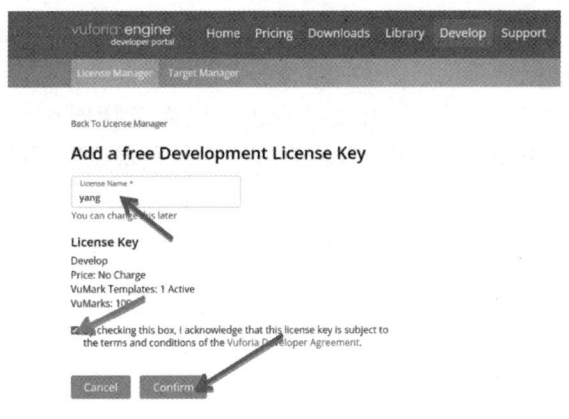

图 8-9　获得 License Key

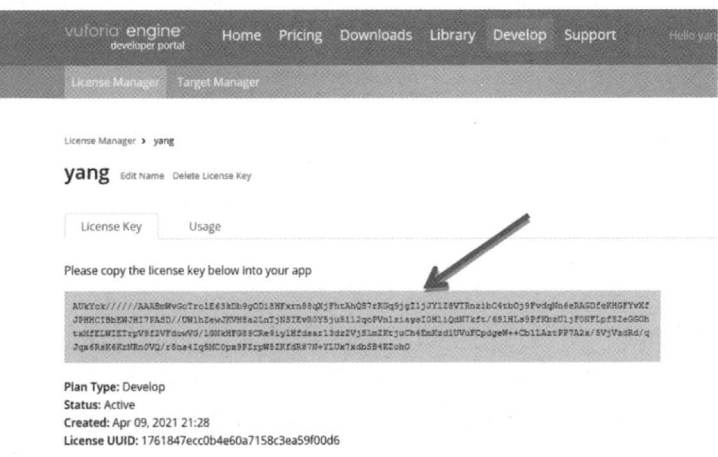

图 8-10　获得许可证

在此界面单击"Edit Name"选项即可修改名字。选中部分为证书内容，将其复制后填入指定位置即可。

7）创建识别图数据库。选择"Target Manager"选项，单击"Add Database"按钮添加新的数据库，在"Database Name"文本框中输入数据库名称"333"，选中"Device"选项，再单击"Create"按钮。

数据库名称可以任取，方便使用即可。"Type"中"Device"为图案，"VuMark"为可定制的可视化代码，可以贴在任何产品或机器上面，具体使用可参考相关资料。这里使用"Device"，如图 8-11 所示。

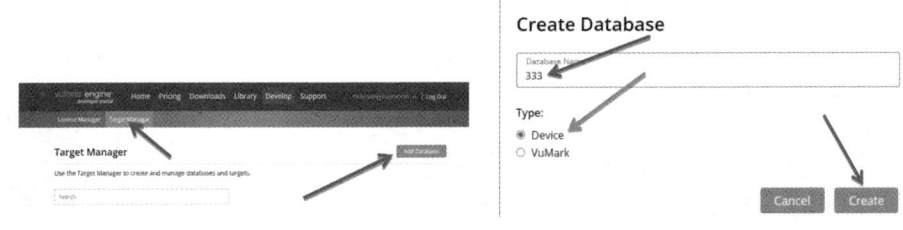

图 8-11　添加新的数据库

8）选择并设置识别图。单击创建的数据库名称"333",单击"Add Target"按钮添加目标,在打开的"Add Target"对话框中选择上传的识别图并设置大小。

"Add Target"对话框"Type"列表中的选项按需选择即可,此处使用图片,选择"Single Image"选项。"Width"表示图片的宽度,建议根据识别图的宽度填写,如图 8-12 所示。

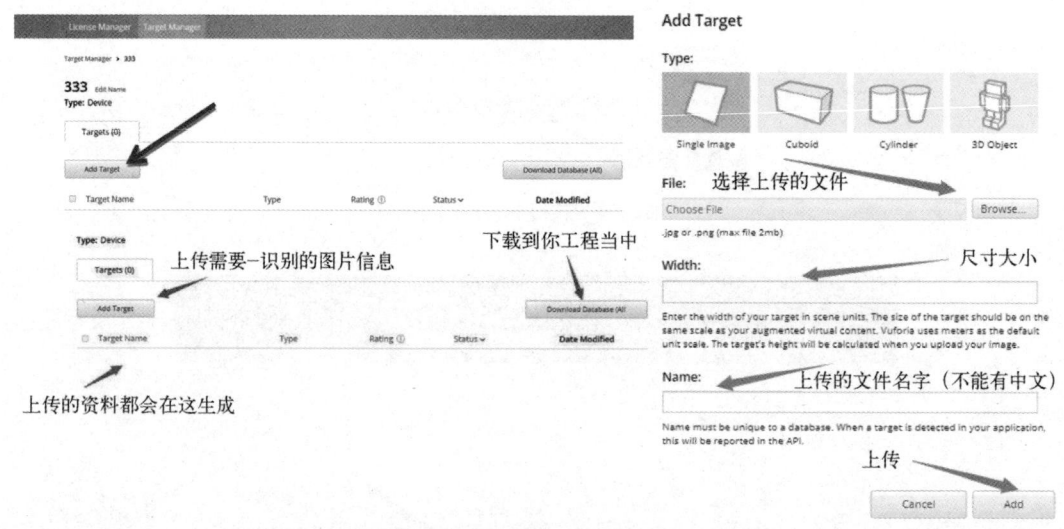

图 8-12 数据库页面的内容

9）在"Add Target"对话框中单击"Add"按钮,完成识别图的添加;返回"Target Manager"界面,单击"Download Database"按钮,打开如图 8-13 所示的对话框,选择"Unity Editor"选项,再单击"Download"按钮下载识别图。下载完成会得到一个 Unity 资源包,将其导入 Unity 中。

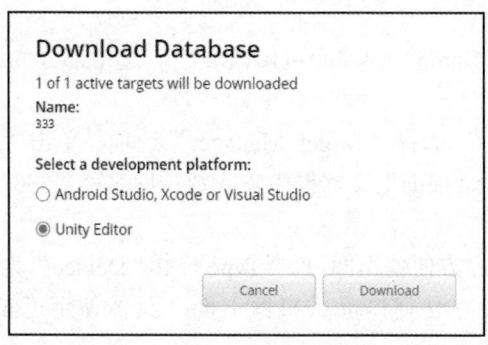

图 8-13 下载创建的 unity 资源包

8.2.2 创建 Vuforia 案例

【例 8.1】 创建一个基于 Vuforia SDK 的 AR 应用。

1. 新建 Unity 工程

运行 Unity 程序,创建一个新的 Unity 工程,详细步骤见 6.1.3 节。

例 8.1

2. 安装 Vuforia Engine AR

在 Unity 工程界面中，选择"Window"→"Package Manager"命令，如图 8-14 所示。

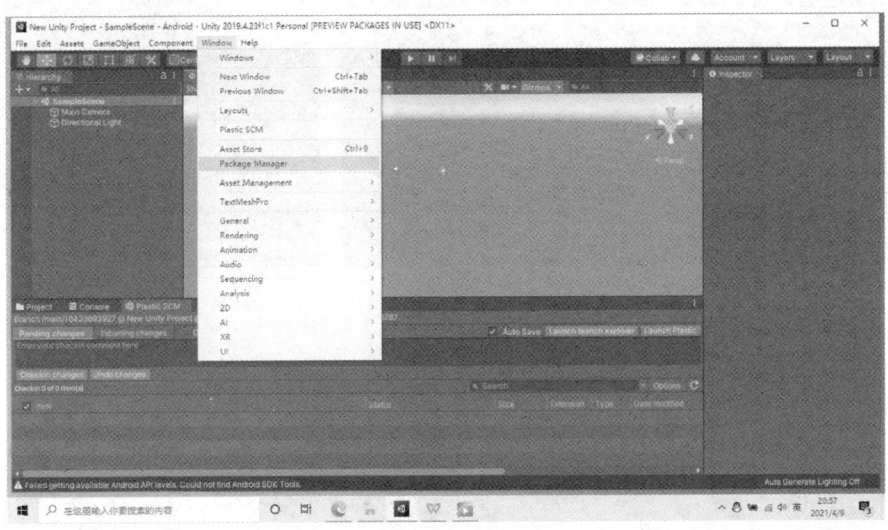

图 8-14　选择"Package Manager"命令

打开"Package Manager"对话框，选择"Vuforia Engine AR"选项，然后在右侧单击"Install"按钮，即可安装 Vuforia Engine AR，如图 8-15 所示。

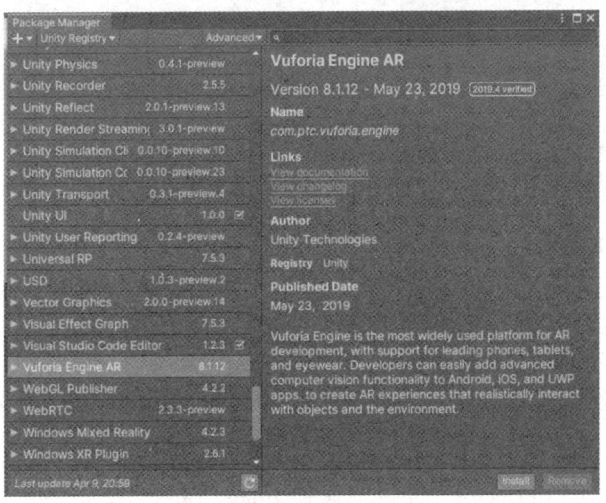

图 8-15　Vuforia Engine AR 安装

3. 设置 ARCamera

在"Hierarchy"面板空白处右击，在弹出的快捷菜单中选择"Vuforia Engine"→"ARCamera"命令，创建 ARCamera，同时将自带的 Camera 删除。在"Inspector"面板中找到 Vuforia Behaviour 组件，并单击"Open Vuforia Configuration"按钮进入编辑界面，如图 8-16a 所示。进入编辑界面后，将 Vuforia 官网上的"License Key"复制到"App License Key"文本框中，如图 8-16b 所示。

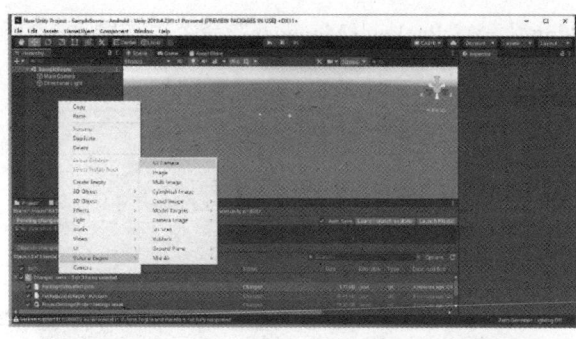

图 8-16　添加 App License Key

a) 创建 ARCamera　b) 复制"License Key"到"App License Key"文本框

4．ImageTarget 设置

选择"Assets"→"Import Package"→"Custom Package"命令，打开"Import Package"对话框，找到在 Vuforia 下载的识别图数据库文件"333.unitypackage"并双击，打开如图 8-17 所示的对话框，单击"Import"按钮导入。

在"Hierarchy"面板空白处右击，在弹出的快捷菜单中选择"Vuforia Engine"→"Image"命令。

在 ImageTarget 的"Inspector"面板中找到 Image Target Behaviour 组件，"DataBase"选择刚才下载导入的识别图，单击下拉选择即可。选择"DataBase"后，"ImageTarget"会自动选择，"width"和"height"会根据上传时填写的大小自动设置（此大小是可以更改的，只是比例不会变）。其余选项可按照自己的需求设置，如图 8-18 所示。

5．在场景中添加模型

选中"Imagine Target"并右击，在弹出的快捷菜单中选择"3D Project"→"Cube"选项，单击"Hierarchy"面板中的"Cube"选项，在"Inspector"面板中修改 Cube 参数，调整合适大小，如图 8-19 所示。

282

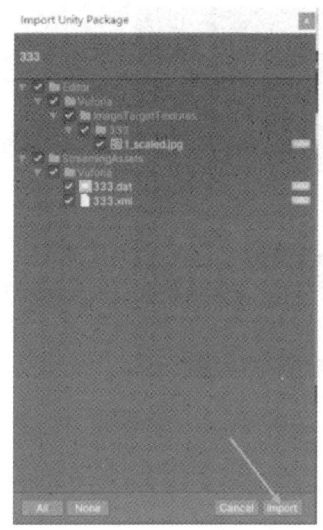 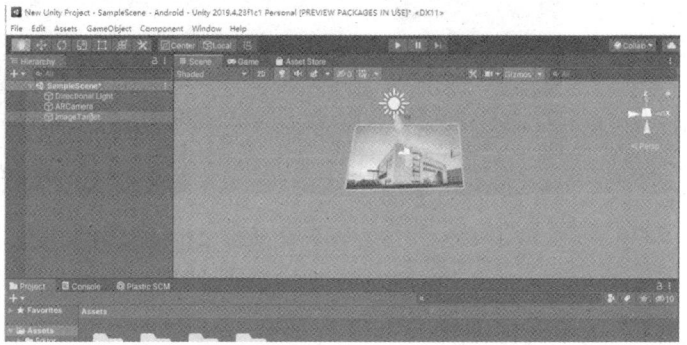

图 8-17　导入识别图资源包　　　　　图 8-18　选择 DateBase 导入识别图

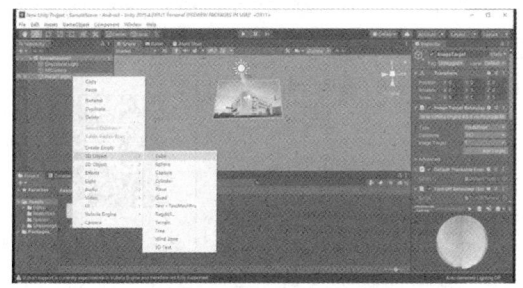 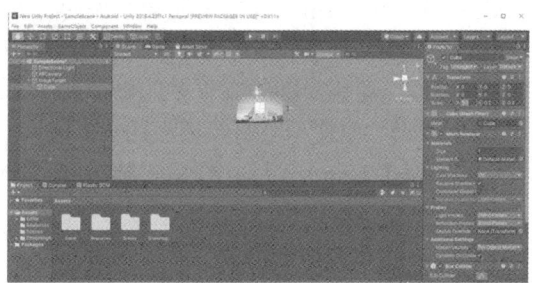

图 8-19　添加模型

注意，"Cube"必须在"Imagine Target"层级下，否则识别后"Cube"不会出现。

6．运行测试

开启摄像头识别图像，如图 8-20 所示。

图 8-20　开启摄像头

运行测试结果，如图 8-21 所示。

图 8-21 测试结果

8.2.3 创建 AR 视频

本节将介绍 AR 视频的创建，AR 视频即识别某张图像后，播放与所识别图像对应的视频文件，可广泛应用到零售、建筑、旅游、教育、医疗保健、导航系统等领域。

AR 视频的创建有多种方法，本节使用 Unity 自带的 Videoplayer 播放器来创建一个简单的视频播放。要想对视频有更多的操控和编辑可以使用收费的视频插件。

【例 8.2】 创建一个视频播放的 AR 应用。

首先创建 Unity 工程，然后安装 Vuforia Engine AR，方法见例 8.1。下面介绍创建 AR 视频。创建 AR 视频有两种方法，分别如下。

（1）直接在模型上播放

1）在"ImageTargt"中创建 Plane（3D Object），将其调整至合适位置和大小。

2）在"Inspector"面板中单击"Add Component"按钮为 Plane 添加 Video Player 播放器。然后在"Assets"目录下，创建新的文件夹命名为"videos"，并将需要播放的视频导入到该文件夹下，再将该视频拖拽至"Video Player"中 Video Clip 处，如图 8-22 所示。

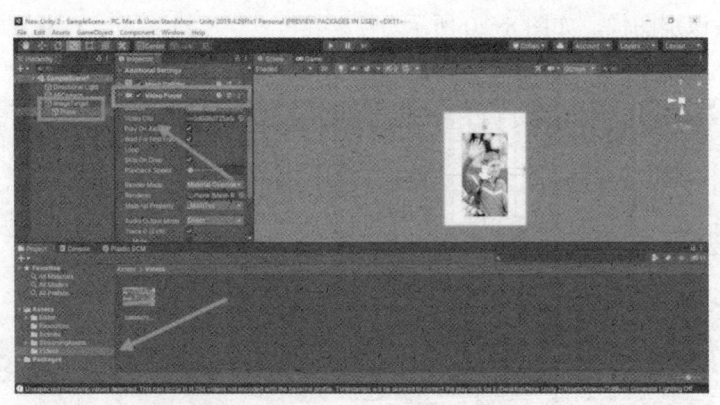

图 8-22 在平面模型上播放 AR 视频设置

3）单击"运行"按钮，功能实现。

这个方法不仅可以在平面上（Plane）上播放，还可以换成其他模型如 Cube，运行后在

Cube 的六个面播放，如图 8-23 所示。

图 8-23　在三维模型上播放 AR 视频效果

这种方法的视频是随着模型形状大小播放，不便控制成原视频的比例。要想在模型上更好地控制可使用下面的方法。

（2）在 Render Texture 上播放

在（1）操作的基础上，在"Assets"目录下新建一个 Render Texture，如图 8-24 所示。

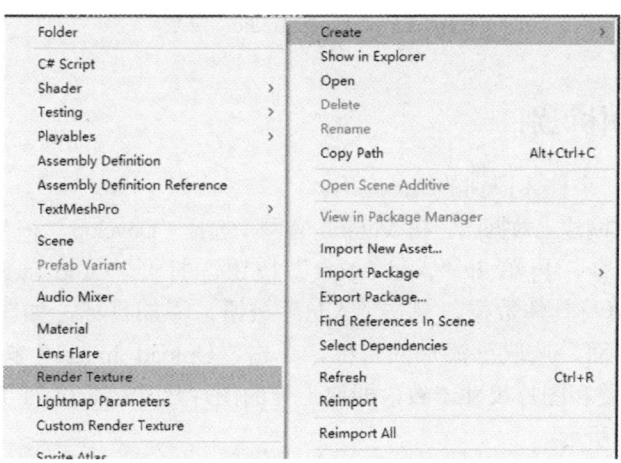

图 8-24　在"Assets"下新建一个 Render Texture

把刚建立的 Render Texture 拖到 Plane 上面，再把"Target Texture"更改为刚建立的 New Render Texture1，如图 8-25 所示。

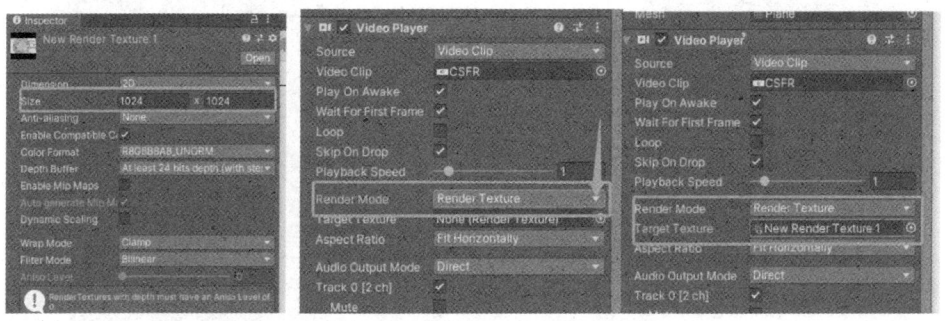

图 8-25　Render Texture 设置

285

这种方法和直接在模型上播放的方法相比，最大区别是可以使用"Aspect Radio"选项中的不填充、垂直填充、水平填充、内部填充、外部填充、拉伸填充等方法了，如图 8-26 所示。当然这种方法同样适用于立体模型。

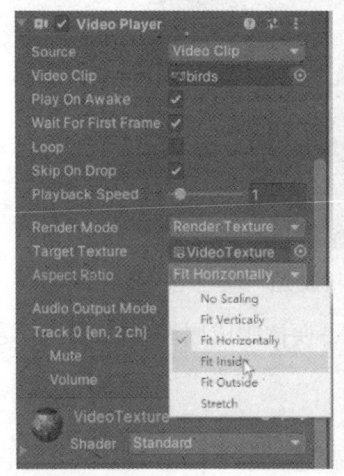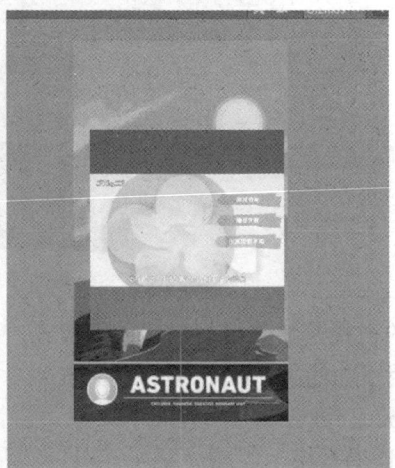

图 8-26　"Aspect Radio"选项

8.2.4　创建 AR 物体识别

例 8.3

【例 8.3】　创建一个柱体识别的 AR 应用。

1）在 Vuforia 官网建立数据库。在 Vuforia 官网，选择"Develop"→"Target Manager"→"Add Database"命令，再单击"Add Target"按钮。打开"Add Target"对话框，创建 Cylinder 目标，并填写具体数据，单击"Add"按钮，添加目标，如图 8-27 所示。返回"Target Manager"界面，选取已添加的目标，单击"Upload Image"按钮，上传侧面图片（识别图案的长和宽要和图片尺寸一致，即要上传的图片尺寸：长度为 $D*\pi$，宽度为柱体图案高度），如图 8-28 所示。

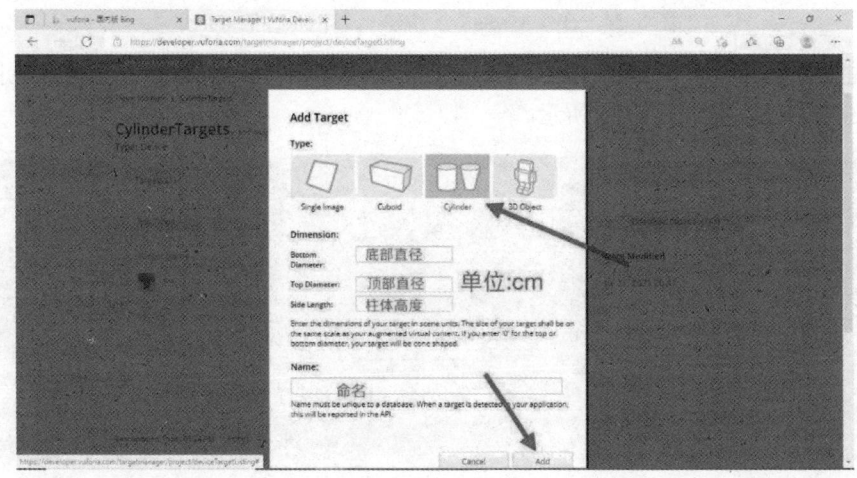

图 8-27　选择柱体类型

第 8 章 增强现实开发技术

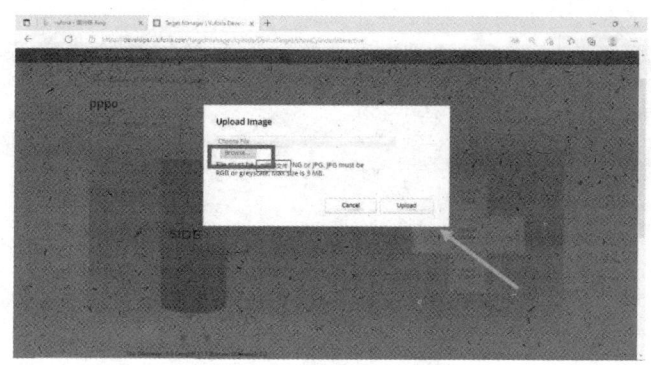

图 8-28 设置并上传图片

2）再选取目标，单击"Download Database"按钮，打开"Download Database"对话框，选择"Unity Editor"选项，再单击"Download"按钮，如图 8-29 所示。

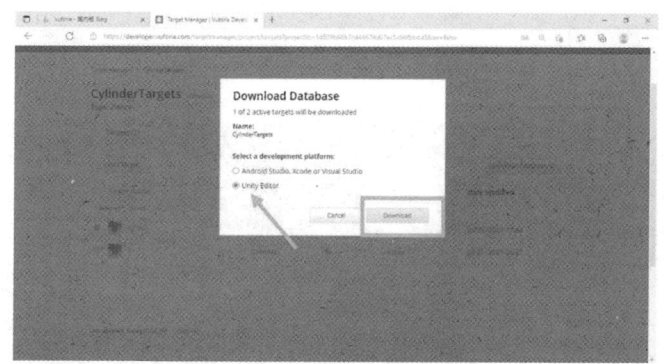

图 8-29 下载 Unity Editor

3）创建 Unity 工程，并导入已下载的数据库。

创建 Unity 工程，下载 Vuforia SDK，添加 ARCamera，并删除 Main Camera。打开已下载的数据库，单击"Import"按钮，导入到 Unity 工程，如图 8-30 所示。在"Hierarchy"面板的"SampleScence"选项下，创建 CylinderTarget，并为之创建子物体模型，选择"Sphere"选项，并调节合适大小位置，如图 8-31 所示。然后在 ARCamera 中粘贴 Vuforia 的 Lisence key。

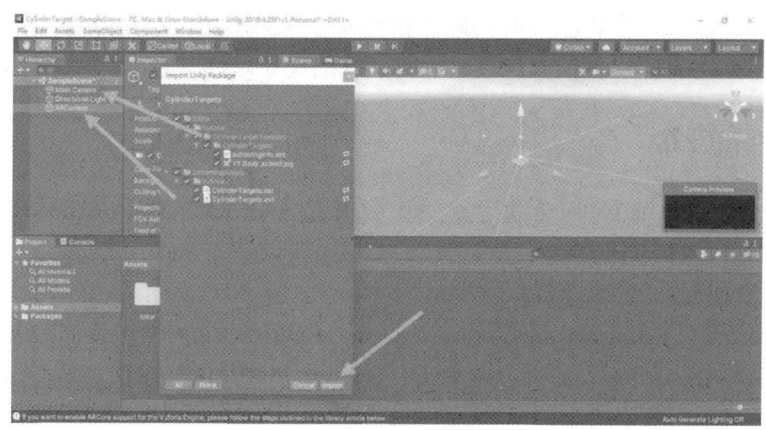

图 8-30 导入数据库

287

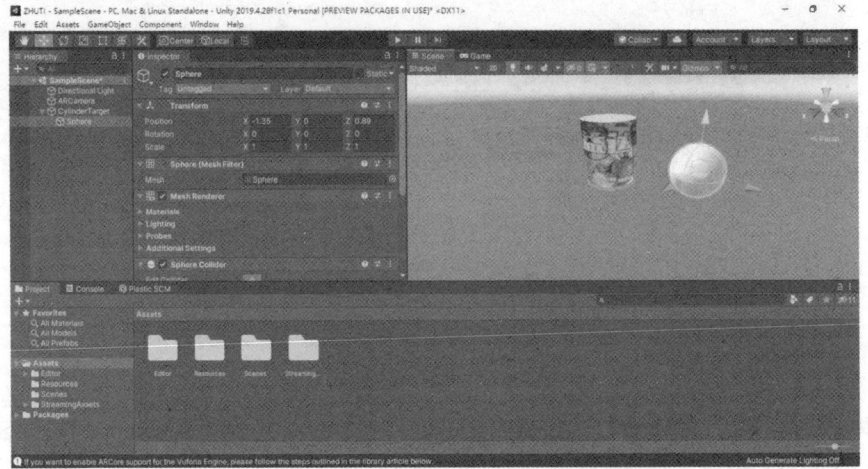

图 8-31　创建子物体模型

4）运行工程，结果如图 8-32 所示。

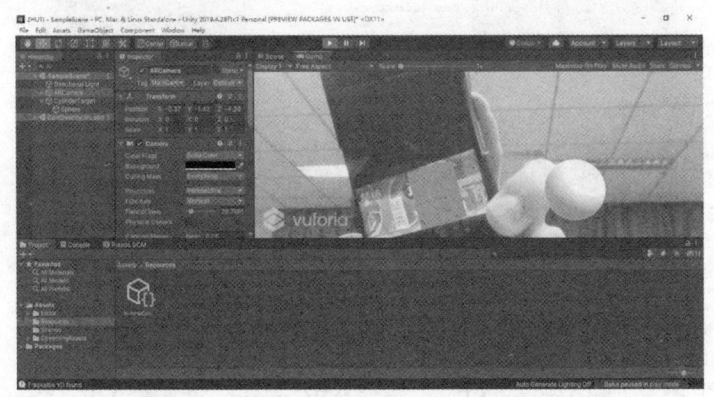

图 8-32　运行后识别效果

如果要创建一个立方体识别的 AR 应用，只需在 Vuforia 官网建立数据库时，在"Add Target"对话框中选择"Cuboid"选项即可。其他操作步骤参见例 8.3。注意，上传图片时要确保相对应位置的图片大小尺寸必须保持一致，即立方体六个面的长宽高与上传图片的尺寸保持一致。

扩展：创建一个立方体识别的 AR 应用

8.2.5　AR 打包发布

本小节介绍如何通过 Unity 发布一个 AR 应用至 Android 平台，并在 Android 手机上使用 AR 应用，操作步骤如下。

1．Build Settings（生成设置）

选择"File"→"Build Settings"命令，打开"Build Settings"对话框，选择要发布的平台和场景。选择"Android"选项，再单击"Switch Platform"按钮加载 Android 发布环境，如图 8-33 所示。

第8章　增强现实开发技术

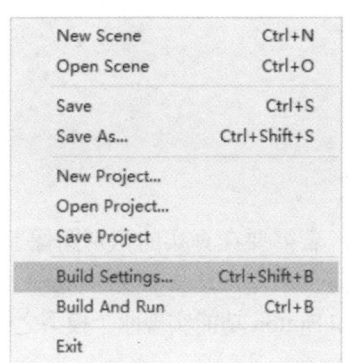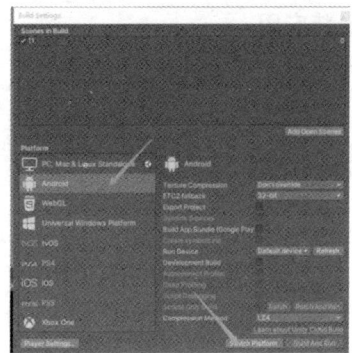

图 8-33　加载 Android 发布环境

2．发布到 Android 平台

1）单击"Build Settings"对话框中的"Player Settings"按钮，打开如图 8-34 所示的对话框，填写公司名和应用名。

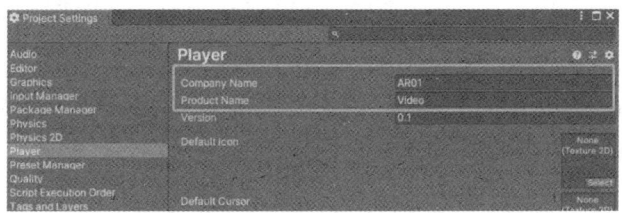

图 8-34　填写公司名和应用名

2）旋转方向。"Default Orientation"选项决定了程序运行时画面固定在手机的哪个旋转方向，可在"Resolution and Presentation"→"Default Orientation"中进行设置，如图 8-35 所示。

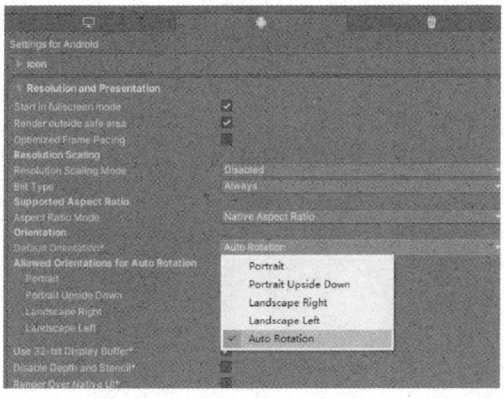

图 8-35　手机画面旋转方向设置

3）设置 App 图标。可以在"Icon"面板中为 App 选择一个 Icon，默认是 Unity 标志。

4）设置程序启动画面 Splash Image。个人版无法取消 Unity 字样的启动画面，专业版可以设置自定义的启动画面。

3．保存发布

回到发布面板单击"Build"按钮，保存 apk 格式应用程序进行发布。

4．在手机安装应用

导入 Android 手机，即可安装使用。

8.3　增强现实的交互设计

8.2 节通过使用 Vuforia 实现增强现实之后，若需要在真实的识别图像上单击，从而触发 App 中的某些行为与虚拟模型进行交互做出更有趣的应用，这就需要 Vuforia SDK 提供 Virtual Button 功能来实现这样的交互。本节将使用 Virtual Button 功能实现两个模型之间的切换。

8.3.1　虚拟按钮

【例 8.4】 在 AR 应用中添加虚拟按钮，实现两个模型之间的切换交互。

例 8.4

1．创建 Unity 工程

新建一个 Unity 工程，加载 Vuforia Engine AR。首先删除场景中的 Main Camera，接着从 Vuforia Enging 中将 ARCamera 和 Image 添加入场景，其中，在 ARCamera 中加入 License Key，在 ImageTarget 中加入数据库，然后设置识别图（本例用的是 Vuforia 自带的识别图）。

2．场景搭建

在 ImageTarget 下分别创建一个 Cube 和一个 Sphere，并设置合适大小和位置，新建两个材质球，分别将 Cube 和 Sphere 设置为不同的颜色，如图 8-36 所示。

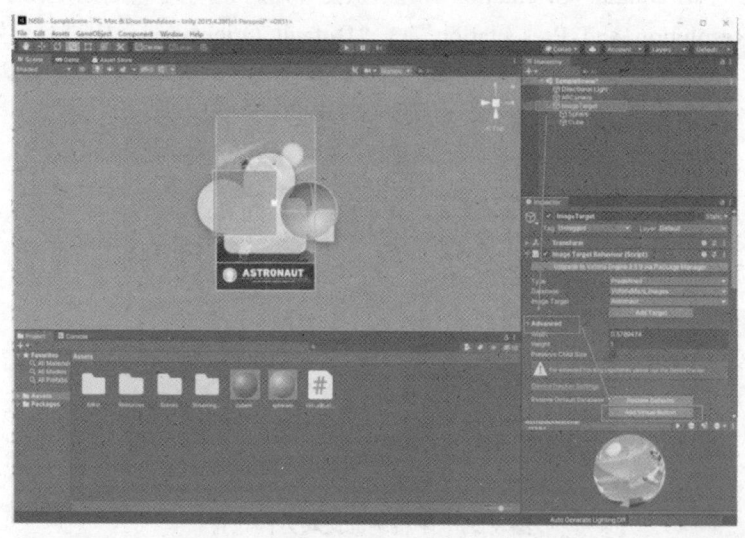

图 8-36　创建模型

创建两个 Virtual Button，并设置 Virtual Button 在 ImageTarget 上的位置，如图 8-37 所示。图中 1、2 所示的位置是按下 Virtual Button 可以生效的位置。在 Virtual Button 的"Inspector"界面里分别设置两个 Virtual Button 的名字，即"showCube"和"showSphere"，如图 8-38 所示。

图 8-37　虚拟按钮位置

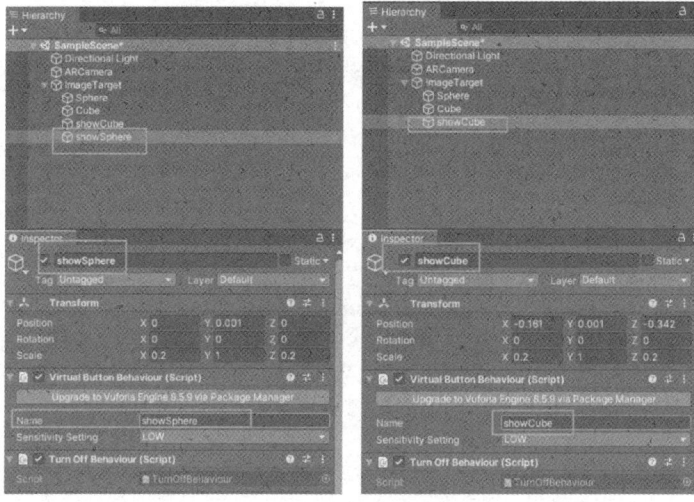

图 8-38　虚拟按钮设置

为方便快速找到虚拟按钮的位置，可在两个 Virtual Button 下分别添加 "plane"，将 showCube 下的 plane 赋予绿色，将 showSphere 下的 plane 赋予蓝色，如图 8-39 所示。

图 8-39　放置虚拟按钮识别区

3．脚本编写

在 Project 下新建 C#脚本，命名为 VirtualButtonTest.cs，把这个脚本放在 ImageTarget 上，代码如下。

```
using System.Collections.Generic;
using UnityEngine;
```

```csharp
using Vuforia;

public class VirtualButtonTest :MonoBehaviour, IVirtualButtonEventHandler
{
    public GameObject cube;
    public GameObject sphere;
    void Start()
    {
        VirtualButtonBehaviour[] vbs = GetComponentsInChildren<VirtualButtonBehaviour>();
        for (int i = 0; i<vbs.Length; ++i)
        {
            //在虚拟按钮中注册 TrackableBehaviour 事件
            vbs[i].RegisterEventHandler(this);
        }
        cube.SetActive(false);
        sphere.SetActive(false);
    }
    //继承了 IVirtualButtonEventHandler 的方法
    public void OnButtonPressed(VirtualButtonBehaviourvb)
    {
        switch (vb.VirtualButtonName)
        {
            case "showCube":
                cube.SetActive(true);
                break;
            case "showSphere":
                sphere.SetActive(true);
                break;
        }
    }
    //继承了 IVirtualButtonEventHandler 的方法
    public void OnButtonReleased(VirtualButtonBehaviourvb)
    {
        switch (vb.VirtualButtonName)
        {
            case "showCube":
                cube.SetActive(false);
                break;
            case "showSphere":
                sphere.SetActive(false);
                break;
        }
    }
}
```

然后在 ImageTarget 的 "Inspector" 面板中，分别选择 "Cube" 和 "Sphere"，如图 8-40 所示。

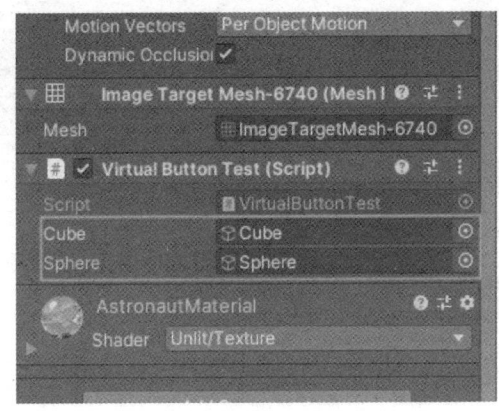

图 8-40　设置虚拟按钮显示的模型

4．功能实现

运行 Unity 并扫描识别图，由于在最开始将两个物体隐藏起来了，所以看不到东西。

当把手放在左边的绿色的按钮上时，显示绿色的 Cube；把手放在右边的蓝色按钮上时，显示蓝色的 Sphere。

到此，Virtual Button 功能实现完毕。

Virtual Button 使用的注意事项如下。

1）Virtual Button 区域定义的矩形应该等于或大于整个目标区域的 10%。

2）Virtual Button 应被放置在特征信息丰富的图片上方。

3）Virtual Button 不应该放置在目标的边框上，基于图像的目标有一个边缘，相当于目标区域的 8%，在目标矩形的边缘，它不被用于识别。

4）避免堆积按钮。

本节只是实现了一个简单的功能，大家可以根据自己的需求自定义 Virtual Button 事件，如显示动画、视频、音频、钢琴键盘等效果。

8.3.2　手势控制

8.3.1 节通过使用 Virtual Button 功能来实现两个模型之间的切换交互。本节通过使用 Lean Touch 功能来实现对模型的手势控制，以及模型脱卡后的手势控制进行交互。

【例 8.5】 为 AR 应用添加手势控制交互。

1．创建 Unity 工程

新建一个 Unity 工程，加载 Vuforia Engine AR。首先删除场景中的 Main Camera，接着从 Vuforia Enging 中将 ARCamera 和 Image 添加入场景，其中，在 ARCamera 中加入 License Key，在 Image Target 中加入数据库，然后设置识别图。

例 8.5

2．场景搭建

在 ImageTarget 下创建一个 Cube（或导入其他模型）。选择 "Window"→"Asset Store" 选项，在打开的界面中搜索 Lean Touch，然后下载并导入，如图 8-41 所示。

图 8-41 导入 LeanTouch

新建一个空物体"GameObject",命名为"Leantouch"。在"Assets"面板中打开"Touch"文件夹中"Scripts"的 Leantouch,然后将这个脚本拖给空对象 Leantouch,如图 8-42 所示。

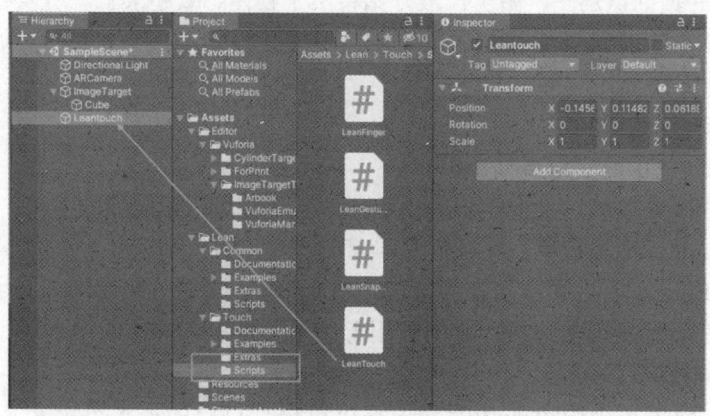

图 8-42 创建 Leantouch

选择 Cube,在"Inspector"面板中单击"Add Component"按钮,为 Cube 添加 Leantouch 的 Lean Translate(移动)、Lean Scale(缩放)、Lean Rotate(旋转)等不同的交互代码,如图 8-43、图 8-44、图 8-45 所示。

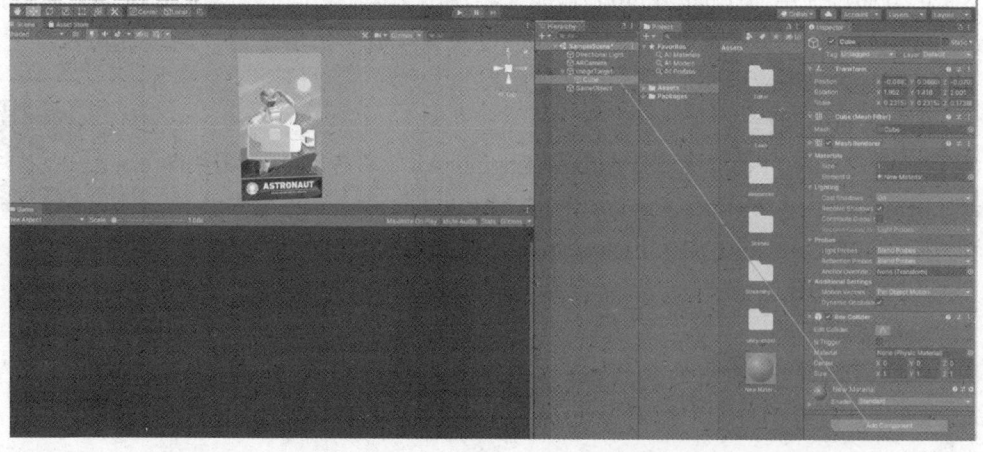

图 8-43 "Add Component"按钮

第 8 章 增强现实开发技术

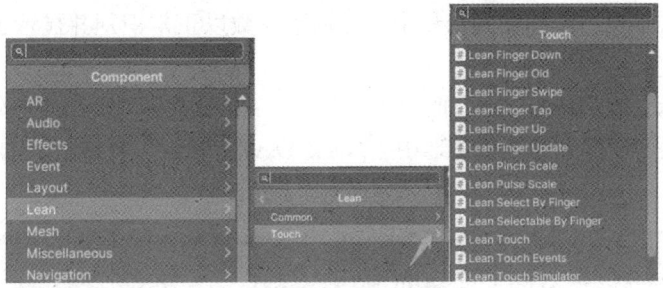

图 8-44 选择交互代码

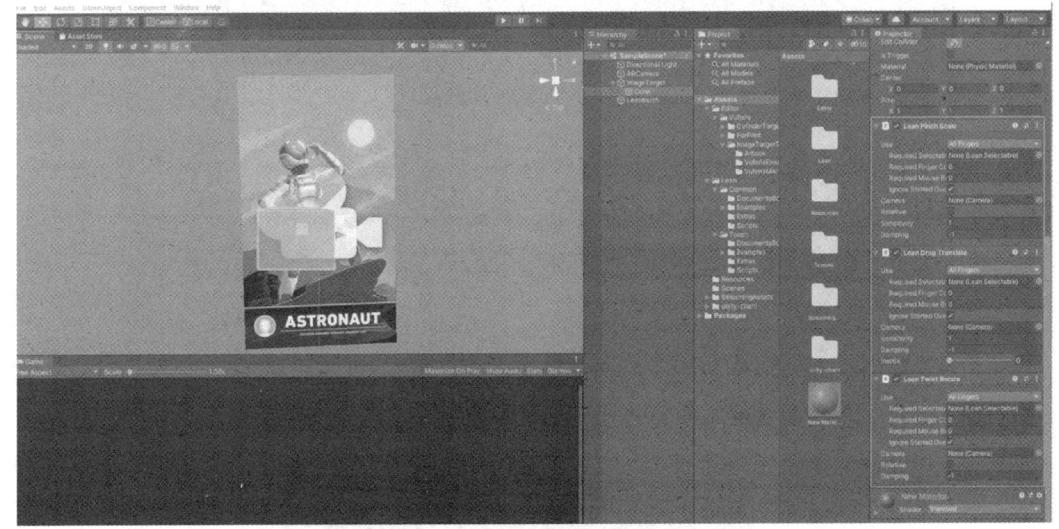

图 8-45 为 Cube 添加的交互代码

3．打包发布，导入手机安装

打包项目，导入手机安装，就可以实现对模型的手势控制，然后进行缩放、旋转、移动等交互。

8.3.3 模型脱卡功能实现

有时在识别目标丢失后人们仍希望虚拟物体能够出现在摄像机前，或到一个特定的位置，而且能对其进行操作，这就是脱卡功能。

Unity 自带的脱卡功能是 ExtendedTracking，允许模型在识别图丢失时还存在，位置不变（在丢失时的位置），这样方便近距离观看模型。

直接在 Device Tracker 的组件中选中"Track Device Pose"属性，即可实现模型的脱卡功能。但这个方法实现的是：识别图移除之后，模型会在识别图之前的位置停留，一旦手机摄像头的位置改变后，模型就会消失。

【**例 8.6**】 在 AR 应用中实现模型脱卡功能。

1．创建工程并设置参数

新建 Unity 工程，分别导入 Vuforia SDK 插件包和识别图数据包，然后参考例 8.5 的设

例 8.6

295

置方法,将需要添加的物体添加到场景中,并调整参数以正常识别并显示3D物体。

2. 设置脱卡

在 ImageTarget 的"Inspector"面板中,单击"Advanced"选项组中的"Device Tracker Settings"选项,然后在打开的面板中选中"Track Device Pose"复选框,如图8-46和图8-47所示。

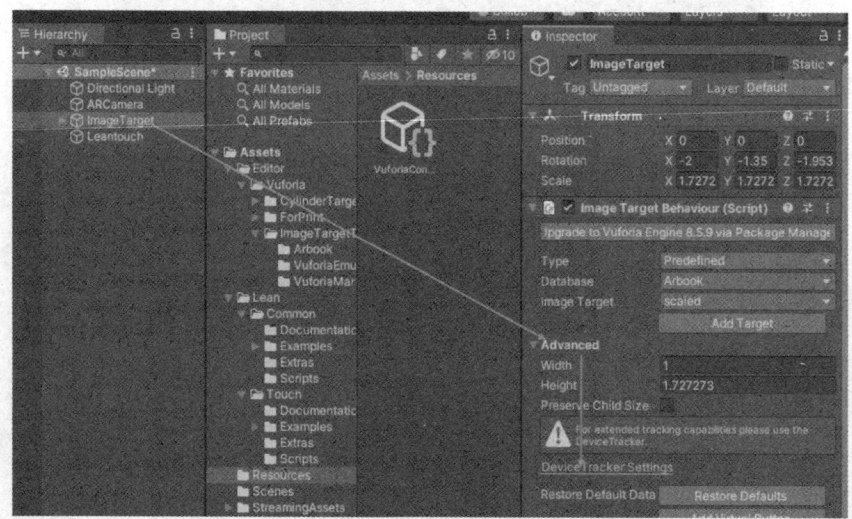

图8-46 选择"Device Tracker Settings"选项

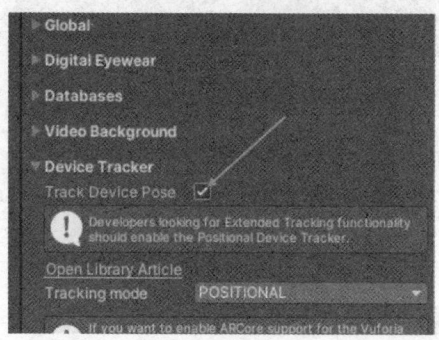

图8-47 选中"Track Device Pose"复选框

3. 效果实现

单击"运行"按钮便可测试脱卡效果的实现。

习题

一、填空题

1. 增强现实技术的特点有_____、_____和_____。
2. 增强现实的关键技术有_____、_____、_____、_____和_____。

二、简答题

1．简述当前主要的 AR 开发工具。

2．简述增强现实开发流程。

3．简述选择被扫描图片时的注意事项。

三、操作题

1．参照 8.2.2 节内容，创建一个图片识别显示一个带有"我爱你中国"图案的物体，并打包为 App。

2．独立创建一个 AR 视频项目并打包发布。

3．独立创建一个含有多种交互形式的 AR 项目并打包发布。

参 考 文 献

[1] 杨青，钟书华. 国外"虚拟现实技术发展及演化趋势"研究综述[J]. 自然辩证法通讯，2021，43(03)：97-106.

[2] 张量，金益，刘媛霞，等. 虚拟现实（VR）技术与发展研究综述[J]. 信息与电脑(理论版)，2019，31(17)：126-128.

[3] 朱富宁. 刘纲. VR 全景拍摄一本通[M]. 北京：人民邮电出版社，2021.

[4] 罗培羽. Unity3D 网络游戏实战[M]. 2 版. 北京：机械工业出版社，2019.

[5] KYAW A S，PETERS C，SWE T N. Unity 3D 人工智能编程[M]. 李秉义，译. 北京：机械工业出版社，2015.

[6] 马遥，陈虹松，林凡超. Unity 3D 完全自学教程[M]. 北京：电子工业出版社，2019.

[7] BOND J G. 游戏设计、原型与开发：基于 Unity 与 C#从构思到实现：第 2 版[M]. 姚待艳，刘思嘉，张一淼，译. 北京：电子工业出版社，2020.

[8] NAGEL. C#高级编程：第 11 版：C# 7 &.NET Core 2.0[M]. 李铭，译. 北京：清华大学出版社，2019.

[9] 王静逸，刘岵. Unity 与 C++网络游戏开发实战：基于 VR、AI 与分布式架构[M]. 北京：机械工业出版社，2019.

[10] LINOWES J. Unity 虚拟现实开发实战：第 2 版[M]. 易宗超，林薇，苏晓航，等译. 北京：机械工业出版社，2020.

[11] 曹雨. 虚拟现实：你不可不知的下一代计算平台[M]. 北京：电子工业出版社，2016.

[12] 陈雅茜，雷开彬. 虚拟现实技术及应用[M]. 北京：科学出版社有限责任公司，2016.

[13] 娄岩. 虚拟现实与增强现实技术概论[M]. 北京：清华大学出版社，2016.

[14] 王寒，王赵翔，蓝天. 虚拟现实：引领未来的人机交互革命[M]. 北京：机械工业出版社，2016.

[15] 吴小明，柏蓉. VR 时代：虚拟现实引爆产业未来[M]. 北京：机械工业出版社，2016.

[16] 徐兆吉，马君，等. 虚拟现实：开启现实与梦想之门[M]. 北京：人民邮电出版社，2016.

[17] 中国电子技术标准化研究院. 2016 年虚拟现实产业发展白皮书[EB/OL]. http://www.chinacloud.cn/show.aspx?id=24134&cid=13.

[18] 李新晖，陈梅兰. 虚拟现实技术与应用[M]. 北京：清华大学出版社，2016.

[19] 娄岩. 虚拟现实与增强现实技术实验指导与习题集[M]. 北京：清华大学出版社，2016.

[20] 刘新文. 全景摄影和 PTGui Pro 详解[M]. 西安：西北大学出版社，2013.

[21] 卢博. VR 虚拟现实：商业模式+行业应用+案例分析[M]. 北京：人民邮电出版社，2016.